# Cyclic Redundancy Check für die industrielle Kommunikation – Probleme, Nutzen und Risiken

## Abschätzung der Restfehlerwahrscheinlichkeit von CRC-Codes

von

Kamal Merchant

Oldenbourg Verlag München

**Kamal Merchant** hat langjährige Erfahrung in F&E-Positionen in der Elektronik-
industrie, u. a. bei Telefunken, Infineon, Litef und Siemens. Schwerpunkte seiner
Tätigkeit und Erfahrung liegen in der Beurteilung und Bewertung neuer Technologien
hinsichtlich Risiken und Chancen bei deren Einsatz. Von 2003 bis 2012 war er als
wissenschaftlicher Berater beim berufsgenossenschaftlichen Institut für Arbeitssicherheit (IFA) in Sankt Augustin tätig.

Bibliografische Information der Deutschen Nationalbibliothek

Die Deutsche Nationalbibliothek verzeichnet diese Publikation in der Deutschen
Nationalbibliografie; detaillierte bibliografische Daten sind im Internet über
http://dnb.d-nb.de abrufbar.

© 2013 Oldenbourg Wissenschaftsverlag GmbH
Rosenheimer Straße 143, D-81671 München
Telefon: (089) 45051-0
www.oldenbourg-verlag.de

Lektorat: Dr. Gerhard Pappert
Herstellung: Constanze Müller
Titelbild: Autor
Einbandgestaltung: hauser lacour
Gesamtherstellung: Books on Demand GmbH, Norderstedt

Dieses Papier ist alterungsbeständig nach DIN/ISO 9706.

ISBN   978-3-486-72764-7
eISBN  978-3-486-74193-3

# Vorwort

Der Automatisierungsgrad industrieller Anlagen nimmt stetig zu. Damit steigen auch die Anforderungen an die Automatisierungssysteme bzgl. nichtfunktionaler Eigenschaften wie zum Beispiel der Sicherheit. Sichere Automatisierungssysteme erfordern sichere Kommunikationseinrichtungen. Durch äußere Einflüsse (wie z. B. elektromagnetische Einstreuungen, Rauschen, Potenzialdifferenzen, Alterung von Bauteilen, ...) kann es zu Verfälschungen der Daten bei der Übertragung kommen. Die Erkennung solcher Verfälschungen ist eine essenzielle Aufgabe sicherer Kommunikationseinrichtungen, da unerkannte Datenverfälschungen zu gefährlichem Fehlverhalten eines technischen Systems führen können. Bei Erkennung einer Verfälschung hingegen kann der Übergang des Systems in einen sicheren Zustand veranlasst werden, oder die gesendeten Daten können erneut angefordert werden.

Methoden zur Erkennung von Fehlern bei der Datenübertragung sind nicht nur die Grundlage von fehlertoleranten und fehlersicheren industriellen Kommunikationssystemen. Sie werden auch dann eingesetzt, wenn ausschließlich die Qualität der Übertragung wie z. B. in der Telekommunikation und in der Unterhaltungselektronik im Vordergrund steht.

Der Cyclic Redundancy Check (CRC) ist ein seit Langem genutztes und weitverbreitetes Verfahren zur Erkennung von Verfälschungen, die bei der Übertragung digitaler Daten entstehen. Die Prüfsummenbildung mit CRC basiert auf einem Generatorpolynom, dessen Wahl einen großen Einfluss auf die Erkennung der Verfälschungen hat. In nicht-sicherheitsrelevanten Anwendungen werden häufig bekannte standardisierte Polynome verwendet, da genaue Analysen schwierig und aufwendig sind. In sicherheitsrelevanten Anwendungen, bei denen ein genauer Nachweis der Fehleraufdeckung notwendig ist, entscheidet die Wahl des Polynoms, ob das Kommunikationsprotokoll überhaupt eingesetzt werden kann. Hier ist fundiertes Fachwissen bei jedem Entwickler gefragt. Herr Merchant bietet dafür Unterstützung an.

Die grundlegenden Arbeiten zu dem vorliegenden Buch sind im Rahmen eines geplanten Promotionsverfahrens unter meiner Leitung am Fachgebiet Automatisierungstechnik der Fakultät für Maschinenwesen an der TU München entstanden. Da ich Anfang 2011 in die Wirtschaft wechselte und seitdem nur noch als Gastprofessor im Ausland lehre, konnte die Arbeit nicht in Form einer Promotion an der TU München abgeschlossen werden. Ich freue mich daher sehr, dass der Oldenbourg Wissenschaftsverlag die Möglichkeit bietet, die Arbeit von Herrn Merchant in Form eines Fachbuchs der Öffentlichkeit zur Diskussion zu stellen.

Nürnberg, im Dezember 2012                                   Prof. Dr.-Ing. Frank Schiller

# Danksagung

Die vorliegende Arbeit ist im Rahmen eines geplanten Promotionsverfahrens unter Leitung von Professor Dr. Schiller an der TU München entstanden. Sie ist ein Ergebnis unzähliger erschöpfender Diskussionen, die ich mit Professor Dr. Schiller, Privatdozent Dr. Thomas Honold, zurzeit Dozent an der Zhejiang University in Hangzhou, China, und Frau Dr. Tina Hardt geb. Mattes in den Jahren 2006 bis 2010 geführt habe. Nach einleitenden allgemeinen Diskussionen in den Jahren 2006 bis 2008, die sich im Kapitel 4 widerspiegeln, wurde das Hauptthema, die Abschätzung der Restfehlerwahrscheinlichkeit mit einer Taylorreihe, in den Jahren 2008 bis 2010 ausgearbeitet. Da Professor Schiller zur besseren Fortführung seiner Forschungstätigkeit Anfang 2011 in die Wirtschaft wechselte und nur noch als Gastprofessor an der East China University of Science and Technology in Schanghai lehrt, konnte die Arbeit leider nicht als Promotion an der TU München abgeschlossen werden. Ich möchte mich an dieser Stelle bei Herrn Prof. Dr. Schiller, Herrn Dr. Honold und Frau Dr. Hardt für die hartnäckigen Diskussionen herzlich bedanken.

Mein herzlicher Dank gilt auch Herrn Dr. Michael Schaefer und Herrn Thomas Bömer für die großzügige Unterstützung durch das Institut für Arbeitsschutz (IFA) während meiner Tätigkeit beim IFA als wissenschaftlicher Berater in den Jahren 2003 bis 2011. Hierzu zählt besonders die Bereitstellung von moderner Hardware ausgerüstet mit effizienter Software sowie ermöglichte Teilnahme an Fortbildungsseminaren. Auf Anregung von Herrn Dr. Schaefer wurde die vorliegende Arbeit um die ersten drei Kapitel ergänzt; somit erhält sie einen allgemeineren Charakter und erlaubt auch dem Anwender mit geringerem technischen Hintergrund eine schnelle Entscheidungsfindung. Besonders die zahlreichen Diskussionen mit den Kollegen vom IFA haben zur Verständlichkeit aus Anwendersicht beigetragen.

Nicht zuletzt geht der Dank an meine Frau Christa Merchant für das Korrekturlesen. Sie war eine große Hilfe und hat so manche Fehler sehr akribisch erkannt.

# Haftungsausschluss

Die Zusammenstellung der Inhalte und der Recherchen in diesem Buch wurde mit größter Sorgfalt und mit bestem Wissen erstellt. Der Autor übernimmt keinerlei Gewähr für die Aktualität, Korrektheit, Vollständigkeit der bereitgestellten Informationen. Haftungsansprüche gegen den Autor, welche sich auf Schäden materieller oder ideeller Art beziehen, die durch die Nutzung oder Nichtnutzung der dargebotenen Informationen/Anwendungen bzw. durch die Nutzung fehlerhafter und unvollständiger Informationen/Anwendungen verursacht wurden, sind grundsätzlich ausgeschlossen, sofern seitens des Autors kein nachweislich vorsätzliches oder grob fahrlässiges Verschulden vorliegt.

# Lebenslauf

Diplom-Physiker Kamal Merchant ist in Bombay, Indien geboren. Nach dem Studium der Physik an den Universitäten Bombay (mit dem Abschluss B. Sc.) und Freiburg war er von 1968 bis 1976 bei der Firma AEG Telefunken in Heilbronn im Bereich Forschung und Entwicklung von Halbleitern tätig. Bis 1979 war er dann mit der Entwicklung von wehrtechnischen Systemen bei der Fa. Litef in Freiburg beschäftigt. Von 1979 bis zu seiner Pensionierung im Mai 2003 war er bei der Fa. Siemens in München (Entwurf von ICs) und Erlangen (Vorfeld Mikroelektronik) tätig. In Erlangen hat er beim Aufbau des Designcenters für ASICs mitgewirkt. Schwerpunkte seiner Tätigkeit und Erfahrung liegen in der Beurteilung und Bewertung von neuen Technologien hinsichtlich der Risiken und Chancen beim Einsatz. Von 2003 bis Anfang 2012 war er als wissenschaftliche Berater für die sicherheitstechnischen Fragen zum Entwurf von ASICs beim berufsgenossenschaftlichen Institut für Arbeitssicherheit (IFA) in Sankt Augustin tätig. Seine Kontaktadresse lautet: philosoph100@gmx.de.

# Symbolverzeichnis

| Symbol | Bedeutung |
|---|---|
| AWGN | Additive White Gaussian Noise, Rauschen |
| $A_i$ | Anzahl der Codewörter von Gewicht i eines linearen Codes C |
| $A_{i\_rel}$ | Die relative Häufigkeit eines i-Bitfehlers = $A_i/{}^nC_i$ |
| $B_i$ | Anzahl der Codewörter von Gewicht i eines dualen Codes $C_d$ |
| $B_{m,n}(p)$ | Bernsteinpolynome, $p \in [0, 1]$ und $0 \leq m \leq n$ |
| BPSK | Binary-Phase-Shift-Keying |
| C | Linearer Code, Gesamtheit der Codewörter |
| $C_d$ | Dualer Code von C |
| $c_k$ | Koeffizienten der Taylorreihe der Restfehlerwahrscheinlichkeit |
| $C_{kap}$ | Kanalkapazität |
| CRC | Cyclic Redundancy Check |
| d | Hamming-Distanz (minimaler Abstand zwischen den Codewörtern) |
| D | Datenübertragungsrate, Bits/Sek., $D \leq C_{kap}$ |
| CW | Codewort |
| $E_b$ | Übertragene Energie pro Informationsbit |
| FCS | Frame Check Sum (das Ergebnis eines CRC-Test) |
| $GF(2^n)$ | Galoisfeld bestehend aus binären n-Tupeln |
| $GW=2^{-r}$ | Globale Restfehlerwahrscheinlichkeit |
| H | Parity-Check-Matrix mit der Dimension r x n |
| $L_c$ | Charakteristische Länge eines Codewortes |
| LSB | Least signifikant Bit, Bit mit der niedrigsten Wertigkeit |
| k | Die Anzahl der Informationsbits |
| MSB | Most signifikant Bit, Bit mit der höchsten Wertigkeit |
| $N_0$ | Spektrale Rauschleistungsdichte pro Bandbreit |
| n | Die Blocklänge eines Codes, n = k + r |
| ${}^nC_k$ | Binomialkoeffizient $\binom{n}{k}$, n!/((n -k)! * k!) |
| p | Bitfehlerwahrscheinlichkeit, wird auch gewöhnlich als Bitfehlerrate p bezeichnet |
| p' | Definiert den Geltungsbereich der RW, $I = \{p \mid p \in [0, p']\}$ und $0 \leq p' \leq 1$ |
| q | $1 - p$ (Wahrscheinlichkeit der fehlerfreien Übertragung eines Bits) |
| r | Polynomgrad (Anzahl der Prüfbits) |
| *R* | Menge der reellen Zahlen |
| R = k/n | Coderate, das Verhältnis von Nutzdaten zu Blocklänge |
| RW(p) | Restfehlerwahrscheinlichkeit (RW bestimmt mit dem Taylorpolynom $n^{ten}$ Grades) |
| RW_OG | Die Obergrenze der Restfehlerwahrscheinlichkeit |
| RW_UG | Die Untergrenze der Restfehlerwahrscheinlichkeit |
| SNR | Signal-to-Noise Ratio = Signalleistung/Rauschleistung = $E_b/N_0$ |
| $t_e$ | Anzahl der erkennbaren Bitfehler |
| $t_k$ | Anzahl der korrigierbaren Bitfehler, $d \geq t_k + t_e + 1$, mit $t_k = t_e = t$ wird $d \geq 2t + 1$ |
| $T_m(p)$ | Taylorpolynom $m^{ten}$ Grades |
| w | Bandbreite |

| Symbol | Bedeutung |
| --- | --- |
| y | Der Zustand y steht an der $(r + 1)^{ten}$ Stelle im Hauptzyklus und wird aus dem digitalen Wert der binären Darstellung des Generatorpolynoms ohne MSB plus eins gebildet. |
| Zl | n x r Matrix bestehend aus Zyklus der rückwärts sortierten Polynomreste |
| ZL | Zykluslänge, d fällt auf 2 bei n = ZL + 1 |

# Inhaltsverzeichnis

# 1 Einleitung

Mit zunehmender Automatisierung nimmt der Bedarf an Austausch von Nachrichten zwischen Geräten der unterschiedlichsten Ausprägung rasant zu. Damit stellt sich die Frage nach der Korrektheit der Nachrichtenvermittlung. Abhängig von der Anwendung werden hier sehr unterschiedliche Maßstäbe angelegt. Bei einer digitalen Übertragung einer sprachlichen Nachricht können mehrere Bits verfälscht sein, ohne einen wesentlichen Verlust der Nachricht zu verursachen. Dagegen muss bei einer sicherheitsrelevanten Anwendung wie „Not-Aus", der eine Werkzeugmaschine abschalten soll, die Nachricht mit einer sehr hohen Wahrscheinlichkeit den Empfänger erreichen. Die Codierung ist ein sehr wirksames Mittel zur Lösung solcher hochsensiblen Aufgaben der Sicherheitstechnik.

Die Codierung dient in erster Linie zur Fehlererkennung und wird durch redundante Daten erzeugt. Ein n-Bit Code beinhaltet k Informationsbits und $r = n - k$ redundante Prüfbits und wird als (n, k)-Code bezeichnet. Aus Übertragungssicht werden die n Bits als ein Telegramm (Datenblock) mit k Bits Information (Nutzdaten) betrachtet. Die kleinste Redundanz ergibt sich für $r = 1$ und findet als Paritätsbit häufig Einsatz. Die Codierung mit einem Paritätsbit erkennt bereits die Hälfte aller möglichen Fehler, nämlich alle Bitfehler mit einer ungeraden Anzahl an verfälschten Bits. Die Coderate R stellt das Verhältnis von Nutzdaten k zur Blocklänge n dar, $R = k/n$. Die Coderate R ist somit immer kleiner als eins, da für ein codiertes Datum r stets $\geq 1$ ist. Eine Coderate von $R = 1$ stellt die uncodierten Daten dar. Die Codierung bewirkt eine Expansion der Daten um den Faktor 1/R und reduziert gleichzeitig den Durchsatz der Information um den Faktor R. Um die gleiche Informationsrate bei den codierten Daten beizubehalten, muss die Übertragungsrate um den Faktor 1/R erhöht werden. Dies entspricht einer Erhöhung der Bandbreite von W auf W/R. Die Coderate sollte daher beim Vergleich von Codes nicht außer Acht gelassen werden. Denn ein kleines R mit hoher Redundanz erhöht die Fehlererkennungswahrscheinlichkeit auf Kosten des Datendurchsatzes.

In der Codierungstheorie wird ein fehlerhaftes Bit eines Fehlermusters stets durch eine Eins dargestellt. Für eine k-Bit Information gibt es insgesamt $2^k$ Kombinationen von k-Bit Tupel. Bei einem (n, k)-Code kann ein Datenblock der Länge n mit einem der $2^n - 1$ möglichen Fehlermuster verfälscht werden. Jedes k-Bit Tupel stellt eine Information dar und wird eindeutig einem n-Bit Codewort zugeordnet. Es gibt insgesamt $2^k - 1$ Fehlermuster, mit denen eine k-Bit Information verfälscht werden kann. Jedes der $2^k - 1$ Fehlermuster kann zu einem gültigen n-Bit Code ergänzt werden, wenn auch die Prüfbits passend zum Fehlermuster verfälscht sind. Damit kann ein n-Bit Code die $2^k - 1$ Kombinationen aus der Gesamtheit von $2^n$ möglichen Kombinationen des Datenblocks, die einen gültigen Code bilden, prinzipiell nicht als fehlerhaft erkennen. Unter der Annahme, dass jede mögliche Verfälschung des Codes gleich wahrscheinlich ist, beträgt die Wahrscheinlichkeit für das Nicht-Erkennen eines Bitfehlermusters $(2^k - 1)/2^n \leq 2^{-r}$ und wird durch die Glg. (1.1) bestimmt. Selbstverständlich ist die Annahme einer Gleichverteilung der Fehlermuster nicht immer korrekt.

$$GW = \frac{\text{Anzahl der unerkennbaren Fehlermuster}}{\text{Gesamtheit der Bitkombinationen}} = \frac{2^k - 1}{2^{k+r}} = 2^{-r} - 2^{-n} \leq 2^{-r} \qquad (1.1)$$

Bei der Betrachtung der Restfehlerwahrscheinlichkeit (Summe der Wahrscheinlichkeit aller unerkennbaren Fehler) entsteht die Größe $2^{-r}$ relativ häufig. Daher wird hier diese Wahrscheinlichkeit sinnvollerweise als globale Restfehlerwahrscheinlichkeit GW bezeichnet.

Das Rauschen ist eine der wichtigsten Störquellen und ist die Hauptursache für die Verfälschungen. Das Signal mit der Information wird als mit einem breitbandigen weißen Rauschen überlagert betrachtet. Das weiße Rauschen mit Normalverteilung der Amplitude wird in der Literatur mit AWGN – Additive White Gaussian Noise – bezeichnet. Fast alle Veröffentlichungen beziehen sich auf AWGN. Hierfür gibt es umfangreiche mathematische Modelle und numerische Berechnungen [5, 6]. Gewöhnlich wird das zu übertragende Signal moduliert. Hierfür gibt es verschiedene Verfahren. In der Praxis hat sich die Phasenmodulation durchgesetzt. Das zu übertragende Signal wird mit einer Phasenverschiebung gesendet. Mit einer Phasenschiebung von 180° lassen sich zwei Zustände codieren, für 0° und 180°. Das Verfahren wird als BPSK – Binary-Phase-Shift-Keying – bezeichnet. Mit einer Phasenschiebung von 90° lassen sich vier Zustände codieren, für 0°, 90°, 180° und 270°. Das Verfahren wird als QPSK – Quaternary-Phase-Shift-Keying – genannt. Die durch das Rauschen verursachte Bitfehlerwahrscheinlichkeit p ist stark von dem eingesetzten Modulationsverfahren abhängig [5, 7]. BPSK ist ein weitverbreitetes Modulationsverfahren mit der binären Logik. Der Manchester-Code ist ein bekanntes Beispiel dafür. Die Abbildung 1 zeigt die Bitfehlerwahrscheinlichkeit p in Abhängigkeit des Signal-to-Noise Ratio SNR = $E_b/N_0$ für ein Signal, dass nach BPSK moduliert wird. $E_b$ ist hier die übertragene Energie pro Informationsbit und $N_0$ ist die spektrale Rauschleistungsdichte pro Bandbreite mit der Dimension Watt/Hertz. Somit wird SNR die Dimension 1/Bit zugeordnet. Genauer genommen stellt SNR das Verhältnis von Signalleistung zu Rauschleistung S/N dar. Es ist eng mit $E_b/N_0$ verknüpft. In der Literatur wird jedoch stets unter Signal-to-Noise Ratio SNR auf das Verhältnis $E_b/N_0$ Bezug genommen. Ein niedrigerer Wert von SNR bedeutet eine starke Überlagerung der Rauschleistung, und unterhalb einer bestimmten Grenze (Shannon-Limit 1.1) ist keine zuverlässige Übertragung mehr möglich. Unter dem Begriff zuverlässige Übertragung versteht man, dass bei codierten Systemen die Restfehlerwahrscheinlichkeit RW für großes n beliebig klein gehalten werden kann (zweites Shannonsches Codierungstheorem), wenn die Informationsrate den Wert des maximalen Datendurchsatzes, die Kanalkapazität $C_{kap}$, nicht überschreitet [5, 10].

Ausgehend von dem spezifizierten SNR ergibt sich eine Obergrenze für die Bitfehlerwahrscheinlichkeit $p_{max}$. Bei nicht codierter Übertragung ist oberhalb von $p_{max}$ keine verlässliche Übertragung möglich. In dem oben betrachteten fiktiven Beispiel (Abbildung 1) ist z. B. für $p > p_{max} = 10^{-4}$ das SNR von 6 db unterschritten und eine verlässliche Übertragung ist nicht mehr möglich. Die codierte Übertragung kann jedoch bei $p = 10^{-4}$ bis zu einem SNR von 4 db zuverlässig betrieben werden. Man spricht dann von einem Codierungsgewinn von 2 db.

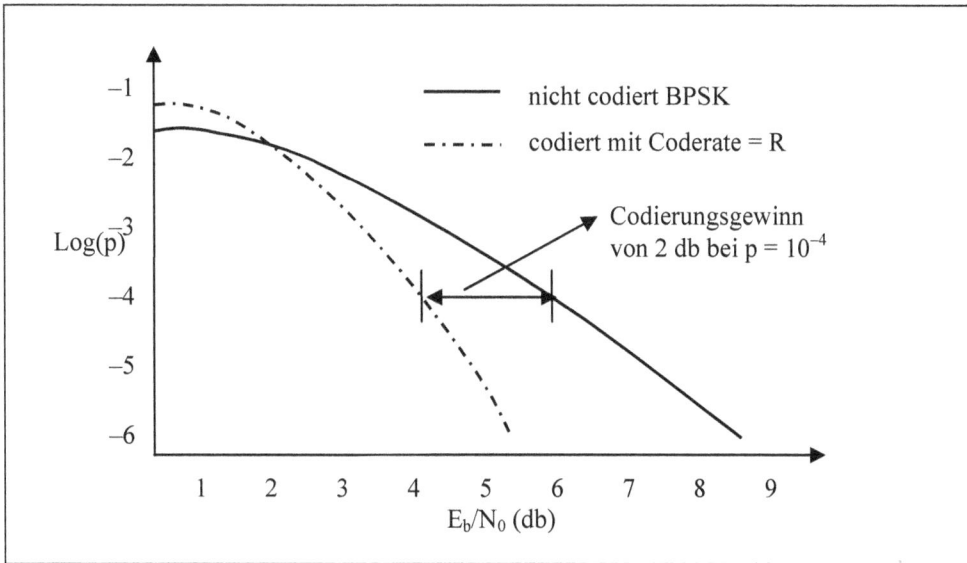

Abbildung 1        Ein typischer Verlauf der Bitfehlerwahrscheinlichkeit p in Abhängigkeit von SNR

Die Gleichungen (1.2) und (1.3) liefern eine gute Approximation für die Bitfehlerwahr-scheinlichkeit p für das große SNR. Dabei bezeichnet d die Hamming-Distanz, R die Coderate und K ist eine vom Code abhängige kleine Konstante [5]. Sie stellen den asymptotischen Verlauf der Bitfehlerwahrscheinlichkeit in Abhängigkeit von $E_b/N_0$ recht genau dar und sind sehr hilfreich für die schnelle Abschätzung des Codierungsgewinns. Man kann jedoch auch die Bitfehlerrate p messtechnisch bestimmen. Aus der bekannten Bitfehlerrate p kann dann die Untergrenze von SNR sowie der Codierungsgewinn aus der Abbildung 1 ermittelt werden.

$$p_{uncodiert} \cong \frac{1}{2} e^{-(E_b/N_0)} \qquad \text{für große} \qquad (1.2)$$

$$p_{codiert} \cong K e^{-d \cdot R \cdot (E_b/N_0)} \qquad \text{SNR} \qquad (1.3)$$

Die Codierung muss sich nicht immer unbedingt als vorteilhaft auswirken. In der Regel überschneiden sich die Kurven der codierten und nicht codierten Übertragungen im Bereich der Bitfehlerwahrscheinlichkeit p zwischen $10^{-1}$ und $10^{-2}$ [6]. Dies bedeutet, dass die Bitfehlerwahrscheinlichkeiten $p > 10^{-2}$ in der Regel negativ auswirken können und das Übertragungsverhalten der codierten Übertragung eher schlechter zu beurteilen ist als die der nicht codierten Übertragung (siehe Abbildung 1). Die Norm hat hierfür vorgesorgt und die Obergrenze der Bitfehlerwahrscheinlichkeit p auf $10^{-2}$ festgeschrieben. Trotzdem besteht ein starkes wirtschaftliches Interesse, das System, besonders bei funkgesteuerter Übertragung in stark gestörter Umgebung, bis zu $p = 10^{-1}$ zu betreiben, mit der Erwartung, dass die Codierung die benötigte Restfehlerwahrscheinlichkeit RW doch noch liefert. Hierzu muss gesagt werden, dass ein System in diesem Bereich ohne Codierung ein zuverlässigeres Verhalten verspricht als mit einer Codierung. Die Codierung bietet enorme Vorteile, jedoch der Einsatz der Codierung verpflichtet die Einhaltung der Untergrenze von SNR bzw. die Obergrenze der Bitfehlerrate p. Abhängig vom eingesetzten Code kommt es vor, dass die Untergrenze von SNR (Shannon-Limit) in den positiven db-Bereich überwechselt [5]. In solchen Fällen funktioniert ein uncodiertes System mit SNR = 0 immer noch, wenn auch mit sehr hoher Restfehlerwahrscheinlichkeit.

## 1.1     Shannon-Hartley Theorem und Shannon-Limit

Die maximal mögliche Übertragungsrate eines Systems in verrauschter Umgebung wird nach Shannon-Hartley auf $C_{kap}$ begrenzt. Dies wird auch Kanalkapazität genannt. Für das weisse Rauschen (AWGN) wird $C_{kap}$ durch die Glg. (1.4) bestimmt [6, 7]. Das Verhältnis der Signalleistung zu Rauschleistung S/N wird in der Glg. (1.4) unter Einbeziehung der Datenübertragungsrate D und die Bandbreite W ergänzt. Im Grenzfall, wenn die Bandbreite gegen unendlich anwächst, wird die Kanalkapazität $C_{kap}$ durch die Glg. (1.5) dargestellt. Die Datenübertragungsrate D kann maximal den Wert der Kanalkapazität annehmen. Somit ergibt für D = $C_{kap}$ ein Wert von -1,6 db für das Signal-to-Noise Ratio SNR. Dies bedeutet, dass die absolute Untergrenze von SNR bei -1,6 db liegt. Wenn das Verhältnis von Signalleistung zur Rauschleistung kleiner als -1,6 db wird, ist keine zuverlässige Übertragung möglich.

$$C_{kap} = W \cdot \log_2 \cdot (1 + \frac{S}{N})$$

$$C_{kap} = W \cdot \frac{\ln \cdot (1 + \frac{D \cdot E_B}{W \cdot N_0})}{\ln(2)} = \lim_{W \to \infty} = 1{,}44 \cdot D \cdot \frac{E_B}{N_0} \qquad (1.4)$$

$$\text{mit } D \leq C_{kap}, \text{für } C_{kap} = D \text{ ergibt für } \frac{E_B}{N_0} = \frac{1}{1{,}44} \to -1{,}6\,\text{db} \qquad (1.5)$$

Dieser Grenzwert wird in der Literatur als Shannon-Limit bezeichnet. Das Shannon-Limit ist sehr stark von der Coderate R des vewendeten Code abhängig. Das absolute Minimum von -1,6 db wird bei Systemen mit einer sehr kleinen Coderate R (R $\to$ 0) erreicht [5]. D. h., eine kleine Restfehlerwahrscheinlichkeit RW wird auf Kosten der hohen Redundanz erzielt. Ziel und Zweck der Codierung sind, sich dieser theoretischen Grenze mit einem vertretbaren Aufwand anzunähern. Die bisherige Betrachtung hat deutlich gemacht, dass zur Beurteilung von Codes zwei Faktoren eine wichtige Rolle spielen. Hierzu gehören die Signalmodulations-Verfahren (Übertragungsphysik) und die Coderate. Beim Vergleich von Codes sollte daher darauf geachtet werden, dass die Codes, die verglichen werden, gleichen Verhältnissen unterworfen sind.

## 1.2     Aufbau und Struktur von Codes

Es gibt zwei prinzipielle Arten von Codes: Convolution- und Block-Codes. Die Convolution-Codes $m^{ter}$ Ordnung benötigt zur Bestimmung von r Prüfbits die Kenntnis von m vergangenen Informationsblöcken, also besitzen sie ein Gedächtnis (Memory). Dagegen sind bei einem Block-Code die r Prüfbits nur vom Inhalt der Informationsbits des momentan betrachteten Blocks abhängig, also haben sie kein Gedächtnis (memoryless). Die Convolution-Codes haben den Vorteil bei konstantem k und n, d. h. bei konstanter Coderate, eine höhere

Redundanz über die Ordnung m zu erzielen und sind daher attraktiv. In der Praxis wird gewöhnlich der Convolution-Code für kleine k und n eingesetzt [5]. Die vorliegende Arbeit befasst sich hauptsächlich mit den Block-Codes, da sie weit verbreitet und einfach zu realisieren sind.

### 1.2.1        Aufbau und Struktur eines linearen Block-Codes

Ein Block-Code besteht aus k Informationsbits und r Prüfbits und hat die Länge $n = k + r$. Mit k Bits können maximal $2^k$ verschiedene Informationen dargestellt werden. Zu jedem der $2^k$ Kombinationen eines k-Bit Tupels, das eine Information darstellt, wird ein eindeutiges r-Bit Prüfbitmuster zugeordnet. Die n Bits, k Informationsbits gefolgt von r Prüfbits bilden ein Codewort (CW). Die Gesamtheit aller $2^k$ Codewörter bilden eine Gruppe Gcw. Es ist eine Eigenschaft der Gruppe, dass die Summe von beliebigen zwei Elementen (hier zwei CW) aus der Gruppe stets in der Gruppe abgebildet (Linearität) wird.

$$\text{CWik} = \text{CWi} + \text{CWk mit CWik, CWi und CWk} \in \text{Gcw}$$

$$\text{für beliebigen i und k}$$

(1.6)

Wenn nicht ausdrücklich anders gesagt, wird die Summenbildung als modulo 2-Operation ausgeführt. Aus der Glg. (1.6) folgt unmittelbar, dass das Null-Element (alle n Bits 0) zur Gruppe gehört. Die binäre Logik hat noch eine Besonderheit. Eine Addition von Eins invertiert stets das ursprüngliche Bit, da $0 + 1 = 1$ und $1 + 1 = 0$ gilt. D. h., ein Bit vom Wert Eins symbolisiert eine Bitverfälschung. Dem zufolge wird das Null-Element stets als fehlerfreier Fall betrachtet.

Zur Erkennung gültiger CW muss eine Prüfvorschrift PV definiert werden. Gewöhnlich wird die Prüfvorschrift auf CW angewendet und als Ergebnis ein Prüfmuster mit dem Inhalt Null (r Nullen) erwartet.

$$\text{PV(CW)} = \text{Null-Element mit r Nullen}$$

(1.7)

Mit den Bedingungen Glg. (1.6) und Glg. (1.7) lassen sich dann sämtliche unerkannten Fehlerkombinationen des Codes bestimmen. Als gültige Daten können nur CW gesendet werden. Es wird ein originales Datum CWorg gesendet und während der Übertragung wird es mit einem Fehlermuster F (gestörten Bitstellen mit Eins belegt, Rest Null) beaufschlagt. Das mit dem F überlagerte verfälschte Datum wird nur dann ein CW bilden, wenn F selbst ein CW darstellt und somit dieser Fehler unerkannt bleibt. Damit gewinnt man die sämtlichen $2^k - 1$ unerkennbaren Fehlermuster (Null wird nicht addiert, da $F \neq 0$ sein muss) auf einmal. Diese sind nämlich die $2^k - 1$ Codewörter (Null ausgenommen).

## 1.3        Definition eines linearen Block-Codes

Die im Abschnitt 1.2 erörterten Betrachtungen führen schließlich zur Definition des linearen (n, k)-Block-Codes [5]:

*Ein Block-Code der Länge n mit $2^k$ Codewörtern wird dann und nur dann als ein linearer (n, k)-Code bezeichnet, wenn die $2^k$ Codewörter einen k-dimensionalen Unterraum eines n-dimensionalen Vektorraumes bestehend aus n-Tupeln über Galoisfeld GF($2^n$) bilden [5].*

Das erweiterte Galoisfeld GF($2^n$) beinhaltet $2^n$ n-Tupeln aus binären Elementen [5, 24]. Für die im Abschnitt 1.2 geforderte Prüfvorschrift eignet sich ein CRC – Cyclic Redundancy Check – hervorragend. Das Ergebnis eines CRC wird als FCS – Frame Check Sum – bezeichnet. Die Funktionsweise von CRC wird im nächsten Abschnitt ausführlich behandelt. Somit bietet ein CRC eine sehr effiziente Implementierungsmöglichkeit zur Bildung von linearen Block-Codes.

### 1.3.1    Das Linearitätskriterium

Ein Block-Code wird nur dann als linear bezeichnet, wenn die modulo 2-Addition der beliebigen zwei Codewörter wieder ein Codewort bildet [5, 6, 8]

## 1.4    Struktur und Aufbau des Aufsatzes

Ziel der vorliegenden Arbeit ist, ein effizientes Verfahren für die Approximation der Restfehlerwahrscheinlichkeit RW zu gewinnen. Nach Einführung der mathematischen Grundlagen in Kapitel 2 werden die wichtigen linearen Block-Codes in Kapitel 3 erörtert. Kapitel 4 befasst sich mit bekannten Verfahren zur Bestimmung der Restfehlerwahrscheinlichkeit mit anschließender Bewertung des Verfahrens. Kapitel 5 befasst sich mit Approximation der Restfehlerwahrscheinlichkeit durch Taylorreihen, ein völlig neues und bisher unbeachtetes Verfahren. Diese werden in drei Typen, Typ A, B und C unterteilt. Als Abschätzung $i^{ter}$ Ordnung der Restfehlerwahrscheinlichkeit RW wird das erweiterte Polynom $n^{ten}$ Grades eingeführt. In Kapitel 6 sind dann die wichtigsten Sätze formuliert. Satz 10 beinhaltet den wichtigsten und zugleich schwierigsten Teil der Arbeit und erfordert daher mehr Aufmerksamkeit. Kapitel 7 befasst sich mit dem Ergebnis der Untersuchung, und bestimmt die Unschärfe bzw. die Toleranz der Restfehlerwahrscheinlichkeit, die dann durch die Gleichungen (7.10) bis (7.13) berechnet werden kann. Kapitel 8 erläutert anhand von Beispielen die Interpretation der Ergebnisse und den richtigen Umgang mit den Taylorpolynomen. Anschließend wird ein Vergleich zwischen den Taylorpolynomen und den erweiterten Polynomen vorgenommen. In Kapitel 9 sind allgemeine Anmerkungen zusammengefasst. Das Kapitel 10 befasst sich mit den Vor- und Nachteilen des Verfahrens. Kapitel 11 beinhaltet die Zusammenfassung der gewonnenen Erkenntnisse. Im Anhang, Kapitel 14, befinden sich dann die komplexen Berechnungen, die im Verlauf der Diskussion als gegeben angesetzt wurden.

# 2 Mathematische Grundlagen

Ausgehend von der Definition 1.3 eines linearen Block-Codes benötigt man exakt k linear unabhängige Codewörter zur Gewinnung eines beliebigen Codeworts aus der Gesamtheit von $2^k$ Codewörter. Die Codewörter lassen sich dann mit einer Generatormatrix G(k, n) mit k Zeilen und n Spalten gemäß der Glg. (2.1) bestimmen. Das Codewort CW bzw. die Information I (Nutzdaten) wird hier als ein Zeilenvektor mit n bzw. k Komponenten dargestellt.

$$CW(1, n) = I(1, k) * G(k, n) \qquad (2.1)$$

Die Zeilen der Generatormatrix G bilden dann die k linear unabhängigen Codewörter, die je aus einem binären n-Tupel, d. h. einem Element über $GF(2^n)$ gebildet werden. Ein Code wird vollständig charakterisiert durch seine Eigenschaften wie die Hamming-Distanz 2.2, die Gewichtsverteilung $A_i$ der Codewörter 2.3, die Zykluslänge 2.4, die Restfehlerwahrscheinlichkeit RW 2.5 usw.

## 2.1 Implementierung des Codes mittels CRC

Die im Abschnitt 1.2 beschriebener Struktur eines linearen Block-Codes wird von einem CRC – Cyclic Redundancy Check – sehr effektiv abgebildet. Das Ergebnis eines CRC wird als FCS – Frame Check Sum – bezeichnet und besteht aus r Prüfbits. Bei einem CRC handelt es sich um eine Polynomdivision mit einem echten Rest. Zur Bildung des Rests werden die k Bits der Nutzdaten als ein binäres Polynom $(k - 1)^{ten}$ Grades behandelt [9]. Als Divisor wird das Generatorpolynom g(x) vom Grad r, das den Code bildet, verwendet. Das Verfahren wird an einem Beispiel erläutert. Hierzu wird das Nutzdatum I mit r Nullen erweitert. Konkret werden r Nullen (rot markiert) rechts an I angehängt und dann eine Division durch das Generatorpolynom durchgeführt. Die Division der um r Bits erweiterten Nutzinformation wird in der Literatur als eine lange Division bezeichnet. Im folgenden Beispiel wird $Dh = x^3 + x^2 + 1$ als ein Generatorpolynom $3^{ten}$ Grades verwendet. Die binäre Darstellung des Generatorpolynoms erfolgt durch $r + 1 = 4$ Bits 1101. Die Nutzinformation I sei exemplarisch durch die fünf Bits 11001 dargestellt. Das Ergebnis der langen Division (blau markiert) ergibt den Rest 010. Somit stellt 010 die FCS von I dar. Eine Addition der FCS zur erweiterten Information I′ muss zwangsläufig eine FCS von 000 liefern (siehe Glg. (2.5)). D. h. die acht Bits 11001010 = [I FCS] = I′ + FCS bilden ein Codewort.

| Generatorpolynom (Divisor) | erweiterte Information I′ (Dividend) | Quotient |
|---|---|---|
| 1 1 0 1 | \| 1 1 0 0 1 0 0 0 | \| 1 0 0 1 0 |
| | 1 1 0 1 | |
| | 0 0 0 1 1 0 0 | |
| | 1 1 0 1 | |
| | 0 0 0 0 0 0 1 0 | |

Der Rest 00000010 ist das Ergebnis der langen Division, somit ist Rest = 010.

Diese Betrachtung lässt sich mit der binären Algebra sehr kompakt beschreiben [9, 10]. Die Nutzinformation I(x) wird dabei durch ein Polynom $(k - 1)^{ten}$ Grades dargestellt. Eine Multiplikation von I(x) mit $x^r$ bewirkt eine r-malige Linksverschiebung. I'(x) wird dann durch die Glg. (2.2) dargestellt. Die FCS wird durch die Polynom-Modulodivision gemäß Glg. (2.3) bestimmt. Das Codewort setzt sich aus der erweiterten Nutzinformation I' und der FCS (siehe Glg. (2.4)) zusammen. Schließlich ergibt die Bildung der FCS eines Codewortes einen Null-Vektor (r-Bit Tupel mit Nullen Glg. (2.5)). Somit bietet ein CRC eine sehr effiziente Implementierungsmöglichkeit zur Bildung von linearen Block-Codes.

$$I'(x) = x^r * I(x) \qquad (2.2)$$
$$FCS = x^r * I(x) \bmod g(x) \qquad (2.3)$$
$$CW = [I(x)\ FCS] = I'(x) + FCS \qquad (2.4)$$
$$CW = x^r * I(x) + x^r * I(x) \bmod g(x)$$
$$CW \bmod g(x) = x^r * I(x) \bmod g(x) + (x^r * I(x) \bmod g(x)) \bmod g(x) \qquad (2.5)$$
$$CW \bmod g(x) = x^r * I(x) \bmod g(x) + x^r * I(x) \bmod g(x) = 0$$

Eine Polynom-Modulodivision lässt sich sehr elegant durch ein linear rückgekoppeltes Schieberegister, das kurz als „LFSR" bezeichnet wird, realisieren. Bei einem r-Bit LFSR wird grundsätzlich der Ausgang des letzten Schieberegisters wahlweise auf den Eingängen von r Schieberegistern über einen EX-OR rückgekoppelt. Wobei das erste Schieberegister $R_0$, in der Abbildung rot markiert, stets rückgekoppelt wird. Der Grad des Generatorpolynoms beträgt r. $g_i$ stellen die Koeffizienten der Rückkoppelungen dar. Die Rückkoppelung wird durch $g_i = 1$ symbolisiert. Ist $g_i = 0$ (i =1, ... r – 1), so wird der Ausgang des letzten Schieberegisters nicht am Eingang des $i^{ten}$ Schieberegisters rückgekoppelt. Somit ist stets $g_r = g_0 = 1$, wobei $g_r$ den Ausgang des letzten Schieberegisters zugeordnet wird. Es gibt zwei Realisierungsvarianten. Die Daten können entweder am Eingang des ersten Registers oder am Ausgang des letzten Registers, wie die Abbildung 2 bzw. Abbildung 3 es zeigt, verknüpft werden. Bei dieser Darstellung wird das MSB des Datums stets zuerst eingeschoben. Bei der Polynomdivision handelt es sich um eine echte Division und der Inhalt des Schieberegisters am Ende der Datenübertragung, CRC bzw. FCS, stellt den Rest der Division dar.

Werden die Daten am Eingang des ersten Registers eingeschoben, so müssen zur Bildung des Rests nach dem Einschieben von k Informationsbits (Nutzdaten) noch r Nullen eingeschoben werden (lange Division). In diesem Fall steht die FCS bzw. CRC erst nach n Takten im Schieberegister zur Verfügung. Wenn aber die Daten am Ausgang des letzten Registers eingeschoben werden, so steht der Rest bereits nach k Takten im Schieberegister und die FCS kann in weiteren r Takten an Nutzdaten angehängt werden. Diese Möglichkeit wird in der Praxis gerne genutzt, da nach den n Takten bereits ein gültiges Codewort komplett übertragen werden kann. Die FCS ist stets eindeutig und hängt von den übertragenen Daten und der Anfangsbelegung des Schieberegisters ab. In der Regel wird das Schieberegister vor Beginn der Übertragung mit r Nullen belegt. Diese Anfangsbelegung wird als „seed" bezeichnet, und kann wahlweise als eine Erweiterung von CRC genutzt werden.

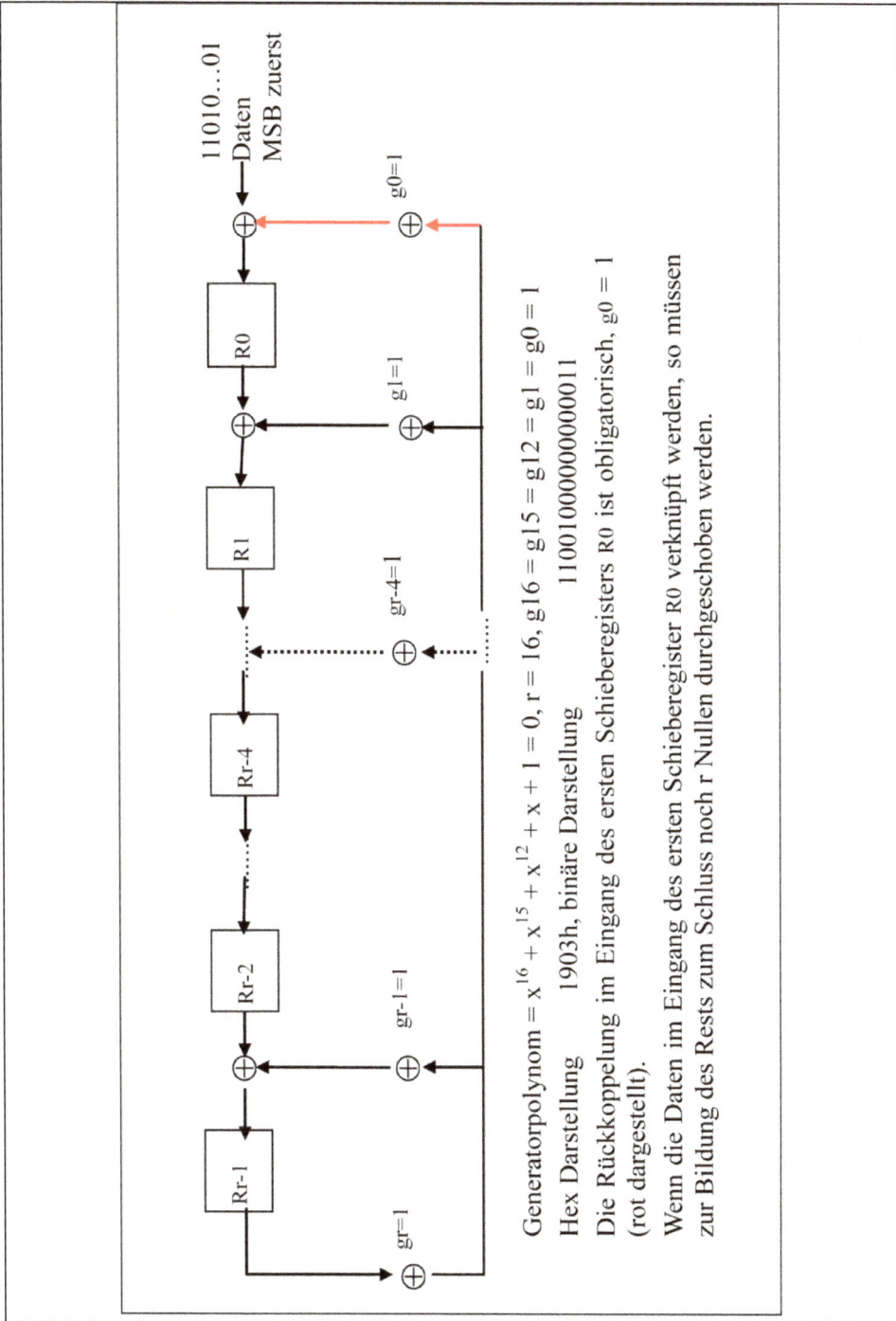

Generatorpolynom $= x^{16} + x^{15} + x^{12} + x + 1 = 0$, $r = 16$, $g16 = g15 = g12 = g1 = g0 = 1$

Hex Darstellung          1903h, binäre Darstellung          11001000000000011

Die Rückkoppelung im Eingang des ersten Schieberegisters R0 ist obligatorisch, $g0 = 1$ (rot dargestellt).

Wenn die Daten im Eingang des ersten Schieberegister R0 verknüpft werden, so müssen zur Bildung des Rests zum Schluss noch r Nullen durchgeschoben werden.

Abbildung 2          Die Implementierung von LFSR zur Bildung der Polynomdivision mit Verknüpfung der Daten am Eingang

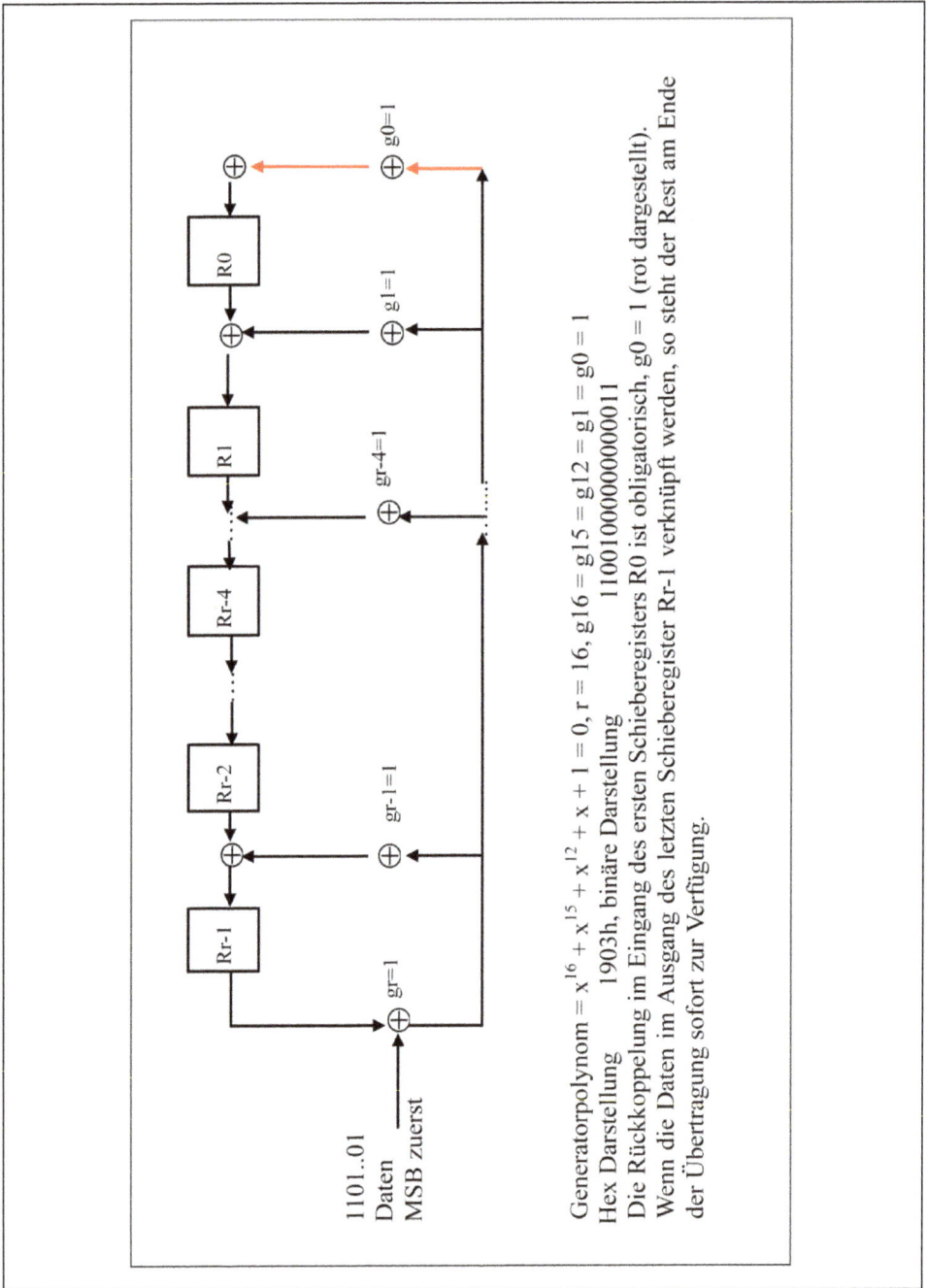

Generatorpolynom = $x^{16} + x^{15} + x^{12} + x + 1 = 0$, $r = 16$, $g16 = g15 = g12 = g1 = g0 = 1$

Hex Darstellung       1903h, binäre Darstellung       1001000000000011

Die Rückkoppelung im Eingang des ersten Schieberegisters R0 ist obligatorisch, $g0 = 1$ (rot dargestellt).

Wenn die Daten im Ausgang des letzten Schieberegister Rr-1 verknüpft werden, so steht der Rest am Ende der Übertragung sofort zur Verfügung.

Abbildung 3       Die Implementierung von LFSR zur Bildung der Polynomdivision mit Verknüpfung der Daten am Ausgang (CRC)

## 2.2      Hamming-Distanz

Der Abstand d zwischen zwei Codewörtern A und B wird durch die Anzahl der Bitstellen definiert, in denen sich das Codewort A von Codewort B unterscheidet. Dies wird am folgenden Beispiel verdeutlicht. Die Codewörter A und B unterscheiden sich an den Bitstellen 3, 4, 7 und 9, folglich beträgt der Abstand d zwischen dem Codewort A und dem Codewort B 4.

$$
\begin{array}{ll}
\text{Codewort A} & 1\ 0\ 1\ 0\ 1\ 0\ 1\ 1\ 0\ 1\ 0 \\
\text{Codewort B} & 1\ 0\ 0\ 1\ 1\ 0\ 0\ 1\ 1\ 1\ 0
\end{array}
$$

Der kleinste Abstand zwischen zwei beliebigen Codewörtern eines linearen Codes C wird als die Hamming-Distanz, $d_{min} = \min(d(A, B))$ bezeichnet (A und B $\epsilon$ C). Wenn eins der beiden Codewörter Null ist, so stellt das Gewicht des von Null verschiedenen Codeworts den Abstand d zwischen den beiden Codewörtern dar. Somit stellt das kleinste Gewicht ungleich null eines Codes die Hamming-Distanz $d_{min}$ dar [5] und wird im Folgenden als d bezeichnet. Die linearen Block-Codes mit einer Hamming-Distanz von d erkennen stets alle Bitfehler $\leq d - 1$ Bits [5].

## 2.3      Gewichtsverteilung $A_i$ eines Codes

Die Gesamtheit eines linearen Codes beinhaltet $2^k$ Codewörter. Das kleinste Gewicht beträgt null (alle Bits gleich Null) und das größte Gewicht kann n betragen (falls alle Bits gleich Eins ein Codewort darstellt). Diese beiden Gewichte können jeweils nur einmal vorkommen, wobei eine Nachricht mit dem Gewicht null stets ein Codewort bildet. Eine Nachricht mit dem Gewicht n bildet nur dann ein Codewort, wenn die totale Inversion, d. h. das Invertieren der sämtlichen n-Bits, unerkannt bleibt. Die Anzahl i der Bits mit Wertigkeit Eins in einem Codewort stellt das Gewicht des Codeworts dar und repräsentiert gleichzeitig einen i-Bitfehler, den der Code grundsätzlich nicht erkennen kann. Da d stets $\geq 2$ ist, kommen Codewörter vom Gewicht eins nicht vor. Abhängig vom Polynom erhalten die restlichen Codewörter ein Gewicht, das zwischen d und n liegt. In der Tabelle 1 sind die Gewichtsverteilungen für das Polynom 6Fh $6^{ten}$ Grades für die Blocklänge n = 7, 8, 31 und 32 aufgelistet. Da das Polynom ein gerades Gewicht hat, werden alle i-Bitfehler mit einem ungeraden i bzw. alle Codewörter mit einem ungeraden Gewicht erkannt. Die Häufigkeit der Codewörter mit einem ungeraden Gewicht $A_i$ (i ist auch ungerade) wird dann gleich null [9, 12]. Die Tabelle 1 beinhaltet keine Angabe über $A_i$, wenn i ungerade ist.

Bei einer Blocklänge n von sieben mit k = eins gibt es genau zwei Codewörter, eins mit dem Gewicht null und eins mit dem Gewicht sechs. Die Hamming-Distanz HD beträgt somit sechs. Mit k = zwei und n = acht fällt die Hamming-Distanz auf vier. Es gibt ein Codewort mit dem Gewicht null, zwei Codewörter mit einem Gewicht von sechs und ein Codewort mit dem Gewicht vier. Die Hamming-Distanz bleibt dann konstant auf vier bis k = 25 bzw. n = 31. Das kleinste Gewicht der Codewörter größer als zwei beträgt immer noch vier und es gibt 1085 Codewörter mit einem Gewicht von vier. Mit k = 26 oder n = 32 fällt dann die Hamming-Distanz auf zwei und bleibt für immer konstant bei diesem Wert.

Tabelle 1         Die Gewichtsverteilung der Codewörter von Polynom 6Fh für k = 1, 2, 25 und 26

| n = 32, k = 26 | | | n = 31, k = 25 | | | n = 8, k = 2 | | |
|---|---|---|---|---|---|---|---|---|
| i | $A_i$ | HD | i | $A_i$ | HD | i | $A_i$ | HD |
| 0 | 1 | | 0 | 1 | | 0 | 1 | |
| 2 | 1 | 2 | 2 | 0 | | 2 | 0 | |
| 4 | 1225 | | 4 | 1085 | 4 | 4 | 1 | 4 |
| 6 | 27881 | | 6 | 22568 | | 6 | 2 | |
| 8 | 330005 | | 8 | 247845 | | 8 | 0 | |
| 10 | 2013141 | | 10 | 1383096 | | Summe $A_i$ | 4 | |
| 12 | 7060781 | | 12 | 4414865 | | | | |
| 14 | 14726285 | | 14 | 8280720 | | n = 7, k = 1 | | |
| 16 | 18789795 | | 16 | 9398115 | | I | $A_i$ | HD |
| 18 | 14727715 | | 18 | 6440560 | | 0 | 1 | |
| 20 | 7058779 | | 20 | 2648919 | | 2 | 0 | |
| 22 | 2014779 | | 22 | 628680 | | 4 | 0 | |
| 24 | 329095 | | 24 | 82615 | | 6 | 1 | 6 |
| 26 | 28231 | | 26 | 5208 | | | | |
| 28 | 1135 | | 28 | 155 | | | | |
| 30 | 15 | | 30 | 0 | | | | |
| 32 | 0 | | | | | | | |
| Summe $A_i$ | 67108864 | | Summe $A_i$ | 33554432 | | Summe $A_i$ | 2 | |

Die Bestimmung der Gewichtsverteilung $A_i$ bzw. die Verteilung der Häufigkeit von unerkennbaren i-Bitfehlern ist eine relativ komplexe Aufgabe und erfordert eine hohe Rechenleistung und vor allem einen besonders hohen Bedarf an Arbeitsspeicher. Für die ausführliche Diskussion wird auf Abschnitt 4 verwiesen. Es gibt jedoch eine Ausnahme. Bei primitiven Polynomen mit $n = 2^r - 1$ (r = Grad des Polynoms) lässt sich die Häufigkeit der Gewichte mit einer rekursiven Formel gemäß der Glg. (2.6) bestimmen [13].

$$A_i = \left\{ \binom{n}{i-1} - A_{i-1} - A_{i-2} \cdot (n-i+2) \right\} / i \qquad (2.6)$$

Mit Anfangsbedingung $A_1 = A_2 = 0$ und $A_0 = 1$

Interessant ist, dass sämtliche primitive Polynome eines bestimmten Grades r für $n = 2^r - 1$ die gleichen Eigenschaften haben, wie der Verlauf der Restfehlerwahrscheinlichkeit, Hamming-Distanz oder die Gewichtsverteilung, und sie sind bei dieser Konstellation vollständig austauschbar.

## 2.4      Zykluslänge

Bei der Codierungstheorie sind die Polynomreste von zentraler Bedeutung. Die Polynomreste werden definiert als $x^i$ mod g(x) mit i = 0, 1, ..., p − 1 (p = ZL) [10]. Es sei bemerkt, dass das Symbol p in diesem Abschnitt die Bedeutung der Zykluslänge hat. g(x) ist das Generatorpolynom des Codes. Ab einem bestimmten p wiederholen sich die Polynomreste und $x^i$ mod g(x) = $x^{i+p}$ mod g(x), d. h. $x^p$ mod g(x) = 1. Dabei ist stets p ≤ $2^r$ − 1, r ist wiederum der Polynomgrad. Bei primitiven Polynomen erreicht p den höchsten Wert von $2^r$ − 1 [10]. Der Zyklus der Polynomreste ist identisch mit dem Zyklus eines Schiebregisters einer LFSR-Implementierung, wie es in Abbildung 2 bzw. Abbildung 3 dargestellt ist, wenn das Schieberegister mit dem Anfangszustand (r − 1) mal 0 und einmal 1 gestartet wird. Als Daten werden dann lauter Nullen eingeschoben, d. h., das LFSR läuft autark ohne externe Einflüsse. Die Tabelle 2 zeigt dies für das Generatorpolynom g(x) = $x^3$ + $x^2$ + 1 bzw. für die binäre Darstellung des Polynoms Dh = 1101. Wenn das Schieberegister mit dem Anfangszustand 001 gestartet wird, so entsteht ein Zyklus der Länge sieben und das Schieberegister durchläuft in beiden Fällen alle sieben Zustände in sieben Takten, außer Zustand Null (000). Da ZL = $2^3$ − 1 = 7 ist, ist das Polynom Dh primitiv. Es soll noch bemerkt werden, dass das Generatorpolynom bei der Betrachtung der Zykluslänge sehr hilfreich ist. Es gibt jedoch Codes, die nicht mit der Hilfe eines Generatorpolynoms gebildet werden. Der erste erweiterte Hamming-Code aus Abschnitt 3.1.2 ist ein gutes Beispiel dafür. Die Blocklänge bzw. Codewortlänge wird bei solchen Codes Synonym für die Zykluslänge verwendet. Die maximale Blocklänge, bei der die Hamming-Distanz auf einen Wert von zwei abfällt, entspricht dann der Zykluslänge eines Generatorpolynoms.

Der oben beschriebene Zyklus eines LFSR wird auch als Zyklus der Polynomreste bezeichnet und besteht aus binären r-Tupeln. Die r Einheitsvektoren, in der Tabelle 2 blau markiert, sowie die binäre Darstellung des Generatorpolynoms ohne LSB (hier z. B. 1 1 0, in der Tabelle 2. rot markiert) und MSB (hier z. B. 101, in der Tabelle 2. rot markiert) gehören stets zum Zyklus. Dem Zyklus der Polynomreste begegnet man in der Codierungstheorie immer wieder. Der rückwärts sortierte Zyklus mit dem Anfangszustand, bestehend aus einer einzigen Eins und r − 1 Nullen, hat eine tiefere Bedeutung und wird im Abschnitt 2.6 näher betrachtet. In der Tabelle 3 sind die vorwärts und rückwärts sortierten Zyklen der Polynomreste für das Generatorpolynom g(x) = Dh zusammengestellt. Sowohl der vorwärts als auch der rückwärts sortierte Zyklus der Polynomreste lässt sich aus dem aktuellen Zustand des Schieberegisters mit einfachen Bitmanipulationen ableiten.

Zur Bestimmung des vorwärts sortierten Zyklus der Polynomreste aus einem aktuellen Zustand wird wie folgt vorgegangen:

Der aktuelle Schieberegister-Zustand wird um ein Bit nach links geschoben und dem LSB wird eine Null zugewiesen. War das MSB des aktuellen Zustands vor der Schiebung eine Eins, so wird ein Offset dazu addiert. Der Offset ist in diesem Fall das Generatorpolynom g(x) ohne MSB in binärer Darstellung. Im obigen Beispiel ist der Offset = 101.

Tabelle 2        Die Zykluslänge ZL von Polynom Dh

| Zyklus der Polynomreste, $g(x) = x^3 + x^2 + 1$ | | Zyklus eines LFSR, $g(x) = Dh = 1\ 1\ 01$ | |
|---|---|---|---|
| $x^i$ | $x^i \bmod g(x)$ | Takt | Schieberegister-Zustand |
| $x^0$ | 1 | 0 | 0 0 1 |
| $x^1$ | x | 1 | 0 1 0 |
| $x^2$ | $x^2$ | 2 | 1 0 0 |
| $x^3$ | $x^2 + 1$ | 3 | 1 0 1 |
| $x^4$ | $x^2 + x + 1$ | 4 | 1 1 1 |
| $x^5$ | $x + 1$ | 5 | 0 1 1 |
| $x^6$ | $x^2 + x$ | 6 | 1 1 0 |
| $x^7$ | 1 | 7 | 0 0 1 |
| $x^i$ ist ein Polynom $i^{\text{ten}}$ Grades und wird in binärer Schreibweise mit einem $(i + 1)$-Tupel bestehend aus einer Eins gefolgt von i Nullen abgebildet. | | | |

Zur Bestimmung des rückwärts sortierten Zyklus der Polynomreste aus einem aktuellen Zustand wird wie folgt vorgegangen:

Der aktuelle Schieberegister-Zustand wird um ein Bit nach rechts geschoben und dem MSB wird eine Null zugewiesen. War das LSB des aktuellen Zustands vor der Schiebung eine Eins, so wird ein Offset dazu addiert. Der Offset ist in diesem Fall das Generatorpolynom $g(x)$ ohne LSB in binärer Darstellung. Im obigen Beispiel ist der Offset = 1 1 0.

Tabelle 3        Der vorwärts bzw. rückwärts sortierte Zyklus der Polynomreste für das Polynom $g(x) = Dh$

| Der Zyklus eines LFSR mit dem Anfangszustand 1 0 0 | Der rückwärts sortierte Zyklus eines LFSR mit dem Anfangszustand 1 0 0 |
|---|---|
| 1 0 0 | 1 0 0 |
| 1 0 1 | 0 1 0 |
| 1 1 1 | 0 0 1 |
| 0 1 1 | 1 1 0 |
| 1 1 0 | 0 1 1 |
| 0 0 1 | 1 1 1 |
| 0 1 0 | 1 0 1 |
| 1 0 0 | 1 0 0 |

Die in der Tabelle 3 abgebildete Zyklen sind für einen (7, 4)-Code mit einer Zykluslänge von sieben bestimmt. Ist n größer als 7, so wiederholen sich die Zyklen. Für n kleiner 7 werden die Zyklen entsprechend gekürzt und nach unten abgeschnitten.

## 2.5        Restfehlerwahrscheinlichkeit

Bei bekannter Gewichtsverteilung $A_i$ wird die Restfehlerwahrscheinlichkeit RW(p) als Funktion von Bitfehlerwahrscheinlichkeit p ($0 \leq p \leq 1$) durch die Glg. (5.2) bestimmt [8]. Die Anzahl der unerkennbaren i-Bitfehler $A_i$ entspricht darin der Anzahl der Codewörter vom Gewicht i. Die Blocklänge n = k + r wird aus der Anzahl der Informationsbits und dem Polynomgrad r zusammengesetzt. Es gilt $A_i = 0$ für i < Hamming-Distanz = d, und somit beginnt die Summenbildung ab i = d.

$$RW(p) = \sum_{i=d}^{n} A_i \times p^i \times (1-p)^{n-i} \qquad (2.7)$$

## 2.6        Systematische Generatormatrix

Eine Generatormatrix eines linearen (n, k)-Code lässt sich aus k linear unabhängigen Codewörtern bilden [5]. Diese können aus der binären Darstellung des Generatorpolynoms sofort gewonnen werden [8]. Die Abbildung 4 zeigt als Beispiel die Generatormatrix des Polynoms Dh $3^{ten}$ Grades für n = 7. Mithilfe der Generatormatrix G lässt sich dann ein beliebiges Codewort des linearen (7, 4)-Code gemäß der Glg. (2.8) erzeugen. Der Zeilenvektor $\alpha$ mit vier binären Elementen kann die Werte von 0 bis 15 vollständig darstellen. Es ist dann möglich die Gesamtheit von $2^k$ Codewörtern zu bestimmen.

Für die Praxis ist jedoch diese Form der Generatormatrix ungeeignet, besonders wenn k einen Wert > 100 annimmt. Durch die Addition geeigneter Zeilen der Matrix G kann eine systematische Generatormatrix Gs abgeleitet werden. Zum Beispiel entsteht die vierte Zeile von Gs durch die Addition der Zeilen 1, 2 und 4 der Matrix G. Die Generatormatrix Gs besitzt eine günstige Form, wie sie durch die Glg. (2.9) dargestellt wird. Die Matrix Gs wird durch eine horizontale Verkettung einer k x r Paritymatrix P und eine k x k Einheitsmatrix gebildet. Die Paritymatrix P ist nichts anderes als der rückwärts sortierte Zyklus der Polynomreste mit der binären Darstellung des Generatorpolynoms g(x) ohne LSB als Anfangszustand, wie in Tabelle 3 aufgelistet. Bei großem k wird die Bestimmung eines beliebigen Codeworts mittels einer Linearkombination der k Codewörter erheblich vereinfacht, da nun im Wesentlichen die Linearkombination der Polynomreste (also Produkt $\alpha$ * P) gebildet werden muss. Außerdem erlaubt der Aufbau der Paritymatrix P aus dem aktuellen Zustand den nächsten zu berechnen, was bei knappen Speicherressourcen von Nutzen ist. Natürlich muss dafür eine höhere Rechenleistung im Kauf genommen werden.

$$G = \begin{vmatrix} 1 & 1 & 0 & 1 & 0 & 0 & 0 \\ 0 & 1 & 1 & 0 & 1 & 0 & 0 \\ 0 & 0 & 1 & 1 & 0 & 1 & 0 \\ 0 & 0 & 0 & 1 & 1 & 0 & 1 \end{vmatrix}$$

Generatormatrix von Polynom Dh
(binäre Darstellung 1101)

$$CW(1, n) = \alpha(1, k) \cdot G(k, n) \qquad \text{mit } n = 7, k = 4 \text{ und } r = 3 \tag{2.8}$$

Gewinnung der systematischen Form Gs der Generatormatrix

$$G_s(k, n) = |k \times r \text{ Paritymatrix P} \quad k \times k \text{ Einheitsmatrix}| \tag{2.9}$$

$$G_s = \begin{vmatrix} 1 & 1 & 0 & 1 & 0 & 0 & 0 \\ 0 & 1 & 1 & 0 & 1 & 0 & 0 \\ 1 & 1 & 1 & 0 & 0 & 1 & 0 \\ 1 & 0 & 1 & 0 & 0 & 0 & 1 \end{vmatrix}$$

Systematische Generatormatrix Gs

Abbildung 4      Die Generatormatrizen G bzw. Gs des Polynoms Dh mit 4 linear unabhängigen Codewörtern

Neben der systematischen Generatormatrix $G_s$ gibt es eine Parity-Check-Matrix H mit r Zeilen und n Spalten. Sie wird durch eine horizontale Verkettung der r x r Einheitsmatrix und der transponierten Matrix $P^T$ gemäß der Glg. (2.10), wie die Abbildung 5 es zeigt, zusammengesetzt. Die transponierte Matrix $H^T$ ist dann identisch mit dem rückwärts sortierten Zyklus des LFSR mit dem Anfangszustand aus einer einzigen Eins gefolgt von r – 1 Nullen, wie in der Tabelle 3 aufgelistet. Die r linear unabhängigen Zeilenvektoren von H bilden einen r-dimensionalen Unterraum eines n-dimensionalen Raumes, bestehend aus binären n-Tupeln. Die $2^r$ Codewörter, die von der Matrix H generiert werden, bilden einen linearen (n, n – k)-Code $C_d$. $C_d$ wird als dualer Code von C bezeichnet.

$$H(r, n) = |r \times r \text{ Einheitsmatrix} \quad p^T| \quad \text{Parity - Check - Matrix} \tag{2.10}$$

$$H = \begin{vmatrix} 1 & 0 & 0 & 1 & 0 & 1 & 1 \\ 0 & 1 & 0 & 1 & 1 & 1 & 0 \\ 0 & 0 & 1 & 0 & 1 & 1 & 1 \end{vmatrix}$$

Skalarprodukt der $i^{ten}$ Zeile von $G_s$
und $j^{ten}$ Zeile von H $= g_i \cdot h_j$

$$g_i \cdot h_j = p_{ij} + p^T_{ji} = p_{ij} + p_{ij} = 0 \tag{2.11}$$

Somit sind die Räume $G_s$ und H orthogonal zueinander

$$G_s \cdot H^T = (H \cdot G_s^T)^T = 0 \tag{2.12}$$

Abbildung 5      Die Parity-Check-Matrix H des Polynoms Dh für n = 7

Das Skalarprodukt $g_i * h_j$ der $i^{ten}$ Zeile von $G_s$ mit der $j^{ten}$ Zeile von H besteht aus genau zwei Termen. Gemäß der Glg. (2.11) sind diese beiden Terme identisch. Somit wird $g_i * h_j = 0$. Dies bedeutet, dass die $2^k$ Codewörter der Generatormatrix $G_s$ und die $2^r$ Codewörter der Matrix H orthogonal zueinanderstehen [5]. Die Glg. (2.12) bringt zum Ausdruck, dass der k-dimensionale Raum, gebildet durch die Generatormatrix $G_s$, und der r-dimensionale Raum, gebildet durch die Matrix H, orthogonal zueinander sind. Diese beiden Räume sind Unterräume eines gemeinsamen n-dimensionalen Raums, bestehend aus binären n-Tupeln über $GF(2^n)$. Besonders für die großen Werte von k gewinnt der duale Code $C_d$ eine zunehmende Bedeutung. Durch die orthogonale Beziehung zwischen den beiden Codes besteht eine eindeutige Zuordnung zwischen den Gewichten $A_i$ des Codes C und den Gewichten $B_i$ des dualen Codes $C_d$. Bei der Analyse des dualen Codes $C_d$ braucht man nur $2^r$ CW zu untersuchen im Gegensatz zu $2^k$ CW bei der Analyse des Codes C. Die ausführliche Diskussion hierzu folgt im Abschnitt 4.3.

## 2.7       Fehlererkennung und Restrisiko

Ein CRC-Test bietet sehr effiziente Möglichkeiten zur Fehlererkennung. Ist das Ergebnis des CRC im Empfänger gleich Null, so ist die empfangene Information entweder fehlerfrei oder sie ist mit einem Codewort überlagert (siehe Abschnitt 2.1). Bei einem (n, k)-Code gibt es insgesamt $2^k$ Codewörter. Somit kann der Code insgesamt $2^k - 1$ Fehlerkombinationen (Codewort Null stellt die fehlerfreie Übertragung dar) aus der Gesamtheit, der möglichen $2^n$ Fehlerkombinationen nicht mehr als fehlerhaft erkennen. Die unerkennbaren Fehlermuster können ein Restrisiko darstellen, und die Summe der Wahrscheinlichkeiten für das Vorkommen dieser Fehlerfälle wird als die Restfehlerwahrscheinlichkeit RW bezeichnet. Sie wird durch die Glg. (2.7) bestimmt. Die Summenbildung in der Glg. (2.7) fängt erst ab d an, da alle Verfälschungen von weniger als d Bits immer erkannt werden. Somit nimmt die RW für die große Hamming-Distanz d und großes r einen geringeren Wert an. Es wird weiter unten im Abschnitt 2.9 gezeigt, dass ein sehr enger Zusammenhang zwischen den Größen n, d und k besteht. Die Hamming-Distanz d ist stets $\leq n - k + 1 = r + 1$. Einen interessanten Sachverhalt stellt der Wert der Restfehlerwahrscheinlichkeit bei p = 0,5 dar. Dieser Wert ist bei allen Codes identisch und beträgt $2^{-r} - 2^{-n}$. Für großes n wird $RW(0,5) \approx 2^{-r}$. Dieser Wert hängt nur noch von der Anzahl der Prüfbits r = n – k ab. Dies ist auch verständlich, denn für p = 0,5 die Wahrscheinlichkeit für einen beliebigen m-Bitfehler, unabhängig davon welchen Wert m (m = 0 bis n) annimmt, $2^{-n}$ beträgt. Dieser Wert wurde in Glg. (1.1) als globale Restfehlerwahrscheinlichkeit GW bezeichnet.

Vor 1976 hat man irrtümlicherweise angenommen, dass die Restfehlerwahrscheinlichkeit RW ein Maximum bei p = 0,5 besitzt [14]. Dass dem nicht so ist, belegen zahlreiche Gegenbeispiele. Die RW für das Polynom 1FFEDh ist ein sehr interessanter Fall mit zwei ausgeprägten Maxima, wie die Abbildung 37 dies zeigt. In letzter Zeit ist der Begriff „Proper" – geeignet – für das Polynom eingeführt worden.

*Ein Polynom ist proper, wenn die vom Polynom bewirkte Restfehlerwahrscheinlichkeit RW(p, n) im Intervall I = {p | p ∈ [0, 0,5]} monoton anwächst und den Wert von $2^{-r} - 2^{-n}$ bei p = 0,5 erreicht [15].*

Die Norm erwartet den Einsatz von so genannten properen Polynomen [16, 17]. Der einzige Vorteil, den ein properes Polynom bietet, ist die Beschränkung der Restfehlerwahrscheinlichkeit auf $2^{-r} - 2^{-n}$. Der Beweis der „Properness" ist jedoch sehr aufwendig, besonders für große Werte von r (r > 24) und k (k > 30).

Bei der Bestimmung der Restfehlerwahrscheinlichkeit RW wird in der Regel eine Approximation vorgenommen, bei der eine geringere Anzahl der ersten Glieder der Glg. (2.7) berücksichtigt werden. Als Begründung wird häufig angegeben, dass die restlichen Glieder einen vernachlässigbar geringen Beitrag darstellen. Diese Vorgehensweise ist jedoch sehr unbefriedigend. Die hier vorgestellte Approximation der Restfehlerwahrscheinlichkeit mittels einer Taylorreihe erlaubt die Eingrenzung der Restfehlerwahrscheinlichkeit zwischen zwei Polynomen. Diese Polynome stellen ein Upper- bzw. Lower-Bound der Restfehlerwahrscheinlichkeit dar. Diese können Taylorpolynome (siehe 6.4) bzw. erweiterte Polynome $n^{ten}$ Grades, die aus den Taylorpolynomen abgeleitet werden (siehe 6.5), sein. Dies bedeutet, dass mit wenigen bekannten Gewichten $A_i$ der Glg. (2.7) es möglich ist, eine absolut zuverlässige Aussage über die Restfehlerwahrscheinlichkeit RW zu gewinnen.

## 2.8    Fehlerkorrektur und Hamming-Distanz

Nach der Glg. (2.12) sind die Matrizen $G_s$ und $H^T$ orthogonal zueinander. Das heißt, dass das Skalarprodukt einer beliebigen Zeile von H mit einem beliebigen Codewort ungleich Null aus der Gesamtheit von $2^k - 1$ Codewörter stets eine null ergibt. Zur Feststellung eines Übertragungsfehlers wird ein Zeilenvektor s mit r Zeilen gemäß Glg. (2.13) gebildet [5, 6].

$$s = D \cdot H^T = E \cdot H^T$$

$$\text{mit} \quad D = CW + E = \text{Empfangsdatum}$$

$$CW \cdot H^T = 0 \quad \text{(Orthogonalität)}$$

$$s = D \cdot H^T = CW \cdot H^T + E \cdot H^T = E \cdot H^T$$

(2.13)

Der Vektor s wird als Syndrom bezeichnet, und wird aus dem Produkt der Matrizen D und $H^T$ gebildet. In der Literatur wird s unterschiedlich definiert. Manche Autoren stellen s als einen Spaltenvektor dar [10]. Die hier gewählte Darstellung bietet den Vorteil, dass die transponierte der Matrix H identisch mit dem Zyklus der rückwärts sortierten Polynomreste mit Anfangszustand gleich Eins gefolgt von r – 1 Nullen ist (siehe Abbildung 7). Das Empfangsdatum D besteht aus dem gesendeten Codewort mit der eventuellen Überlagerung einer Störung E während der Übertragung. D, CW und E sind Zeilenvektoren mit n Spalten. Ist Syndrom s gleich Null, so ist das Empfangsdatum fehlerfrei oder der Fehlervektor E ein Codewort. Falls E exakt mit einem Ein-Bitfehler behaftet ist, und das $i^{te}$ Bit die fehlerhafte Stelle darstellt, so ist s identisch mit der $i^{ten}$ Spalte der Matrix H. Dies bedeutet, dass die Spalten der Parity-Check-Matrix H aus Syndromen von Einzelbitfehlern bestehen [6]. Damit die Syndrome eines Ein-Bitfehlers eindeutig zu einer einzigen Spalte der Matrix H zugeordnet werden können, müssen diese Syndrome alle verschieden sein. Dies ist der Fall für d ≥ 3; denn bei der ersten Wiederholung einer Spalte fällt die Hamming-Distanz auf zwei. Eine Hamming-Distanz von d bedeutet, dass mindestens eine Linearkombination der d Spalten der Parity-Check-Matrix H existiert, die linear abhängig ist. Eine Linearkombination der d – 1 oder weniger Spalten der Matrix H ist somit stets linear unabhängig. Somit ist die Fehlerkorrektur von einem Ein-Bitfehler möglich, wenn d ≥ 3 bleibt. Eine weitere Besonderheit der Matrix H besteht darin, dass die r Spalten der Matrix H hintereinander in der Folge an einer beliebigen Stelle stets linear unabhängig sind. Dies folgt aus der Aussage, dass das CRC-Verfahren alle Bündelfehler (Burst Error) der Länge r erkennt [9]. Es ist auch möglich aus der Vorgabe einer Parity-Check-Matrix H rückwärts die Generatormatrix zu bestimmen [10]. Dies ermöglicht die Generierung eines künstlichen Codes. Durch geschickte Manipulation der Parity-Check-Matrix H lassen sich gezielt die Codes mit besonderen Eigenschaften, wie hohe Hamming-Distanz, künstlich erzeugen [6].

Zum besseren Verständnis für die Korrekturabläufe wurden in Abbildung 6 zwei benachbarte Codewörter mit dazwischen liegenden Datenwörtern abgebildet. Der betrachtete Code hat eine Hamming-Distanz von d = 6. Zwischen zwei Codewörter liegen fünf Datensätze, die nicht zu den Codewörtern gehören. Das Wort 5 ist mit Fünf-Bitfehler in Bezug auf das Wort 0 behaftet, das auch ein Codewort darstellt. Da hier Codewörter mit einer minimalen Hamming-Distanz von d = 6 betrachtet werden, ist das Wort 6 wieder ein Codewort. Ohne Fehlerkorrekturmaßnahmen ist es möglich (d – 1)-Bitfehler zu erkennen (Fall A). Die Wörter 1 und 2 haben jeweils Ein- bzw. Zwei-Bitfehler gegenüber dem Codewort 0. Da das Codewort 0 am nächsten zu den Wörtern 1 und 2 liegt, werden diese nach dem Codewort 0 korrigiert. Diese Decodierungsart wird in der Literatur als MLD „maximum likelihood decoding" bezeichnet [5, 10]. Das Wort 3 hat die gleiche Anzahl von drei fehlerhaften Bits im Bezug auf die Codewörter 0 bzw. 6 und kann daher nicht korrigiert werden. Wenn $t_k$ bzw. $t_e$ die Anzahl der korrigierbaren bzw. erkennbaren Bitfehler darstellt, so ergibt die Beziehung (2.14) zwischen der Hamming-Distanz d, $t_k$ und $t_e$.

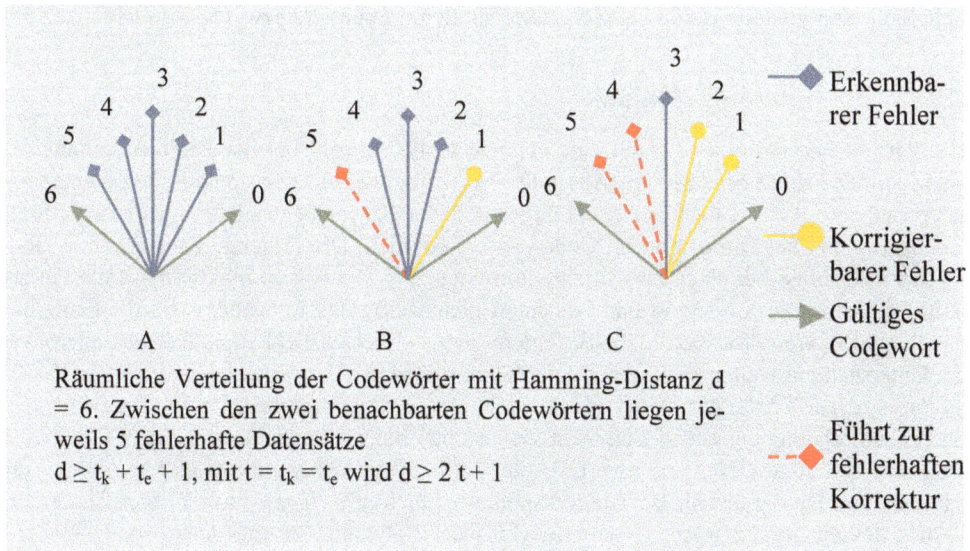

Räumliche Verteilung der Codewörter mit Hamming-Distanz d = 6. Zwischen den zwei benachbarten Codewörtern liegen jeweils 5 fehlerhafte Datensätze

$d \geq t_k + t_e + 1$, mit $t = t_k = t_e$ wird $d \geq 2\,t + 1$

Abbildung 6     Die Hamming-Distanz d und die Anzahl der korrigierbaren Bitfehler t

Wenn man bei einer HD von 6 einen Ein-Bitfehler korrigieren will, so kann man maximal noch Vier-Bitfehler erkennen (Fall B). Grundsätzlich wird ein Fünf-Bitfehler erkannt, jedoch der Versuch einer Korrektur führt zu einer fehlerhaften Korrektur mit einem Sechs-Bitfehler zum Codewort 6. D. h., die Anzahl der korrigierbaren Bitfehler plus der erkennbaren Bitfehler müssen gemäß der Ungleichung (2.14) immer kleiner oder gleich d – 1 bleiben. Nur ein erkannter Fehler kann korrigiert werden. Somit bleibt $t_e \geq t_k$ und für die praktische Betrachtung wird für die beiden Größen die Bezeichnung t, die maximale Anzahl der korrigierbaren Bitfehler, eingeführt.

$$d \geq t_k + t_e + 1$$
$$\text{mit } t_k = t_e = t \text{ wird dann } d \geq 2t + 1 \qquad (2.14)$$

Es soll noch angemerkt werden, dass eine Fehlerkorrektur grundsätzlich mit einer fehlerhaften Korrektur verbunden ist. Deshalb muss sorgfältig abgewogen werden, wie hoch die Wahrscheinlichkeit von Mehr-Bitfehlern werden kann, und welchen Nutzen die Korrektur bringt. Jedenfalls steht fest, dass die Restfehlerwahrscheinlichkeit durch die Fehlerkorrektur zunimmt, und das Restrisiko steigt. Man erkennt aus der obigen Betrachtung (Fall C), dass die erkannten vier- bzw. Fünf-Bitfehler in den unerkennbaren Sechs-Bitfehler überführt werden.

## 2.9      Grenzen der Block-Codes

Bei der Suche nach den leistungsstarken Codes entsteht zwangsläufig die Frage nach der Obergrenze von d bei einer Vorgabe von n. Diese Frage ist nicht leicht zu beantworten, und hierzu gibt es unterschiedliche Ansätze. Von den zahlreichen Beiträgen zu diesem Thema sind Beiträge von Hamming, Singleton und Plotkin beachtenswert und praktisch sehr nützlich. Sie bestimmen die Hamming-Schranke, Singleton-Schranke bzw. Plotkin-Schranke.

### 2.9.1      Hamming-Schranke

Die Parity-Check-Matrix H spielt eine zentrale Rolle, sowohl bei der Fehlererkennung als auch bei der Fehlerkorrektur. Im Abschnitt 2.6 wurde aus einer systematischen Generatormatrix $G_s$ eine Parity-Check-Matrix H abgeleitet. Zur Korrektur des Bitfehlers ist eine Stellenbezeichnung der Bitposition im Codewort erforderlich. Die folgende Konvention erlaubt einen Rückschluss bei einer Ein-Bitfehlerkorrektur ($d \geq 3$) aus dem Syndrom auf die fehlerhafte Bitposition im Codewort und erleichtert gleichzeitig das Verständnis für die Fehlerbehandlung. Die Korrektur von Mehr-Bitfehlern lässt sich leider nicht so einfach gestalten, wie die Untersuchung weiter unten zeigt. Die Zeilen der Matrix H stellen bekanntlich die Codewörter dar. Jede Spalte der Matrix H entspricht einer bestimmten Position im Codewort. Die Stellenbezeichnung bei einem Codewort verläuft von links nach rechts, d. h., dem MSB wird die Stelle eins zugewiesen und dem LSB die Stelle n zugewiesen, wie es in Abbildung 7 für das Polynom Dh dargestellt ist. Die transponierte der Matrix H wird mit Zl bezeichnet und besteht aus einem rückwärts sortierten Zyklus der Polynomreste mit dem Anfangszustand Eins gefolgt von r – 1 Nullen. Siehe hierzu Tabelle 3. Dabei verläuft die Zeilenindexierung der Matrix Zl von oben nach unten.

Zl ist eine Matrix mit n Zeilen und r Spalten, und die Zeilen werden einfach durch die Syndrome von Ein-Bitfehlern dargestellt, was sich relativ einfach verifizieren lässt. Eine Wiederholung der Zeile der Matrix Zl bzw. eine Wiederholung der Spalte der Matrix H bedeutet den Abfall der Hamming-Distanz d auf 2. Diese Anordnung der Matrix H ist sehr vorteilhaft, da die Polynomreste sehr einfach berechnet werden können. Der Algorithmus zur Bestimmung des rückwärts sortierten Zyklus der Polynomreste wurde bereits im Abschnitt 2.4 ausführlich beschrieben. So gewinnt man die Matrix Zl, die Parity-Check-Matrix H und die Zykluslänge ZL auf einmal. Auf die Bestimmung der systematischen Generatormatrix kann verzichtet werden.

|  |  |  |  |  |  |  |  |  |  |
|---|---|---|---|---|---|---|---|---|---|

$$1 \quad 2 \quad 3 \quad 4 \quad 5 \quad 6 \quad 7 \qquad \text{Stellenbezeichnung} \qquad\qquad \text{Zeilenindex}$$

$$H = \begin{vmatrix} 1 & 0 & 0 & 1 & 0 & 1 & 1 \\ 0 & 1 & 0 & 1 & 1 & 1 & 0 \\ 0 & 0 & 1 & 0 & 1 & 1 & 1 \end{vmatrix} \qquad \begin{array}{l} \text{MSB wird die Stelle} \\ \text{1 zugeordnet} \end{array} \qquad Zl = \begin{vmatrix} 1 & 0 & 0 \\ 0 & 1 & 0 \\ 0 & 0 & 1 \\ 1 & 1 & 0 \\ 0 & 1 & 1 \\ 1 & 1 & 1 \\ 1 & 0 & 1 \end{vmatrix} \begin{array}{l} 1 \\ 2 \\ 3 \\ 4 \\ 5 \\ 6 \\ 7 \end{array}$$

Der Zyklus der rückwärts sortierten Polynomreste ist identisch mit transponierte der Matrix H mit Anfangszustand gleich Eins gefolgt von $r - 1$ Nullen

$$Zl = H^T \qquad \text{und} \qquad H = Zl^T$$

Abbildung 7      Die Bestimmung der Matrix H aus der Matrix Zl für das Polynom Dh

Nachdem die Gewinnung der Parity-Check-Matrix H auf relativ einfache Weise sicherge-stellt ist, soll nun der Zusammenhang zwischen der Hamming-Distanz d, der Zykluslänge n, der Anzahl der korrigierbaren Bitfehler t und der Anzahl der Prüfbits r abgeleitet werden. Bei dieser Betrachtungsweise stellen die Zeilen der Matrix Zl einfach das Syndrom eines Ein-Bitfehlers dar. Ist das Syndrom eines Ein-Bitfehlers identisch mit der $i^{\text{ten}}$ Zeile der Matrix Zl, so ist das $i^{\text{te}}$ Bit verfälscht, vorausgesetzt, dass nur ein Bit verfälscht wurde. Es ist eine typi-sche Eigenschaft der Matrix Zl, dass ihre Zeilen keinen Nullvektor besitzen. Dies ist eine logische Folgerung aus der Tatsache, dass lineare Codes stets einen Ein-Bitfehler erkennen. Ein weiterer Vorteil besteht darin, dass das Syndrom eines m-Bitfehlers identisch mit der FCS (Ergebnis eines CRC) ist. Bei dieser Betrachtungsweise wird ein Syndrom aus modulo 2-Addition der t Zeilen der Matrix Zl gebildet, wobei t die Anzahl der fehlerhaften Bits im Datenwort beträgt. Es werden Syndrome der Stellen eines Codeworts aufaddiert, bei denen eine Eins im Codewort vorkommt. Eine Lokalisierung, der t Bitstellen ist nur dann möglich, wenn eine umkehrbare und eindeutige Beziehung zwischen dem Syndrom und der t Bitstel-len besteht.

Die maximale Zykluslänge eines Codes beträgt $2^r - 1$ und wird von primitiven Polynomen mit d = 3 erreicht. Diese Codes werden als Hamming-Code bezeichnet. Sie sind in der Lage Ein-Bitfehler zu korrigieren. Interessanter wird die Sachlage, wenn die Zykluslänge ZL $< 2^r - 1$ wird. Dann besteht theoretisch, die Möglichkeit auch Mehr-Bitfehler zu korrigieren. Ein Zwei-Bitfehler kann nur dann korrigiert werden, wenn sich die Gesamtheit der Linearkombi-nationen von jeweils zwei Zeilen der Matrix Zl umkehrbar eindeutig auf die restlichen $(2^r - 1)$-ZL Syndrome abbilden lässt. Ein t-Bitfehler kann nur dann korrigiert werden, wenn sich die Gesamtheit der Linearkombinationen von i Zeilen der Matrix Zl, für i = 2 bis t, umkehr-bar eindeutig auf die restlichen $(2^r - 1)$-ZL Syndrome abbilden lässt. Somit ergibt sich die berühmte Beziehung (2.15) von Hamming, die die Untergrenze von r bzw. Obergrenze von k bei Vorgabe von n und d bestimmt. Die Anzahl der maximal möglichen t-Bitfehler, die kor-rigiert werden können, beträgt nach der Beziehung (2.14), t = (d – 1)/2. Bei geradem d wird für t die größte Ganzzahl kleiner (d – 1)/2 genommen.

$$2^r - 1 \geq \sum_{i=1}^{i=t} \binom{n}{i} \qquad (2.15)$$

t = maximale Anzahl der korrigierbaren Bitfehler

$$t = \left\lceil \frac{d-1}{2} \right\rceil = \text{größte Ganzzahl kleiner gleich } ((d-1)/2)$$

n = die Blocklänge,  r = die Anzahl der Prüfbits

d = die Hamming - Distanz

Die Beziehung (2.15) besagt, dass man bei einer Blocklänge von n, mit 7 < n < 16, mindestens vier Prüfbits benötigt, damit ein Ein-Bitfehler korrigiert (d ≥ 3) werden kann. Hier ist vier die untere Schranke von r. Bei einer Blocklänge von n < 16, können maximal n – 4 Informationsbits übertragen werden, unter der Voraussetzung, dass sich ein Ein-Bitfehler korrigieren (d ≥ 3), lässt. Hier ist n – 4 die obere Schranke von k. In der Literatur wird die rechte Seite der Beziehung (2.15) als Hamming-Schranke bezeichnet. Dies besagt, dass die Zahl der Syndrome niemals kleiner sein kann als die Gesamtheit aller korrigierbaren Fehlermuster [6]. Die Beziehung (2.15) ist eine notwendige Bedingung für die Korrektur von t-Bitfehlern. Dagegen ist die Beziehung (2.14) eine hinreichende Bedingung für die Korrektur von t-Bitfehlern.

## 2.9.2     Singleton-Schranke

Die Singleton-Schranke besagt, dass d stets kleiner gleich r + 1 bleibt, und wird durch die Beziehung (2.16) dargestellt. Diese Aussage ist im Grunde genommen trivial. Man kennt aus der Polynom-Darstellung eines Codes, dass die Hamming-Distanz d nicht größer werden kann als das Gewicht des Polynoms. Das maximal Polynom hat das größte Gewicht von r + 1. Diese Aussage hat aber einen tieferen Sinn. Die kleinste Länge eines Codewortes beträgt r + 1 für k = 1. Die Länge eines Codewortes ist somit stets ≥ r + 1. Ein Codewort beinhaltet mindestens eine Eins unter den k Informationsbits, sonst wird das Syndrom ausschließlich aus einer Linearkombination der Prüfbits mit der Wertigkeit von Eins gebildet. Für ein Codewort ist das Syndrom gleich Null. Dies führt zum Widerspruch, da die r-Prüfbits zugeordneten Spaltenvektoren der Matrix H durch eine r x r Einheitsmatrix dargestellt wird (siehe Glg. (2.10)) [10]. Bei einem Codewort mit Gewicht d wird das Syndrom des einzigen Informationsbits mit der Wertigkeit Eins durch eine Linearkombination von d – 1 Prüfbits mit der Wertigkeit Eins gebildet. Dies ist nur dann möglich, wenn r ≥ d – 1 gilt. Die Gleichheit in der Glg. (2.16) wird nur von binären (n, 1)-Codes erreicht [6]. Diese Codes beinhalten nur zwei Codewörter mit n Nullen bzw. n Einsen. Diese werden in der Literatur mit Wiederholungscodes bezeichnet, da das Codewort durch n-fache Wiederholung des einzigen Informationsbit gebildet wird [5]. Aus der Beziehung (2.16) ergibt dann die untere Schranke von r bzw. die obere Schranke von k gleich d – 1 bzw. n – d + 1.

$$d \leq r + 1 = n - k + 1$$
Untere Schranke von r: $r \geq d - 1$
Obere Schranke von k: $k \leq n - d + 1$ $\qquad (2.16)$

## 2.9.3    Plotkin-Schranke

Die Plotkin-Schranke bestimmt die maximal mögliche Hamming-Distanz bei Vorgabe von n und k. Hierzu wird das mittlere Gewicht der Codewörter ungleich null bestimmt. Hamming-Distanz ist definiert als das kleinste Gewicht der Codewörter grösser als null (siehe 2.2). Wenn alle Codewörter das gleiche Gewicht hätten, so würde jedes Codewort das mittlere Gewicht der Codewörter annehmen, und die Hamming-Distanz wäre dann gleich das mittlere Gewicht der Codewörter. Die Hamming-Distanz d kann somit niemals grösser werden als das mittlere Gewicht der Codewörter. Bei linearen Binär-Codes beträgt die Wahrscheinlich-keit 1/2 dafür, dass ein Bit im Codewort, betrachtet über die Gesamtheit der Codewörter, ungleich Null ist, [6]. Dies ist damit begründet, dass die Anzahl von Nullen und Einsen be-trachtet über die Gesamtheit der Codewörter gleich ist. Ein Code der Länge n mit k Informa-tionsbits besitzt $2^k - 1$ Codewörter ungleich Null. Damit ergibt sich die Beziehung (2.17) für die Obergrenze von d.

$$d \leq \frac{n \cdot (1/2) \cdot 2^k}{2^k - 1} = \frac{n \cdot 2^{k-1}}{2^k - 1} \qquad (2.17)$$

$$k \leq n - 2 \cdot d + 2 + \log_2 d \qquad (2.18)$$

Durch umfangreiche Umformung der Beziehung (2.17) kann die Obergrenze von k bestimmt werden. Diese wird dann durch die Beziehung (2.18) wiedergegeben [18]. Alle hier bespro-chenen Grenzen sind als die absoluten Grenzen zu betrachten, die nur theoretisch erreicht werden können. Diese Grenzen sind als eine notwendige Bedingung zu betrachten. Es ist keines Falls sichergestellt, dass sie in der Praxis auch erreicht werden können. Dies wird deutlich bei der Betrachtung des folgenden Falls. Für n = 15 und d = 4 ergibt aus der Bezie-hung (2.18), dass k ≤ n – 4 = 11 wird. D. h. ein Code der Länge 15 mit Hamming-Distanz d = 4 kann theoretisch maximal 11 Informationsbits beinhalten. Den grössten Wert von k = 11 erreicht man mit Polynomen 4$^{ten}$ Grades. Das Maximum von k liegt in diesem Fall bei 3 und wird von Polynomen 17h und 1Dh für d = 4 erreicht. Die Polynome 5$^{ten}$ Grades können für k einen maximalen Wert von 10 erreichen. Dies ist der Fall bei den Polynomen 2Bh und 35h. Jede weitere Erhöhung von r um eins reduziert den Wert von k um eins. Das beste Ergebnis liefern hier die Polynome 2Bh und 35h mit k = 10, und es liegt unterhalb der Plotkin-Schranke.

# 3 Wichtige lineare Block-Codes

Zu den wichtigen linearen Codes gehören Hamming-Codes, zyklische Codes und BCH-Codes.

## 3.1 Hamming-Code

Die Hamming-Codes wurden bereits im Abschnitt 2.9.1 erwähnt. Hamming-Codes haben eine Zykluslänge von $ZL = 2^r - 1$ und werden von primitiven Polynomen erzeugt. Sie besitzen eine Hamming-Distanz von $d = 3$ und können somit einen Ein-Bitfehler korrigieren. Die Blocklänge des Hamming-Codes $n = k + r$ beträgt ZL, somit ist $k = 2^r - 1 - r$. Die Parity-Check-Matrix H von Hamming-Codes besteht aus $n = 2^r - 1$ Spalten binären r-Tupeln. Es gibt exakt $2^r - 1$ verschiedene Kombinationen von r-Tupel ungleich Null. Diese belegen die Matrix H vollständig. Die Matrix ist dicht gepackt, d. h., jedes r-Tupel $\neq 0$ ist genau einmal vertreten. Durch Streichen von Spalten der Parity-Check-Matrix H entsteht ein verkürzter Hamming-Code. Durch Hinzufügen eines extra Prüfbits bei konstantem k gewinnt man einen erweiterten Hamming-Code mit einer Hamming-Distanz, die um eins größer ist, falls die Hamming-Distanz vorher einen ungeraden Wert hatte [6].

### 3.1.1 Verkürzter Hamming-Code

Die verkürzten Hamming-Codes haben die gleiche Redundanz aber eine geringere Blocklänge, also weniger Informationsbits als die Hamming-Codes. Wird die Parity-Check-Matrix H um l Spalten verkürzt, so reduzieren sich n und k um den Betrag l. Die Hamming-Distanz d des verkürzten Codes beträgt $\geq 3$. Durch geschickte Kürzung lässt sich mindestens eine Hamming-Distanz von $d = 4$ erreichen. Zum Beispiel gewinnt man durch die Streichung aller Spalten mit geradem Gewicht einen Code mit der Hamming-Distanz von $d = 4$ [5]. Auf diese Weise generierte verkürzte Hamming-Codes sind in der Lage ein Ein-Bitfehler zu korrigieren und Zwei-Bitfehler zu erkennen. Diese werden als SEC-DED-Codes „single-error-correcting and double-error-detecting-Codes" bezeichnet. Hsiao hat diese Codes untersucht und eine Vorschrift zu ihrer Konstruktion aufgestellt [5].

### 3.1.2 Erweiterter Hamming-Code

Der erweiterte Hamming-Code hat eine Blocklänge von $n = 2^r$, und benötigt ein Prüfbit mehr bei Unverändertem k. Jedes Codewort wird um ein Prüfbit erweitert. Das zusätzliche Prüfbit hat die Wertigkeit Eins, wenn das Gewicht des erweiterten Codewortes ungerade ist, sonst wird eine Null als Zusatzprüfbit eingefügt. Die Codewortlänge des erweiterten Codes erhöht sich somit um eins. Der erweiterte Hamming-Code erkennt nun alle ungeraden Bitfehler, und die Hamming-Distanz erhöht sich um eins, falls vorher die Hamming-Distanz ungerade war

[6]. Wenn man das Generatorpolynom, mit dem der Hamming-Code generiert wurde, mit x + 1 multipliziert; so gewinnt man ein Polynom $(r + 1)^{ten}$ Grades. Dies stellt dann das Generatorpolynom des erweiterten Hamming-Codes dar, und bietet eine alternative Möglichkeit zur Bildung des erweiterten Hamming-Codes. Es soll noch bemerkt werden, dass diese alternative Lösung einen anderen Code liefert als die oben erwähnte erste Betrachtung. Bei der alternativen Lösung bleibt die Codewortlänge gegenüber dem Hamming-Code erhalten, dafür verkürzt sich k um eins und r erhöht sich um eins. Dieser Code ist im Gegensatz zum erst erwähnten erweiterten Code zyklisch. Beide Codes benötigen eine höhere Redundanz von r + 1 Prüfbits, jedoch reduziert sich bei der alternativen Lösung die Anzahl der Codewörter auf die Hälfte, da k um ein Bit kürzer wird.

## 3.2    Zyklischer Code

Definition:

*Ein (n, k)-Code ist zyklisch, wenn eine zyklische Verschiebung des Codewortes wieder ein Codewort darstellt.*

Es gibt aber auch einen mathematischen Zusammenhang zwischen der Blocklänge n und des Generatorpolynoms des (n, k)-Codes. Der (n, k)-Code ist zyklisch, wenn $x^n + 1$ durch das Generatorpolynom teilbar ist [5, 6]. Für $n = 2^r - 1$ bekommt man primitive Polynome mit der Zykluslänge von $2^r - 1$. Es ist bekannt, dass für $n = 2^r - 1$, $x^n + 1$ durch primitive Polynome teilbar ist. Die zugehörigen Codes sind die bereits erwähnten Hamming-Codes. Somit sind die Hamming-Codes stets zyklisch. Umgekehrt ist nicht jeder zyklische Code ein Hamming-Code, da es zyklische Codes mit einer Zykluslänge kleiner als $2^r - 1$ existieren. Es sei zur Klärung noch vermerkt, dass es auch verkürzte zyklische Codes gibt, die jedoch nicht zyklisch sind [5].

## 3.3    BCH-Code

Die BCH-Codes wurden unabhängig 1959 von Hocquenghem und 1960 von Bose und Chaudhuri entdeckt. Die BCH-Codes sind sehr mächtig und ermöglichen eine relativ hohe Hamming-Distanz. Sie werden daher bevorzugt für die Fehlerkorrektur eingesetzt. Um die Zusammenhänge vollständig zu verstehen und den Code erfolgreich anwenden zu können, sind jedoch die Grundkenntnisse der binären Algebra unentbehrlich. Hierzu wird auf die Literatur verwiesen [5]. BCH-Codes sind hoch strukturiert und können sukzessiv durch Produktbildung von Minimalpolynomen aufgebaut werden. Die Minimalpolynome sind irreduzible Polynome, d. h., sie besitzen keine echten Teiler. Das Produkt von sämtlichen Minimalpolynomen $m^{ten}$ Grades ist ein Maximalpolynom $(2^m - 2)^{ten}$ Grades mit Hamming-Distanz $d = 2^m - 1$ [12]. Das Maximalpolynom besitzt die höchstmögliche Hamming-Distanz, kann jedoch nur ein einziges Informationsbit codieren. Die Minimalpolynome $m^{ten}$ Grades können eine maximale Zykluslänge von $2^m - 1$ haben. Ist die Zykluslänge kleiner als $2^m - 1$, so muss sie ein Teiler von $2^m - 1$ sein. Ist die Zykluslänge gleich $2^m - 1$, so ist das Minimalpolynom primitiv. Somit haben die irreduziblen jedoch nicht primitiven Minimalpolynome eine Zykluslänge, die ein Teiler von $2^m - 1$ ist [10].

Tabelle 4          Die Primitiven BCH-Codes generiert mit dem Polynom 19h

| Polynom | $r_m$ | Wurzeln | BCH-Code $b_i$ | $R_b$ | HD | k (I-Bits) |
|---|---|---|---|---|---|---|
| $m_1$ | 19h | 4 | $a^1, a^2, a^4, a^8$ | $b_1 = m_1$ | 19h | 4 | 3 | 11 |
| $m_3$ | 1Fh | 4 | $a^3, a^6, a^{12}, a^9$ | $b_2 = m_1 * m_3$ <br> $= b_1 * m_3$ | 117h | 8 | 5 | 7 |
| $m_5$ | 7h | 2 | $a^5, a^{10}$ | $b_3 = m_1 * m_3 * m_5$ <br> $= b_2 * m_5$ | 765h | 10 | 7 | 5 |
| $m_7$ | 13h | 4 | $a^7, a^{14}, a^{13},$ <br> $a^{11}$ | $b_4 = m_1 * m_3 * m_5 * m_7$ <br> $= b_3 * m_7$ | 7FFFh | 14 | 15 | 1 |

In der Tabelle 4 sind alle Minimalpolynome 4$^{\text{ten}}$ Grades zusammengestellt. Es gibt insgesamt vier Minimalpolynome, zwei davon sind primitiv und die restlichen zwei sind irreduzibel aber nicht primitiv. Die Polynome $m_1$ und $m_7$ sind primitiv mit der Zykluslänge ZL = 15. Die Polynome $m_3$ bzw. $m_5$ haben die Zykluslänge von fünf bzw. drei, beide sind Teiler von fünf-zehn. Der Index von m bezieht sich auf die kleinste Potenz der Wurzel des Minimalpoly-noms. Die binären Vier-Tupeln bilden die Wurzeln $a^i$ der Minimalpolynome. Sie sind Ele-mente des Galoisfelds GF($2^4$). Da hier das Galoisfeld GF($2^4$) mit dem Polynom 19h generiert wurde, ist $a^1$ eine der Wurzeln des Polynoms $m_1$ = 19h. Es ist wichtig zu bemerken, dass unter den Minimalpolynomen m$^{\text{ten}}$ Grades auch Polynome mit einem Grad kleiner als m vorkommen können, im betrachteten Fall z. B. das Polynom $m_5$ mit $r_m$ = zwei. Ein BCH-Code wird erzeugt durch sukzessive Produktbildung von Minimalpolynomen mit aufsteigen-dem Index von m, beginnend mit $m_1$. Der erste BCH-Code $b_1$ ist identisch mit dem Minimal-polynom $m_1$. Der i$^{\text{te}}$ BCH-Code $b_i$ wird gebildet aus dem Produkt von $b_{i-1}$ und dem Minimal-polynom mit dem kleinsten Index, der bis dahin nicht benutzt wurde. Zum Beispiel ist $b_3$ = $b_2 * m_5$. Die Produktbildung wird in diesem Sinne fortgesetzt, bis der letzte BCH-Code als Produkt von sämtlichen Minimalpolynomen entsteht. Dieser BCH-Code wird stets durch das maximale Polynom ($2^m - 2$)$^{\text{ten}}$ Grades dargestellt.

Alle BCH-Codes, die mit Minimalpolynomen m$^{\text{ten}}$ Grades generiert werden, haben eine Zykluslänge von $2^m - 1$. Der erste BCH-Code hat gewöhnlich eine Hamming-Distanz von drei und kann maximale Anzahl der Informationsbits k verarbeiten. Wenn der BCH-Code d – 1 Wurzeln in einer ununterbrochenen Folge besitzt, so beträgt seine Hamming-Distanz min-destens d [10]. Daher ist es enorm wichtig, dass bei der Produktbildung die vorgeschlagene Reihenfolge strikt eingehalten wird. Mit Zunahme des Indexes von BCH-Codes wächst die Hamming-Distanz stetig, da die Anzahl der Wurzeln, die ohne Unterbrechung aufeinander-folgen, immer größer wird; bis sie den Wert von $2^m - 2$ bei Maximalpolynomen erreicht. Das Maximalpolynom beinhaltet natürlich alle $2^m - 2$ Wurzeln. Die hier betrachteten BCH-Codes heißen primitive BCH-Codes, da sie mit einem primitiven Polynom (19h) erzeugt wurden.

# 3.4      Weitere Codes

Neben den oben genannten drei Codes gibt es eine Vielfalt von Codes, die anwendungsspezi-fisch ihre Berechtigung haben. Besonders erwähnenswert sind die Burst-error-correcting und die Reed-Müller Codes. Bisher wurden die Codes betrachtet, die für ein zufälliges Fehlermuster mit Erfolg Anwendung fanden. In der Praxis kommen jedoch anhaltende Störungen endlicher Dauer vor. Solche Störungen verursachen ein Fehlermuster, das sich über mehrere Bits erstreckt und als Burst-error bezeichnet wird [5]. Fire-Codes sind ein bekanntes Beispiel für einen Burst-error-correcting Code, der einen einfachen Burst-error korrigieren kann [5, 6]. Reed-Müller Codes zeichnen sich durch eine hohe Hamming-Distanz d aus und werden daher bevorzugt zur Korrektur von mehrfachen Bitfehlern eingesetzt [5]. Grundsätzlich beeinflusst eine Korrektur die Restfehlerwahrscheinlichkeit RW negativ, d. h., sie wird durch die Fehlerkorrektur größer. Der Grund dafür liegt darin, dass eine Korrektur eine bereits fehlerhaft erkannte Nachricht zu einer gültigen Nachricht mit einer größeren Bitfehlerzahl korrigieren kann. Zum Beispiel bei einem (15, 11)-Code (Generator Polynom 19h oder 13h primitiv Polynom $4^{\text{ten}}$ Grades) werden alle Zwei-Bitfehler zu einem Codewort korrigiert, die gegenüber der gesendeten Nachricht um drei Bits verfälscht sind. Ohne die Fehlerkorrektur werden alle Zwei-Bitfehler mit Sicherheit erkannt. Mit der Fehlerkorrektur wird jedoch eine Nachricht mit Zwei-Bitfehler in eine gültige Nachricht mit Drei-Bitfehler umgewandelt.

### 3.4.1    Perfekter Code

Im Abschnitt 2.9.1 wurde die Beziehung (2.15) eingeführt. Diese bestimmt die Anzahl der maximal möglichen t-Bitfehler bei Vorgabe von n und r, die korrigiert werden können. Wenn der Code dicht gepackt ist, dann können exakt alle Fehlerkombinationen bis zu t-Bitfehler eindeutig zu einem r-Tupel, der als ein Syndrom dargestellt wird, zugeordnet werden. Es bleibt dann kein r-Tupel mehr übrig, und es wird die Gleichheit in der Beziehung (2.15) eingestellt. In diesem Fall heißt der Code Perfekt.

Die Hamming-Codes sind dicht gepackt und gelten somit als perfekte Codes. Die Wiederholungscodes mit geradem r, d. h. (n = r + 1, 1)-Codes, sind auch perfekt und haben eine Hamming-Distanz von d = r + 1. Sie können bis zu (r/2)-Bitfehler korrigieren, können jedoch nur ein einziges Informationsbit verarbeiten. Unter binären Codes gibt es außer Hamming-Codes und Wiederholungscodes mit geradem r nur noch den Golay-Code, (23, 12)-Code, der perfekt ist. Theoretisch hätte ein (90, 78)-Code die Voraussetzung eines perfekten Codes, denn dieser erfüllt die Beziehung (2.15) mit Gleichheit. Hier könnte ein (n, n – 12)-Code mit einer Hamming-Distanz von d = 5 und ein großes n ≤ 90 durch die im Abschnitt 2.8 vorgeschlagene Methode der künstlichen Codierung gefunden werden.

### 3.4.2    Golay-Code

Der (23, 12)-Code, bekannt als Golay-Code, hat eine Länge von 23 mit Hamming-Distanz sieben. Der Golay-Code benötigt 11 Prüfbits. Die maximale Zykluslänge eines Polynoms $11^{\text{ten}}$ Grades beträgt $2047 = 2^{11} - 1$. Dreiundzwanzig ist Teiler von 2047 = 23 * 89. Damit kann ein Polynom $11^{\text{ten}}$ Grades mit einer Zykluslänge von 23 als ein Minimalpolynom mit der Wurzel $a^{89}$ gebildet werden [12]. Um das Polynom zu bestimmen, benötigt man ein primitives Polynom $11^{\text{ten}}$ Grades, mit dem zunächst das Galoisfeld $GF(2^{11})$ generiert wird. Das Minimalpolynom der Wurzel $a^{89}$ kann dann als C75h bestimmt werden, wenn zur Generierung des Feldes das primitive Polynom A01h genommen wird. Die 11 konjugierten Wurzeln des Polynoms C75 sind:

$a^{89}, a^{178}, a^{356}, a^{712}, a^{1424}, a^{801}, a^{1602}, a^{1157}, a^{267}, a^{534}, a^{1068}$

Das Polynom wird dann aus dem Produkt der 11 Glieder gemäß der Glg. (3.1) berechnet.

$$C75h=(x+a^{89})(x+a^{178})(x+a^{356})(x+a^{712})(x+a^{1424})(x+a^{801})(x+a^{1602})(x+a^{1157})(x+a^{267})(x+a^{534})(x+a^{1068}) \qquad (3.1)$$

# 4 Herkömmliche Verfahren zur Bestimmung der RW

Bevor man sich mit dem bekannten Verfahren zur Berechnung der Restfehlerwahrscheinlichkeit auseinandersetzt, ist eine Grundsatzdiskussion über die Grenzen der modernen Rechnergenauigkeit unentbehrlich. Zu den komplexen Aufgaben, die ein moderner Rechner nicht ausreichend effektiv zu lösen vermag, gehören die Berechnungen konvergenter Potenzreihen, insbesondere die Berechnungen von relativ kleinen Zahlen mit sehr hoher Präzision. Hierzu gehört die Bestimmung der Restfehlerwahrscheinlichkeiten im Bereich von 1e-9 oder kleiner mit hoher Genauigkeit. Der bescheidene Versuch der Addition von einem kleinen Betrag der Größe 1e-16 auf eins schlägt bereits fehl. Dies ist begründet im strukturellen Aufbau des Rechners. Die Gedanken hier sollen die Grenzen der modernen Betriebssysteme wie Windows, Unix bzw. Linux aufzeigen. Sie sollen eine Anregung geben, wie man seine Programme effizient gestalten kann, wann unter Umständen spezielle Software eine Abhilfe bietet, und wie man die Rechner effektiv nutzen kann, sodass im Endeffekt mit wenig Frust die Leistung des Computers optimal ausgeschöpft werden kann.

## 4.1 Die Grenzen der Rechengenauigkeit modernen Rechner

Fast alle gängigen Betriebssysteme können Zahlen im Bereich von 1e-308 bis 1e308 darstellen und auch damit operieren. Die Restfehlerwahrscheinlichkeit wird durch eine Potenzreihe mit Potenzen der Bitfehlerrate p dargestellt. Bereits ab einem Wert von p kleiner als 1e-3 verschwinden die Glieder mit $i \geq 104$ in der Glg. (2.7), wenn die Blocklänge n des Datenpakets größer als 105 wird. Bei einem 32-Bit Polynom sind es dann nicht einmal 10 Bytes an Informationsbits, die ohne Verlust der Genauigkeit von Restfehlerraten übertragen werden können. Der Einsatz von Binomialkoeffizienten $^{n}C_i$ lässt sich bei der Approximation der Restfehlerwahrscheinlichkeit nicht vermeiden. Ab einem $n > 1029$ wird der Binomialkoeffizient größer als 1e308 ($i = n/2$). Dieser Wert von 1029 ist geringfügig abhängig von der Software im Einsatz. Der Rechner liefert in so einem Fall den Wert „Inf" (unendlich). Kommt es zu einer Produktbildung von „Inf" mit null, so entsteht die Meldung „NaN" (Not-a-Number). Das Chaos ist damit schon vorprogrammiert. So ist es nicht verwunderlich, wenn man, abhängig von der Anwendung und dem Verfahren im Einsatz, mit absurden Ergebnissen, wie negativen Wahrscheinlichkeiten oder sogar einer negativen Anzahl der Bitfehler konfrontiert wird.

Die Firma Mathworks hat die Problematik erkannt und bietet ein sehr effizientes Softwarepaket „Matlab" an [19]. Es wurde dort die Funktion eps „Floating-point relative accuracy" eingeführt. eps(1) hat einen Wert von $2^{-52}$. Es hat damit zu tun, dass der Rechner intern zur Darstellung der Mantisse einer Zahl 52 Bits zur freien Verfügung hat. Der kleinste Abstand von einer Zahl x, den ein Rechner erfassen kann, beträgt ca. $0.5 * eps(x)$. D. h. bei einer

Addition der Zahl x mit einer Größe kleiner als 0,5 * eps(x) geht die additive Information verloren. Dies lässt sich relativ leicht mit „Matlab" verifizieren. Der Faktor 0,5 ist ein Richtwert, der vom x abhängt. Für eps(1) ergibt sich ein Wert von 2,22e-16. Wenn die Zahlen kleiner als 1e-16 auf eins addiert werden, geht der additive Inhalt verloren. Dies steht im Einklang mit der Darstellung der Zahlen mit maximalen 15 Nachkommastellen. Jeder mathematische Rechenschritt ist mit einer Ungenauigkeit der Größe 0,5 * eps(x) behaftet, wenn x den Erwartungswert darstellt. Besonders wenn x größer als 1e15 bzw. kleiner als 1e-15 wird, so geht die Genauigkeit der Nachkommastellen größer als 15 verloren. Dagegen gibt es kein Patentrezept. Daher wird hier ein pragmatischer Ansatz gewählt. Die Erfahrung hat gezeigt, wenn im Laufe einer Berechnung die Zwischengrößen, wie z. B. die Koeffizienten $A_i$ oder $c_k$ bzw. die Glieder der Restfehlerwahrscheinlichkeit, größer als etwa 1e15 bzw. kleiner als etwa 1e-15 werden, so ist Vorsicht geboten. In solchen Fällen ist eine Berechnung der gestellten Aufgabe mit einer höheren Präzision unumgänglich. Hierzu bietet „Matlab" die Funktion vpa „Variable precision arithmetic". Sie erlaubt die Berechnung mit einer höheren Stellengenauigkeit als 16 Digits. Standardmäßig werden dann die Berechnungen mit 32 Digits durchgeführt. Der Einsatz erfordert selbstverständlich eine höhere CPU-Leistung. Nach der Berechnung mit vpa verschwinden dann die fälschlicherweise erzeugten negativen Wahrscheinlichkeiten oder die positive Anzahl der unerkennbaren m-Bitfehler (m ungerade) bei Polynomen mit geradem Gewicht. Die Anzahl der unerkannten m-Bitfehler (m ungerade) beträgt stets null bei allen Polynomen mit einem geraden Gewicht.

## 4.2        Klassischer Ansatz

Die Restfehlerwahrscheinlichkeit bei einem CRC-Test hängt vom Polynom im Einsatz ab und wird durch die Glg. (2.7) bestimmt. Hierzu ist die Kenntnis der Gewichtsverteilung $A_i$ von $2^k - 1$ Codewörtern erforderlich. Aus k linear unabhängigen Codewörtern, die aus der binären Polynomdarstellung schnell gewonnen werden können, lässt sich dann mit der Generatormatrix G gemäß der Glg.(2.8) die Gesamtheit der Codewörter bestimmen [8]. Dies ist eine logische Folgerung aus der Beschaffenheit der Codewörter und hat sich in der Praxis gut bewährt, solange die Anzahl der Informationsbits k nicht größer als 30 wird. Denn bereits für k = 30 müssen mehr als eine Milliarde Codewörter analysiert werden. In der Praxis werden mehrere Hundert Bytes, die mit einem Polynom $32^{ten}$ Grades gesichert werden, übertragen. Die Bestimmung der Gewichtsverteilung $A_i$ von Codewörtern spielt eine zentrale Rolle bei der Berechnung der Restfehlerwahrscheinlichkeit. Die exakte Bestimmung der Gewichtsverteilung $A_i$ von Codewörtern stößt sehr schnell an die Grenzen der Machbarkeit aus zweierlei Gründen. Zum einen steigt die Rechenzeit mit der $k^{ten}$ Potenz von zwei an, und zum anderen, wie bereits erwähnt, bereitet die Rechengenauigkeit der modernen Rechner relativ bald Probleme. Aus diesem Grunde ist es enorm wichtig ein Näherungsverfahren zu finden, das für die Restfehlerwahrscheinlichkeit eine brauchbare Abschätzung mit wenig Aufwand liefert.

### 4.2.1        Die Schranken der Restfehlerwahrscheinlichkeit

Zunächst ist es wichtig zu prüfen, ob die Restfehlerwahrscheinlichkeit sich zwischen zwei Werten einschränken lässt. Die Koeffizienten $A_i$ in der Glg. (2.7) stellen die Anzahl der unerkannten i-Bitfehler dar. Bei einem Codewort der Länge n = k + r können maximal $^nC_i$ Codewörter ein Gewicht von i annehmen. Damit steht fest, dass die $A_{is}$ stets kleiner oder gleich $^{n}C_{i}$ bleiben. Ersetzt man in der Glg. (2.7) $A_{i}$ durch $^{n}C_{i}$, so erhält man für die Restfehlerwahrscheinlichkeit einen Wert, der stets größer als der tatsächliche Wert RW der Restfehlerwahrscheinlichkeit ist. Dieser Wert stellt die Obergrenze RW_OG der Restfehlerwahrscheinlichkeit dar und wird durch die Glg. (4.1) bestimmt.

$$RW\_OG = \sum_{i=d}^{n} \binom{n}{i} \times p^{i} \times (1-p)^{n-i} \quad (4.1)$$

Die Bestimmung einer Untergrenze RW_UG der Restfehlerwahrscheinlichkeit ist dagegen nicht so einfach, es lässt sich jedoch eine brauchbare Abschätzung ableiten. Zu diesem Zweck wird zunächst der Begriff der relativen Häufigkeit $A_{i\_rel}$ für i-Bitfehler eingeführt. Dabei handelt es sich um das Verhältnis von unerkannten i-Bitfehlern zu maximal möglichen i-Bitfehlern. $A_{i\_rel}$ wird durch die Glg. (4.2) dargestellt, wobei nur positive $A_{is}$ berücksichtigt werden. D. h., $A_{i\_rel}$ bleibt bei dieser Betrachtung stets > 0. Der Einsatz der relativen Häufigkeit $A_{i\_rel}$ in der Glg. (2.7) liefert die Glg. (4.3) und führt schließlich zur Ungleichung (4.4). Die Untergrenze der Restfehlerwahrscheinlichkeit RW_UG wird dann durch die Glg. (4.5) bestimmt. Bei dieser Betrachtung wurde bewusst alle $A_{i\_rel}$, die gleich null sind, ausgeklammert. Rein mathematisch gesehen ist die Betrachtung unbefriedigend. In der Praxis hat sich dieser Ansatz dennoch gut bewährt und liefert in der Regel gut brauchbare Ergebnisse. Die Ungleichung (4.6) schränkt dann die tatsächliche Restfehlerwahrscheinlichkeit RW zwischen den Werten RW_OG und RW_UG ein.

$$A_{i\_rel} = \frac{A_{i}}{\binom{n}{i}} \quad \text{mit } A_{i} > 0 \quad\quad\quad (4.2)$$

$$RW = \sum_{i=d}^{n} A_{i\_rel} \cdot \binom{n}{i} \times p^{i} \times (1-p)^{n-i} \quad\quad (4.3)$$

$$RW > A_{i\_rel}\Big|_{min} \cdot \sum_{i=d}^{n} \binom{n}{i} \times p^{i} \times (1-p)^{n-i} \quad\quad (4.4)$$

$$RW\_UG = A_{i\_rel}\Big|_{min} \cdot RW\_OG \quad\quad\quad (4.5)$$

$$\text{mit} \quad A_{i\_rel}\Big|_{min} = \text{Minimum von } A_{i\_rel} \text{ für } i = d \text{ bis } n$$

Für den praktischen Einsatz kann man für das Minimum von $A_{i\_rel}|_{min}$ in erster Näherung einen Wert von $2^{-r}$ annehmen. Damit erhält man eine relativ einfache Glg. (4.7) für die Untergrenze RW_UG von RW. Dieser Wert von $2^{-r}$ kann leider nicht immer als Minimum von $A_{i\_rel}$ betrachtet werden. Die Untersuchungen zeigen jedoch, dass in den überwiegenden Fällen dies eine gut brauchbare Lösung darstellt. In Ausnahmefällen kann die tatsächliche Restfehlerwahrscheinlichkeit RW doch noch unterhalb eines Wertes, der durch die Glg. (4.7) bestimmt wird, abwandern, er bleibt jedoch knapp unterhalb dieses Wertes [20]. Aus Sicht der Sicherheitstechnik ist dies jedoch nicht kritisch. Die hier dargestellten Überlegungen zeigen eindeutig, dass die in Norm 61784-3 Annex B empfohlene Abschätzung, gegeben durch die Formel B.4 (identisch mit der Glg. (4.7)), eine zu optimistische Abschätzung der Restfehlerwahrscheinlichkeit liefert [17]. Hier besteht dringend Handlungsbedarf.

$$RW\_OG > RW > RW\_UG \tag{4.6}$$

In erster Näherung kann $A_{i\_rel}\big|_{min} = 2^{-r}$ angenommen werden

$$RW\_UG \approx 2^{-r} \cdot RW\_OG \tag{4.7}$$

### 4.2.2      Eine schnelle Abschätzung mit einem Korrekturfaktor x

Nach Glg. (4.6) wird die Restfehlerwahrscheinlichkeit RW in der Regel zwischen den Werten RW_OG und RW_UG eingeschlossen. Damit ist es naheliegend, die Approximation der Restfehlerwahrscheinlichkeit RW_App durch die Interpolation der Werte RW_OG und RW_UG zu ermitteln. Hierfür wird ein Korrekturfaktor x gemäß der Glg. (4.8) eingeführt. Der Korrekturfaktor x nimmt dann die Werte zwischen 0 und r an. Für x = 0 wandert die Abschätzung der Restfehlerwahrscheinlichkeit RW gegen die Untergrenze RW_UG von RW. Für x = r wandert die Abschätzung der Restfehlerwahrscheinlichkeit RW gegen die Obergrenze RW_OG von RW. Abhängig von r, n und d sind dann alle Werte zwischen 0 und r für x denkbar. Der Wert von x muss dabei so gewählt werden, dass die Approximation RW_App größer als die Restfehlerwahrscheinlichkeit RW wird und die Ungleichung (4.10) stets seine Gültigkeit behält.

$$RW\_App = 2^{-r+x} \cdot \sum_{i=d}^{n} \binom{n}{i} \times p^i \times (1-p)^{n-i} \tag{4.8}$$

$$RW\_App = 2^{-r+x} \cdot RW\_OG \quad mit\, 0 \leq x \leq r \tag{4.9}$$

$$RW\_App \geq RW = \sum_{i=d}^{n} A_i \times p^i \times (1-p)^{n-i} \tag{4.10}$$

### 4.2.3      Die Bedeutung des Korrekturfaktors x und seine Beschaffenheit

Die Darstellung des Korrekturfaktors x gemäß der Glg. (4.8) ist aus pragmatischer Überlegung entstanden. Zum besseren Verständnis soll das Verhältnis von RW_App zu RW_OG betrachtet werden. Dieses beträgt $2^{-r+x}$, wie es aus der Glg. (4.9) entnommen wird. Die Größe $2^{-r+x}$ hat eine tiefere Bedeutung und wird mit der relativen Häufigkeit $A_{i\_rel}$ gleichgesetzt. Diese Größe nimmt dann insgesamt n – d + 1 verschiedene Werte für i = d bis n an, und dementsprechend gibt es maximal n – d + 1 verschiedene Approximationen für die Restfehlerwahrscheinlichkeit RW, wenn alle $A_{i\_rel}$ größer als null sind. Die Glg. (4.11) stellt die Gesamtheit aller Approximationen dar. Unter allen möglichen Approximationen gibt es mindestens eine bei der die Ungleichung (4.10) stets erfüllt wird. Dies ist der Fall bei der Approximation $(k - d)^{te}$ Ordnung, wenn $A_{k\_rel}$ das Maximum von $A_{i\_rel}$ für i = d bis n darstellt.

$$
\begin{array}{|l|}
\hline
\text{Approximation } (i-d)^{te} \text{ Ordnung} \\
RW\_APP^{(i-d)} = A_{i\_rel} \cdot RW\_OG \qquad\qquad (4.11) \\
\text{für } i = d \text{ bis } n \text{ und } A_{i\_rel} > 0 \\
\text{Ist } A_{k\_rel} = |A_{i\_rel}|_{max} = \text{Maximum von } A_{i\_rel} \text{ für } i = d \text{ bis } n, \text{ so folgt} \qquad (4.12) \\
RW\_APP^{(k-d)} = A_{k\_rel} \cdot RW\_OG > RW \\
\hline
\end{array}
$$

Die Glg. (4.12) bietet vielfältige und neue Möglichkeiten zur schnellen Berechnung der Rest-fehlerwahrscheinlichkeit, die die Sicherheitsanforderungen uneingeschränkt erfüllen. Die Problematik besteht jedoch bei der Ermittlung von $|A_{i\_rel}|_{max}$. Öfters wird diese gleich 1, näm-lich dann, wenn die totale Inversion der Informationsbits (alle Bits verfälscht) unerkannt bleibt. In diesem Falle ist $|A_{i\_rel}|_{max} = A_{n\_rel} = A_n/{}^nC_n = 1/1$. Die Approximation wird dann identisch mit der Obergrenze $RW\_OG$ der Restfehlerwahrscheinlichkeit. Diese Situation ist sehr unbefriedigend. Eine heuristische Datenanalyse der relativen Häufigkeit $A_{i\_rel}$ (i = d bis n) hat ohne Ausnahme bestätigt, dass die Bestimmung von $|A_{i\_rel}|_{max}$ auf die untere Hälfte, d. h. von i = d bis (n – d + 1) /2 beschränkt werden kann. Die so gewonnene Approximation bleibt immer größer als die tatsächliche Restfehlerwahrscheinlichkeit RW. Dieses Verhalten lässt sich qualitativ damit begründen, dass die Glieder der Restfehlerwahrscheinlichkeit RW mit zunehmendem Index i mit $i^{ten}$ Potenz der Bitfehlerrate p (p << 1) abnehmen. Bereits ab i $\geq$ d + 4 werden die Glieder so klein, dass nur die ersten Glieder, die bis dahin in Erscheinung getreten sind, den eigentlichen Beitrag zur Restfehlerwahrscheinlichkeit RW liefern. In der Tat stellt man bei der Analyse fest, dass das Maximum von $|A_{i\_rel}|_{max}$, bezogen auf die untere Hälfte, d. h. von i = d bis (n – d + 1)/2, im Bereich i $\leq$ d + m vorkommt. Der Wert von m bleibt in der Regel auf 5 beschränkt. Damit ist es völlig ausreichend, wenn man die ersten 5 bis 6 Koeffizienten $A_i$ bestimmt und daraus das Maximum von $A_{i\_rel}$ ableitet.

Es gibt sogar noch eine pragmatischere Vorgehensweise, die noch weniger Aufwand erfor-dert. Die Glg. (4.11) stellt die Approximationen sämtlicher Ordnungen, von nullter bis (n – d)$^{ter}$ Ordnung, dar. Die relative Häufigkeit $A_{i\_rel}$ und der Korrekturfaktor $x_i$ sind jedoch, wie oben erwähnt, durch die Glg. (4.13) miteinander gekoppelt. Aus der Glg. (4.13) kann man dann den Korrekturfaktor $x_i$ bestimmen. Die Glg. (4.15) stellt den Korrekturfaktor $x_i$ dar. Somit gibt es insgesamt maximal (n – d + 1) Korrekturfaktoren, wenn alle $A_{i\_rel} > 0$ sind.

$$
2^{-r+x_i} = A_{i\_rel} \qquad i = d \text{ bis } n, A_{i\_rel} > 0 \qquad\qquad (4.13)
$$

$$
2^{x_i} = 2^r \cdot A_{i\_rel} \qquad\qquad (4.14)
$$

$$
x_i = \log_2(2^r \cdot A_{i\_rel}) \quad \text{maximale Anzahl von } x_i \leq n - d + 1
$$

$$
x_i = r + \log_2(A_{i\_rel})
$$

$$
x_i \text{ wird negativ, für } A_{i\_rel} < 2^{-r} \qquad\qquad (4.15)
$$

Der Korrekturfaktor $x_i$ ist in überwiegenden Fällen positiv. Dieser wird nur dann negativ, wenn $A_{i\_rel} < 2^{-r}$ wird. Dies ist dann der Fall, wenn die Hamming-Distanz abfällt. Wenn die Hamming-Distanz abfällt, so nimmt $A_i$ in der Regel einen Wert eins an. $A_{i\_rel}$ nimmt dann einen Wert von $1/{}^nC_i$ an und ist häufig an diesen Stellen kleiner als $2^{-r}$. Wie in 4.2.2 be-schrieben, kann x auf den positiven Bereich von 0 bis r beschränkt werden. Falls x im nega-tiven Bereich abrutscht, so wird es auf null gesetzt. Bei allen untersuchten Fällen, wo für x ein Wert von null zugewiesen wurde, blieb die tatsächliche Restfehlerwahrscheinlichkeit stets unterhalb von RW_UG und damit auf der sicheren Seite. Dies ist eine empirische Feststellung und dürfte schwer nachweisbar sein. In der Praxis kann der Aufwand zur Bestimmung von x ohne Beeinträchtigung der Sicherheit (empirische Feststellung) sogar auf die Anzahl der unerkannten d-Bitfehler beschränkt werden. Damit hat man zur Bestimmung von x einen sehr wertvollen Ansatz gewonnen, der relativ wenig Aufwand beansprucht. Es muss dann nur die Anzahl der unerkannten d-Bitfehler bestimmt werden. Damit hat man einen wertvollen Parameter x neben der Hamming-Distanz d gewonnen. Die Parameter d und x sind natürlich eine Funktion von n und erlauben eine sehr schnelle und wertvolle Abschätzung der Restfehlerwahrscheinlichkeit in Bruchteil einer Sekunde mit einem Laptop oder sogar Taschenrechner.

Tabelle 5        Der Verlauf von d und Korrektufaktor (KF) x für das Zetterberg-Polynom 15935 bis n = 300

| Zetterberg-Polynom 15935h, r = 16, p = 0,01 | | | | | | |
|---|---|---|---|---|---|---|
| Block-länge n | Hamming-Distanz d | KF x | Approximation RW RW_App | RW exakt RW_ex | Abschätzungsfehler $\Delta$RW (RW_App-RW_ex) | Prozentuale Abweichung Bezug RW_ex |
| 17 | 9 | 1,44 | 9,36E-19 | 9,23E-19 | 1,35E-20 | 1% |
| 19 | | 1,1 | 2,76E-18 | 2,72E-18 | 3,80E-20 | 1% |
| 20 | 8 | 0 | 1,73E-16 | 9,22E-17 | 8,04E-17 | 87% |
| 24 | | 0,22 | 1,13E-15 | 1,12E-15 | 8,89E-18 | 1% |
| 25 | 7 | 0 | 6,26E-14 | 1,83E-14 | 4,43E-14 | 242% |
| 26 | | 0 | 8,50E-14 | 5,19E-14 | 3,31E-14 | 64% |
| 27 | 6 | 0 | 3,77E-12 | 8,95E-13 | 2,88E-12 | 321% |
| 51 | | 0,13 | 2,04E-10 | 2,03E-10 | 1,30E-12 | 1% |
| 52 | 5 | 0 | 2,68E-09 | 3,51E-10 | 2,33E-09 | 664% |
| 257 | | 0,05 | 1,85E-06 | 1,83E-06 | 2,44E-08 | 1% |
| 258 | 2 | 0,99 | 2,21E-05 | 9,48E-06 | 1,27E-05 | 133% |
| 300 | | 5,98 | 7,73E-04 | 2,18E-04 | 5,54E-04 | 254% |

In der Tabelle 5 sind die Hamming-Distanzen d und die Korrekturfaktoren x für das Zetterberg-Polynom 15935h bis zu einer Blocklänge von 300 aufgelistet. Für zwei Blocklängen n, einmal am Anfang und einmal am Ende des Bereichs mit dem konstanten d, wurden die Approximation der Restfehlerwahrscheinlichkeit RW_App und die exakte Restfehlerwahrscheinlichkeit RW_ex berechnet und in die Tabelle 5 eingetragen. Die zweitletzte Spalte beinhaltet den Wert des Abschätzungsfehlers. Dieser bleibt, wie zu erwarten, stets größer als null. Die letzte Spalte gibt die prozentuale Abweichung der Approximation bezogen auf RW_ex. Die Abweichung der Restfehlerwahrscheinlichkeit am Anfang des Bereichs ist groß, da an diesen Stellen in der Regel x stärker angehoben wird. Die negativen Werte von x werden hier z. B. auf null gesetzt. Falls der Bereich mit konstantem d nicht relativ klein wird, wie es für d gleich 7 der Fall ist, fällt die prozentuale Abweichung bis zum Ende des Bereiches auf einen Wert eins, wie aus der Tabelle entnommen werden kann. Der erste Bereich mit Hamming-Distanz d (Gewicht des Polynoms) fängt mit k = 1 an und hat ein einziges unerkanntes d-Bitfehlermuster. Für k = 1 ist x stets größer als 1 (siehe Glg. (4.15)), da für n = r + 1 $2^r$ immer > $^nC_d$ bleibt. Der Wert von x nimmt im Bereich mit einem konstanten d in der Regel mit zunehmendem k ab, bis die Hamming-Distanz abnimmt. Im Bereich mit einem konstanten d kann man für ein beliebiges n den Wert von x dann durch Extrapolation aus den zwei bekannten Werten für x in diesem Bereich bestimmen. Der Bereich mit n > ZL (d = 2) bildet eine Ausnahme. In diesem Bereich kann polynomspezifisch eine stärkere Diskrepanz zwischen der Approximation und den tatsächlichen Wert der Restfehlerwahrscheinlichkeit vorkommen. Die Approximation bleibt jedoch größer als die Restfehlerwahrscheinlichkeit, und das Ergebnis bleibt auf der sicheren Seite.

Der Autor beabsichtigt, in der nächsten Zeit eine Datenbank mit Werten von allen bekannten und interessanten Polynomen für d und x zu erstellen. Nach Bedarf können die Werte von x im Bereich mit einem konstanten d in einem geeigneten Intervall bestimmt werden, falls der Bereich mit einem konstanten d eine größere Dimension annimmt. Wenn im Laufe der Zeit eine ausreichende statistische Bewertung vorliegt, kann das hier beschriebene Verfahren dann als eine empirische Regel festgeschrieben werden. Bei der bisherigen Betrachtung wurde stillschweigend angenommen, dass x von der Bitfehlerrate p unabhängig sei. Dem ist nicht so. Dies wird deutlich, wenn man die Approximation der Restfehlerwahrscheinlichkeit RW_App bei p = 1 betrachtet. Bei totaler Inversion erreicht die Restfehlerwahrscheinlichkeit bei p = 1 den Wert eins. Der Wert der Approximation RW_App dagegen beträgt $2^{-r + x}$, wie man es aus der Glg. (4.8) entnehmen kann. Hier entsteht eine sehr große Diskrepanz zwischen der Approximation und dem tatsächlichen Wert der Restfehlerwahrscheinlichkeit. Erfreulicherweise ist der betrachtete Bereich von p für die Praxis nicht relevant. Für die Praxis ist der Bereich von p < 0,1 oder gar 0,01 von großer Bedeutung. In diesem Bereich liefert jedoch die Approximation der Restfehlerwahrscheinlichkeit gemäß der Glg. (4.8) ein gut brauchbares Ergebnis. Die Recherchen haben gezeigt, dass die Übereinstimmung der Approximation mit der Restfehlerwahrscheinlichkeit mit Abnahme der Bitfehlerrate p besser wird. Grundsätzlich kann die Abhängigkeit von x bezüglich p auch berücksichtigt werden, jedoch wird wegen der einfacheren Handhabung darauf verzichtet.

## 4.2.4    Praktische Beispiele

Zur Bewertung der Güte der Approximation mit einem Korrekturfaktor x wurden 4 Polynome, 15935h, 1FFEDh, 1F4ACFB13h und 14A503DF1h ausgewählt. Das Zetterberg-Polynom 15935h eignet sich besonders gut, da es sämtlichen Hamming-Distanzen von 9 bis 5 durchläuft. In Abbildung 10 wurde die Restfehlerwahrscheinlichkeit für zwei Blocklängen von n = 27 und n = 51 für dieses Polynom dargestellt. Mit n = 27 wird die Hamming-Distanz von d = sechs zum ersten Mal erreicht. Die Blocklänge von n = 51 ist die größte Blocklänge mit d = sechs. Die durchgezogene Linie stellt die exakte Restfehlerwahrscheinlichkeit RW_ex dar, wobei die blaue Linie der Blocklänge n = 27 und die rote Linie der Blocklänge n = 51 entspricht. Die Approximation RW_App wird mit der gestrichelten und punktierten Linie dargestellt, ebenfalls mit den Farben blau (n = 27) und rot (n = 51). Der negative Wert von x bei n = 27 wird durch null ersetzt. Die Approximation RW_App verläuft daher in diesem Fall deutlich über der exakten Restfehlerwahrscheinlichkeit RW_ex. Beide Kurven, die Approximation und die exakte Restfehlerwahrscheinlichkeit, sind blau markiert und liegen unterhalb der Kurven mit n = 51 (rot markiert) für p ≤ 0,5. Die Approximation bei einer Blocklänge von n = 51 verläuft dagegen dicht oberhalb der exakten Restfehlerwahrscheinlichkeit RW_ex im Einklang mit der Tabelle 5. Die Abweichung in diesem Fall beträgt 1% bei p = 0,01. Auffällig ist es, dass in beiden Fällen (n = 27 und n = 51) die tatsächliche Restfehlerwahrscheinlichkeit RW_ex die Grenze von $2^{-r}$ für p > 0,5 überschreitet. Die Wahrscheinlichkeit RW_ex wird dann bei beiden Fällen im Bereich von p > 0,5 größer als die Approximation RW_App. Dieses Verhalten lässt sich damit erklären, dass für die Approximation nur die Anzahl von d-Bitfehler bzw. $A_{d\ rel}$ berücksichtigt wurde. Zum Vergleich wurde die Approximation mit dem absoluten Maximum von $A_{i\ rel}$, das tatsächlich in der oberen Hälfte von $A_i$ vorkommt, berechnet und abgebildet. Diese Approximation wurde mit einer gestrichelten Linie der Farbe blau dargestellt. Man sieht in der Abbildung 10, dass die Kurve mit der gestrichelten blauen Linie im gesamten Bereich von 0 ≤ p ≤ 1 oberhalb von RW_ex verläuft. Diese Approximation liegt absolut auf der sicheren Seite, ist jedoch unbrauchbar, da sie zu hohe Werte liefert. Dagegen liefern die ersten beiden Approximationen gut brauchbare Resultate.

Als Nächstes wurde das Polynom 1FFEDh für eine Blocklänge von 416 mit 400 Informationsbits analysiert. Das Polynom wurde von Frau Dr. Tina Hardt geb. Mattes in ihrer Diplomarbeit intensiv untersucht [21]. Die Tabelle 12 der Diplomarbeit beinhaltet die Berechnungen der Restfehlerwahrscheinlichkeit nach drei unterschiedlichen Verfahren. Das beste Ergebnis erzielt man mit den stochastischen Automaten. Das Verfahren ist sehr effizient, jedoch es ist rechenzeitintensiv und außerdem beansprucht es einen sehr großen Arbeitsspeicher. Mit dem Dualen Code lassen sich mit etwas mäßigem Aufwand die $B_{is}$ der Dualen Gewichtsverteilung bestimmen. Anschließend kann die Restfehlerwahrscheinlichkeit berechnet werden. Hierzu dient die Formel (5) der Diplomarbeit. Alternativ lassen sich die Koeffizienten $A_{is}$ mit den Krawtschoukpolynomen aus $B_{is}$ bestimmen und dann kann schließlich die Restfehlerwahrscheinlichkeit abgeleitet werden. Für eine ausführliche Betrachtung des Dualen Codes bzw. der stochastischen Automaten wird auf die Abschnitte 4.3 bzw. 4.4 verwiesen.

Die zweite, dritte und vierte Spalte der Tabelle 6 wurde aus der Tabelle 12 der Diplomarbeit von Frau Dr. Tina Hardt entnommen [21]. Das Polynom 1FFEDh ist primitiv und hat eine Hamming-Distanz 4 von n = 70 bis n = 444. Zur Bestimmung von Korrekturfaktor x wurde die Anzahl der Codewörter mit einem Gewicht von 4 für n < 445 ermittelt und x mithilfe der Glg. (4.15) berechnet. Das Maximum von x beträgt 0,06 im Bereich 70 < n < 445. Die vierte Spalte der Tabelle 6 beinhaltet die Approximation der Restfehlerwahrscheinlichkeit RW_App gemäß der Glg. (4.8). Bei bekanntem x lässt sich dann der gesamte Verlauf der Restfehlerwahrscheinlichkeit in Abhängigkeit von p innerhalb eines Bruchteils einer Sekunde berechnen. Alle hier erwähnten Verfahren außer der Berechnung der Restfehlerwahrscheinlichkeit mit der Formel (5) wurden vergleichend in der Abbildung 11 aufgezeichnet. Der Verlauf der exakten Restfehlerwahrscheinlichkeit Rw_ex, berechnet mit den stochastischen Automaten, wird hier als durchgezogene Linie (blau) dargestellt. Die Berechnung mit den Krawtschoukpolynomen wurde mit einer gestrichelten Linie (Braun) aufgezeichnet. Die Approximation mit einem Korrekturfaktor x ist in der Abbildung 11 als gestrichelte und punktierte Linie (schwarz) zu sehen. Die Approximation mit der Formel (5) wurde nicht aufgezeichnet, da sie negative Wahrscheinlichkeiten hervorrufen.

Tabelle 6     Die RW für das Polynom 1FFEDh mit n = 416 berechnet nach vier voneinander unabhängigen
              Verfahren

| p | Stochastische Automaten RW_ex | Krawtchouk-polynome | Formel (5) | Näherungsverfahren RW_App, x = 0,06 |
|---|---|---|---|---|
| 2^-35 | 1,03551696E-38 | 1,21509840E-38 | -1,11022302E-16 | 1,40366364E-38 |
| 2^-34 | 1,65682712E-37 | 1,94415742E-37 | -2,22044605E-16 | 2,24586180E-37 |
| 2^-33 | 2,65092334E-36 | 3,11065181E-36 | -5,55111512E-16 | 3,59337882E-36 |
| 2^-32 | 4,24147719E-35 | 4,97704271E-35 | -2,22044605E-16 | 5,74940589E-35 |
| 2^-31 | 6,78636301E-34 | 7,96326774E-34 | 1,11022302E-16 | 9,19904871E-34 |
| 2^-30 | 1,08581793E-32 | 1,27412265E-32 | -3,33066907E-16 | 1,47184757E-32 |
| 2^-29 | 1,73730818E-31 | 2,03859563E-31 | -4,44089210E-16 | 2,35495539E-31 |
| 2^-28 | 2,77969150E-30 | 3,26175106E-30 | -3,33066907E-16 | 3,76792630E-30 |
| 2^-27 | 4,44750130E-29 | 5,21879546E-29 | 1,11022302E-16 | 6,02867468E-29 |
| 2^-26 | 7,11598575E-28 | 8,35005280E-28 | 2,22044605E-16 | 9,64585581E-28 |
| 2^-25 | 1,13855250E-26 | 1,33600207E-26 | 1,11022302E-16 | 1,54332935E-26 |
| 2^-24 | 1,82166728E-25 | 2,13758288E-25 | 1,11022302E-16 | 2,46930270E-25 |
| 2^-23 | 2,91461416E-24 | 3,42006727E-24 | 1,11022302E-16 | 3,95080671E-24 |
| 2^-22 | 4,66321149E-23 | 5,47189853E-23 | -3,33066907E-16 | 6,32104237E-23 |
| 2^-21 | 7,46059070E-22 | 8,75436855E-22 | 0 | 1,01128731E-21 |
| 2^-20 | 1,19351927E-20 | 1,40048489E-20 | 1,11022302E-16 | 1,61780541E-20 |
| 2^-19 | 1,90907020E-19 | 2,24009092E-19 | -1,11022302E-16 | 2,58767515E-19 |
| 2^-18 | 3,05271910E-18 | 3,58195482E-18 | -1,11022302E-16 | 4,13767832E-18 |
| 2^-17 | 4,87861749E-17 | 5,72412434E-17 | 2,22044605E-16 | 6,61196732E-17 |
| 2^-16 | 7,78747570E-16 | 9,13623075E-16 | 5,55111512E-16 | 1,05525822E-15 |
| 2^-15 | 1,24015757E-14 | 1,45466630E-14 | 1,45439216E-14 | 1,67994544E-14 |
| 2^-14 | 1,96570485E-13 | 2,30482111E-13 | 2,30482300E-13 | 2,66102743E-13 |
| 2^-13 | 3,08663736E-12 | 3,61634388E-12 | 3,61699559E-12 | 4,17294738E-12 |
| 2^-12 | 4,75683329E-11 | 5,56460066E-11 | 5,56459323E-11 | 6,41402888E-11 |
| 2^-11 | 7,06210556E-10 | 8,23607992E-10 | 8,23607960E-10 | 9,47264728E-10 |
| 2^-10 | 9,73508188E-09 | 1,12847706E-08 | 1,12847706E-08 | 1,29234266E-08 |
| 2^-9 | 1,15945519E-07 | 1,32816534E-07 | 1,32816533E-07 | 1,50839222E-07 |
| 2^-8 | 1,04060834E-06 | 1,16540259E-06 | 1,16540259E-06 | 1,30304114E-06 |
| 2^-7 | 5,54726856E-06 | 5,97159436E-06 | 5,97159436E-06 | 6,50283204E-06 |
| 2^-6 | 1,31198311E-05 | 1,34194888E-05 | 1,34194888E-05 | 1,41576293E-05 |
| 2^-5 | 1,52327882E-05 | 1,52412969E-05 | 1,52412969E-05 | 1,58920362E-05 |
| 2^-4 | 1,52587886E-05 | 1,52587889E-05 | 1,52587889E-05 | 1,59067650E-05 |
| 2^-3 | 1,52587891E-05 | 1,52587891E-05 | 1,52587891E-05 | 1,59067651E-05 |
| 2^-2 | 1,52587891E-05 | 1,52587891E-05 | 1,52587891E-05 | 1,59067651E-05 |
| 2^-1 | 1,52587891E-05 | 1,52587891E-05 | 1,52587891E-05 | 1,59067651E-05 |

Tabelle 12 aus der Diplomarbeit, Tina Mattes: Restfehlerwahrscheinlichkeiten für 1FFED für n = 416

Die Abbildung 11 demonstriert die Mächtigkeit des Verfahrens sehr eindrucksvoll. Die Übereinstimmung der Approximation mit der tatsächlichen Restfehlerwahrscheinlichkeit RW_ex ist erstaunlich gut in Anbetracht der Tatsache, dass die Approximation fast keine Rechenleistung beansprucht. Zugegebener Maßen muss einmalig der Aufwand zur Bestimmung von Korrekturfaktor x erbracht werden. Für primitive Polynome mit einer Blocklänge $n = ZL = 2^r - 1$ eignet sich dieses Verfahren besonders gut, da die Anzahl der unerkannten Drei-Bitfehler für diese Blocklänge bekannt ist. Sie beträgt $ZL * (ZL - 1)/6$ [13]. Der Wert von x geht mit zunehmendem r gegen null. Bereits für $r = 12$ nimmt x einen Wert von 0,001 an.

In der Praxis kann man für $r < 21$ zur Bestimmung von unerkannten d-Bitfehlern den Ansatz von stochastischen Automaten bedienen. Im Gegensatz zu stochastischen Automaten erlaubt die Approximation mittels eines Korrekturfaktors dann die Bestimmung der Restfehlerwahrscheinlichkeit für den gesamten Bereich des Interesses von Bitfehlerrate p. Unabhängig von stochastischen Automaten besteht auch die Möglichkeit zur Bestimmung der Anzahl der unerkannten m-Bitfehler durch Analyse der Struktur von m-Bitfehlern im Allgemeinen. Hierfür wird der Abstand zwischen der ersten und der letzten Eins in einem Codewort bestimmt. Dieser Abstand, um eins erhöht, definiert die charakteristische Länge $L_c$ des Codewortes mit dem Gewicht m [22]. In einem Block der Länge n kommen in der Regel mehrere m-Bitfehlermuster mit unterschiedlichsten charakteristischen Längen $L_c$ vor. Die Anzahl aller unerkannten m-Bitfehler mit einer charakteristischen Länge $L_c$ beträgt dann $n - L_c + 1$. Es sei noch bemerkt, dass eine charakteristische Länge $L_c$ unter Umständen mehrere m-Bitfehlermuster mit unterschiedlicher Struktur beinhalten kann. Durch die Summenbildung über die Gesamtheit aller charakteristischen Längen $L_c$ von m-Bitfehlern gewinnt man dann die Anzahl aller unerkannten m-Bitfehler des gesamten Blocks der Länge n [22].

In Abbildung 12 ist ein Vergleich der Restfehlerwahrscheinlichkeit RW mit der Approximation für das 32-Bit Polynom 1F4ACFB13h bei einer Blocklänge von $n = 44$ ($k = 12$) dargestellt. Zur Bestimmung der RW wurde die Gewichtsverteilung des Dualen Codes des Polynoms ermittelt und anschließend wurde die Restfehlerwahrscheinlichkeit berechnet und aufgezeichnet. In der Abbildung 12 ist diese als durchgezogene Linie (schwarz) zu sehen. Die Rechenzeit hierfür betrug 3,3 Stunden auf einem 64-Bit Betriebssystem mit 24 GB Arbeitsspeicher und 3 GHz CPU Leistung. Die Berechnung der Dualen Gewichte wurde mit „Matlab" ohne Einsatz des Parallel Processing Tools durchgeführt. Ohne den Einsatz eines Parallel Processing Tools benötigt man ca. 15 Minuten zur Bestimmung der Restfehlerwahrscheinlichkeit pro Informationsbit. Die gestrichelte Linie (blau) oberhalb der tatsächlichen Restfehlerwahrscheinlichkeit stellt die Approximation der RW mit einem Korrekturfaktor x = 2,9 dar. Als Vergleich dazu sieht man die gestrichelte Linie (rot) unterhalb der durchgezogenen Linie, die die exakte RW bei einer Blocklänge von $n = 43$ darstellt. Man erkennt deutlich, dass die Restfehlerwahrscheinlichkeit RW von $n = 43$ auf $n = 44$ einen Sprung nach oben macht. Dies ist begründet durch den Abfall der Hamming-Distanz an dieser Stelle von 12 auf 10.

Als Letztes ist die Restfehlerwahrscheinlichkeit für das Polynom 14A503DF1h mit einer Blocklänge von $n = 100$ ($k = 68$) in der Abbildung 13 aufgezeichnet. Die tatsächliche Restfehlerwahrscheinlichkeit RW_ex wird hier mit einer durchgezogenen Linie (schwarz) eingetragen. Die Berechnung der Restfehlerwahrscheinlichkeit wurde mit der gleichen Prozedur, wie bei dem Polynom 1F4ACFB13h durchgeführt. Lediglich wurde die Prozedur auf dem Superrechner mit 12 Prozessoren vom Institut für Arbeitsschutz (IFA), das über die Parallel

Processing Toolbox von „Matlab" verfügt, ausgeführt. Sowohl der Algorithmus als auch die Prozedur sind so gestaltet, dass eine parallele Verarbeitung der Aufgabe gerecht wird. Durch die parallele Verarbeitung der Aufgabe reduziert sich die Rechenzeit von 15 Minuten auf 0,75 Minuten pro Informationsbit. Im nächsten Abschnitt wird der Algorithmus der Prozedur kurz erläutert.

Das Polynom 14A503DF1h hat eine Hamming-Distanz von 6 bei einer Blocklänge von n = 100. Aus den ermittelten Gewichten des Dualen Codes kann man dann mit den Krawtschoukpolynomen die Anzahl der unerkannten Sechs-Bitfehler für n = 100 berechnen. Diese beträgt 40 und daraus ergibt sich ein Wert von 7,17 für den Korrekturfaktor x. In der Abbildung 13 ist die Approximation der Restfehlerwahrscheinlichkeit RW_App mit einer gestrichelten Linie (schwarz) aufgezeichnet. Diese verläuft in dem gesamten Bereich erwartungsgemäß oberhalb der von RW_ex. Falls der Verlauf der Hamming-Distanz eines Polynoms aus der Literatur bekannt ist, lässt sich die Anzahl der unerkannten m-Bitfehler näherungsweise, wie folgt, abschätzen. Bei dem Polynom 14A503DF1h bleibt die Hamming-Distanz konstant auf einem Wert von sechs für $61 \leq n \leq 32768$ [14]. Die Hamming-Distanz von 6 wird zum ersten Mal bei einer Blocklänge von n = 61 erreicht. Somit existiert mindestens ein Codewort mit dem Gewicht 6 für n = 61 und seine charakteristische Länge beträgt ebenfalls 61 [22]. Bei einer Blocklänge von n = 100 existieren dann mindestens $n - L_c + 1 = 40$ Codewörter mit einem Gewicht von 6. Da die Anzahl der unerkannten Sechs-Bitfehler für n = 100 tatsächlich 40 beträgt, gibt es nur eine einzige charakteristische Länge $L_c$ von 61 für Codewörter mit einem Gewicht von 6 mit $n \leq 100$. Dieses Beispiel zeigt wieder einmal die Wichtigkeit der Approximation mit einem Korrekturfaktor x. Man gewinnt die Approximation der Restfehlerwahrscheinlichkeit zum Nulltarif im Gegensatz zu aufwendigen Berechnungen, die sowohl an die implementierten Algorithmen als auch an die benötigte Soft- und Hardware sehr hohe Ansprüche stellen.

# 4.3      Dualer Code

## 4.3.1      Einleitung

Die Gewichtszuordnungs-Matrix GW_CW_D(n) eines Dualen Codes $C_d$ mit r Informationsbits ist eine $2^r - 1$ x 1 Matrix mit $2^r - 1$ Zeilen und eine Spalte, die die positiven Gewichte eines Dualen Codes unter Beibehaltung der Reihenfolge ihrer Entstehung wiedergibt. Das Codewort mit dem Gewicht null wird ausgeklammert. Der Duale Code $C_d$ wird aus dem Code C, wie im Abschnitt 2.6 beschrieben, abgeleitet. Der Duale Code $C_d$ bildet einen r-dimensionalen Unterraum eines n-dimensionalen Raumes, der den Code C darstellt. Der Code $C_d$ wird durch die r linear unabhängigen Zeilenvektoren der Parity-Check-Matrix Matrix H vollständig bestimmt. Die Codes $C_d$ und C sind orthogonal zueinander. Bei diesen beiden Codes werden die Prüfbits mit Informationsbits vertauscht, wobei die Blocklänge n = k + r für die beiden Codes stets gleich bleibt. Die Bezeichnung k bzw. r stellt stets den Bezug zu den Informationsbits von Code C bzw. $C_d$ dar. Der Duale Code $C_d$ hat somit stets eine konstante Anzahl von Informationsbits identisch mit der Anzahl r von Prüfbits des Codes C. Die Anzahl der Codewörter eines Dualen Codes beträgt somit stets $2^r - 1$. Die Anzahl der Informationsbits k von Code C kann dabei eine beliebige Größe annehmen. Die Gewichte von $2^r - 1$ Codewörtern eines Dualen Codes werden in der einzigen Spalte der Matrix

GW_CW_D(n) zusammengefasst. Praktisch hat die Matrix GW_CW_D(n) eine Bedeutung für $n \geq r + 1$, wenn das erste Informationsbit von Code C in Aktion tritt. Es ist dabei enorm wichtig, dass die Anordnung bei der Entstehung der Gewichte strikt beibehalten wird. Die Matrix GW_CW_D(r + k + 1) kann rekursiv durch Anhängen der $(k + 1)^{ten}$ Spalte der charakteristischen Matrix $M_{Char}$ zu der Matrix GW_CW_D(r + k) gewonnen werden. Die Matrix $M_{Char}$ wird aus dem Produkt der Indexmatrix Ind und der Parity-Check-Matrix H gebildet und beinhaltet sämtlichen $2^r - 1$ Linearkombinationen ungleich null von r linear unabhängigen Codewörtern des Dualen Codes $C_d$. Damit die Zeilen der charakteristischen Matrix $M_{Char}$ die $2^r - 1$ Codewörter des Dualen Codes bilden, muss die Summenbildung bei der Bestimmung von Elementen der Matrix $M_{Char}$ gemäß modulo 2-Addition ausgeführt werden. Die Matrix H kann mit ZL Spalten vollständig dargestellt werden. Ist die Anzahl der Blocklänge $n = k + r$ größer als die Zykluslänge ZL, so wiederholen sich die Spalten der Matrix H. Das heißt $(ZL + i)^{te}$ Spalte ist mit der $i^{ten}$ Spalte der Matrix H identisch. Die charakteristische Matrix $M_{Char}$ = Ind x H mit ZL eindeutigen Spalten erreicht ihre größte Dimension von $2^r - 1$ x ZL mit $2^r - 1$ Zeilen und ZL Spalten, und charakterisiert das Polynom vollständig. Falls die Anzahl der Spalten von Matrix $M_{Char}$ größer als ZL wird, so wiederholen sich die Spalten der Matrix $M_{Char}$ in Analogie zu der Parity-Check-Matrix Matrix H. Die Gewichtszuordnungs-Matrix GW_CW_D(n) wird dann aus der zeilenweisen Summenbildung der sämtlichen k + r Spalten der Matrix $M_{Char}$ gewonnen. Ein praktisches Beispiel verdeutlicht im folgenden Absatz die Zusammenhänge und wie daraus die Koeffizienten $B_{is}$ abgeleitet werden können.

## 4.3.2      Ein praktisches Beispiel

Die Zusammenhänge zwischen den Matrizen $M_{Char}$, GW_CW_D(n), Ind und H werden anhand eines Beispiels verdeutlicht. Hierzu dient das primitive Polynom Dh mit einer Zykluslänge ZL von sieben. Die primitiven Polynome haben die größte Zykluslänge, sie beträgt $2^r - 1$. Somit haben die primitiven Polynome auch die größte charakteristische Matrix $M_{Char}$ mit der Dimension $2^r - 1$ x $2^r - 1$. Die Matrix $M_{Char}$ hat für das Polynom Dh sieben Zeilen und sieben Spalten. Mithilfe der Matrix $M_{Char}$ lässt sich die Gewichtsverteilung der dualen Codewörter für ein beliebiges k sehr schnell bestimmen. Diese ergibt sich aus der zeilenweisen Summenbildung der ersten k + r Spalten der Matrix $M_{Char}$. Aus der Abbildung 8 kann man dann für k = 1 einen Spaltenvektor GW_CW_D(4) mit sieben Gewichten der Codewörter, die aus der Summenbildung der ersten vier Spalten entstehen, bestimmen. Zum besseren Verständnis sind die Elemente der ersten vier Spalten der Matrix $M_{Char}$ deutlich größer dargestellt. Es ergeben sich die Gewichte für k = 1: 1, 2, 3, 2, 3, 2, 3. Dies bedeutet, dass es einmal ein Codewort mit einem Gewicht 1, dreimal die Codewörter mit einem Gewicht 2 und dreimal die Codewörter mit einem Gewicht 3 bei einer Blocklänge von 4 (k + r = 4) gibt. Der interessante Fall entsteht für k = 4. In diesem Falle werden die gesamten sieben Spalten der Matrix $M_{Char}$ aufsummiert. Jedes Element der Matrix GW_CW_D(7) wird dann gleich vier. Es gibt sieben Codewörter mit einem Gewicht 4, wie es aus der Abbildung 8 entnommen werden kann. Die Gesamtheit aller Codewörter hat in diesem Fall das Gewicht 4. Der nächste interessante Fall entsteht bei n = 14 bzw. k = 11. In diesem Falle ergeben sich sieben Codewörter mit einem Gewicht 8. Alle anderen Gewichte außer Acht sind nicht vertreten. Es sei noch angemerkt, dass das Codewort mit einem Gewicht 0 ein fester Bestandteil der Gewichtsverteilung und stets mit einer Häufigkeit eins vorhanden ist. Dies wird nicht in der Matrix GW_CW_D aufgenommen.

$$\text{Poynom Dh, } r = 3, k = 4 \text{ und } n = k + r = 7, ZL = 7$$

$$\text{Ind} = \begin{vmatrix} 0 & 0 & 1 \\ 0 & 1 & 0 \\ 0 & 1 & 1 \\ 1 & 0 & 0 \\ 1 & 0 & 1 \\ 1 & 1 & 0 \\ 1 & 1 & 1 \end{vmatrix} \quad H = \begin{vmatrix} 1 & 0 & 0 & 1 & 0 & 1 & 1 \\ 0 & 1 & 0 & 1 & 1 & 1 & 0 \\ 0 & 0 & 1 & 0 & 1 & 1 & 1 \end{vmatrix} \quad M'_{Char} = \text{Ind} * H = \begin{vmatrix} 0 & 0 & 1 & 0 & 1 & 1 & 1 \\ 0 & 1 & 0 & 1 & 1 & 1 & 0 \\ 0 & 1 & 1 & 1 & 2 & 2 & 1 \\ 1 & 0 & 0 & 1 & 0 & 1 & 1 \\ 1 & 0 & 1 & 1 & 1 & 2 & 2 \\ 1 & 1 & 0 & 2 & 1 & 2 & 1 \\ 1 & 1 & 1 & 2 & 2 & 3 & 2 \end{vmatrix}$$

$$M_{Char} = M'_{Char} \bmod 2 = \begin{vmatrix} 0 & 0 & 1 & 0 & 1 & 1 & 1 \\ 0 & 1 & 0 & 1 & 1 & 1 & 0 \\ 0 & 1 & 1 & 1 & 0 & 0 & 1 \\ 1 & 0 & 0 & 1 & 0 & 1 & 1 \\ 1 & 0 & 1 & 1 & 1 & 0 & 0 \\ 1 & 1 & 0 & 0 & 1 & 0 & 1 \\ 1 & 1 & 1 & 0 & 0 & 1 & 0 \end{vmatrix} \quad GW\_CW\_D(7) = \begin{vmatrix} 4 \\ 4 \\ 4 \\ 4 \\ 4 \\ 4 \\ 4 \end{vmatrix}$$

Bi's für n = 7
B(0) ist stets gleich 1
B(i) = 0 für i ≠ 4
B(4) = 7
$$\sum_{i=1}^{n} B(i) = 2^r - 1 = 7$$

Abbildung 8    Die charakteristische Matrix $Mc_{har}$ für das Polynom Dh mit ZL = 7

### 4.3.3    Die Gestaltung des Algorithmus

Es gibt zwei Hauptmerkmale, auf die bei der Gestaltung des Algorithmus zu achten gilt. Grundsätzlich wird unterschieden zwischen der Bestimmung der Matrix GW_CW_D für jedes k oder nur der einmaligen Bestimmung der Matrix für die gesamte Blocklänge n. Möchte man den Verlauf der Hamming-Distanz bestimmen, so ist die Bestimmung der Matrix für alle k (k = 1 bis n – r) Werte zwingend erforderlich. Für beide Anliegen nimmt die Matrix $M_{Char}$ eine gewaltige Dimension für ein großes r (r > 16) an. Der dafür erforderliche Speicherplatz ist technisch kaum realisierbar. Erfreulicherweise ist die Struktur der Matrix GW_CW_D so beschaffen, dass sie eine Aufteilung der Matrix in mehrere Teilmatrizen von GW_CW_D erlaubt. Hierzu müssen dann auch die Matrizen Ind und $M_{char}$ auch in gleicher Anzahl von Teilen zerlegt werden. Nimmt man eine Zweier Teilung vor, so setzt sich die Matrix GW_CW_D aus zwei Hälften GW_CW_D_1 und GW_CW_D_2 zusammen. Die erste Hälfte GW_CW_D_1 der Matrix GW_CW_D besteht dann aus den ersten drei Zeilen der Matrix GW_CW_D und die zweite Hälfte GW_CW_D_2 der Matrix GW_CW_D aus den letzten vier Zeilen der Matrix GW_CW_D, wie man es aus der Abbildung 8 leicht erkennen kann. Die erste Teilmatrix beinhaltet stets eine Zeile weniger als die restlichen Teilmatrizen, da das Gewicht null zu der Matrix GW_CW_D nicht zugeordnet wird. In gleicher Weise beinhalten die Teilmatrizen Ind_1 bzw. $M_{char\_1}$ die ersten drei Zeilen der Matrizen Ind bzw. $M_{char}$. Die Teilmatrizen Ind_2 bzw. $M_{char\_2}$ bestehen dann aus den letzten vier Zeilen der Matrizen Ind bzw. $M_{char}$. Damit auch ein 32-Bit Polynom in angemessener Zeit bearbeitet werden kann ist eine 16 Fache Teilung der Matrix GW_CW_D zwingend erforderlich.

### 4.3.4    Die Bestimmung des Verlaufs der Hamming-Distanz

Zur Bestimmung von dem Verlauf der Hamming-Distanz muss die Matrix GW_CW_D nach jedem Durchlauf von k analysiert werden. Die Matrix GW_CW_D wird rekursiv aus GW_CW_D(r) mithilfe der Glg. (14.16) abgeleitet. Die Matrix GW_CW_D(k + r + 1) wird durch horizontale Verkettung der Matrizen GW_CW_D(k + r) und Ind_m * H(k + r + 1) nach „Matlab" Konvention gebildet. Dabei werden die Matrizen GW_CW_D und Ind in 16 Teilen zerlegt, die mit Ausnahme von der ersten Teilmatrix jeweils gleich groß sind. Die rekursive Formel (14.16) ist so beschaffen, dass die Matrix $M_{char}$ nicht gebraucht wird. Es wird lediglich die $(k + r + 1)^{te}$ Spalte der Matrix H H(k + r + 1) benötigt. Die Teilmatrizen werden mit einem Index m, der von 1 bis 16 durchläuft, versehen. Da die Teilmatrizen sowie ihre eventuelle Produktbildung voneinander völlig unabhängig sind, ist eine parallele Verarbeitung der einzelnen Teilmatrizen durch verschiedene Prozessoren einer Multiprozessor-CPU möglich.

$$\text{GW\_CW\_D\_m}(k + r + 1) = [\text{GW\_CW\_D\_m}(k + r)\,,\,\text{Ind\_m} * H(k + r + 1)] \qquad (4.16)$$
$$\text{mit } k = 0 \text{ bis } n - r - 1$$

Im Anschluss an die Verarbeitung von $m^{ten}$ Blocks werden die bis dahin ermittelten $B_{is}$ in die Variable B_$m_{is}$ zwischengespeichert. Nach Verarbeitung aller 16 Teilblöcke werden alle B_$m_{is}$ in die Variable $B_i$ aufaddiert. Theoretisch ist es auch möglich, die $B_{is}$ direkt in der Variablen $B_i$ zu speichern. Die blockweise Speicherung von $B_{is}$ in B_$m_{is}$ verhindert jedoch Zugriffskonflikte und bietet höheren Handlungsspielraum für die parallel arbeitende CPU. Vor dem Beginn der Verarbeitung vom nächsten k Wert werden die Hamming-Distanz, der Korrekturfaktor x und die Restfehlerwahrscheinlichkeit RW berechnet und nach Bedarf auch geplottet.

### 4.3.5    Die Bestimmung der RW bei einem Datenblock

Interessiert man sich lediglich für die Restfehlerwahrscheinlichkeit RW des gesamten Blocks, d. h. für die RW, nach dem alle Informationsbits komplett übertragen wurden, so lässt sich die Verarbeitung beschleunigen. Die Matrix GW_CW_D wird nun nicht für jeden k Wert berechnet, stattdessen wird direkt die Matrix $M_{Char}$ ermittelt. Damit umgeht man die aufwendigen (n − r)-fachen Durchläufe von 16 Teilmatrizen. Dafür dauert natürlich die Produktbildung Ind * H etwas länger, jedoch wird dies nur einmal vorgenommen. Diese Vorgehensweise erfordert selbstverständlich einen höheren Speicherbedarf und abhängig davon bleibt die maximal mögliche Blocklänge n = k + r eventuell beschränkt. Durch die zeilenweisen Summenbildung der sämtlichen Spalten der Matrix $M_{Char}$ gewinnt man dann die Matrix GW_CW_D(n). Die Bestimmung von $B_{is}$ kann dann wie üblich durchgeführt werden. Bei bekannten $B_{is}$ kann die Restfehlerwahrscheinlichkeit RW mithilfe der Glg. (6.29) bestimmt werden.

### 4.3.6    Die Vor- bzw. Nachteile des Verfahrens

Das vorgestellte Verfahren bietet zwei entscheidende Vorteile:

1.  Die Teilung der Matrizen und eine geschickte Gestaltung der Programmabläufe mit weitgehend unabhängiger Verarbeitung der Teilmatrizen erlaubt eine parallele Verarbei-

tung der Programmsequenzen. Hierdurch kann ein Zeitgewinn von bis zu 90% verbucht werden.

2.  Die Aufteilung der Matrizen in 16 gleichwertige Teilmatrizen erlaubt die Portierung des Algorithmus auf Visual Studio 2005. Das Visual Studio 2005 erlaubt leider nur maximalen Adressraum von $2^{30}$. Durch die Teilung der Matrizen reduziert sich die Obergrenze des Adressbereichs auf $2^{28}$ für 32-Bit Polynome.

Der einzige Nachteil ist:

1.  Die teure Beschaffung der Software. Es ist nicht nur das Grundsoftwarepaket von „Matlab" erforderlich, sondern die Parallel Computing Toolbox wird auch benötigt.

# 4.4 Stochastische Automaten

Die Bestimmung der Restfehlerwahrscheinlichkeit RW setzt im Allgemeinen die Kenntnis der Gewichtsverteilung von Codewörtern voraus. Der Anteil eines Codewortes zur Restfehlerwahrscheinlichkeit RW mit einem Gewicht i bei einer Bitfehlerrate p beträgt $p^i * (1 - p)^{(n - i)}$, wobei n die Blocklänge der Daten darstellt. Bei einer Datenblocklänge von n gibt es insgesamt $2^k - 1$ Codewörter. Die Anzahl der Informationsbits beträgt k = n – r. Bereits bei einem k von 100 müssen mehr als $10^{30}$ Codewörter analysiert werden, um daraus dann die Gewichtsverteilung zu ermitteln. In der Praxis kann k über ein Mehrfaches von zehntausend anwachsen. Diese Aufgabe ist mit herkömmlichen Mitteln kaum lösbar. Im Folgenden wird gezeigt, dass ein stochastischer Automat solch eine gewaltige Aufgabe in n Schritten bzw. Takten effizient bewältigen kann [23].

## 4.4.1 Die Darstellung des Schieberegisters mit einem Automaten

Die Abläufe eines LFSR lassen sich mit einer State Maschine bzw. einem Automaten effizient beschreiben. Ein Automat ist dafür prädestiniert und ist in der Lage, die komplexen Zusammenhänge mit kleinsten Details wiederzugeben. Der Zustand eines r-Bit Schieberegisters kann insgesamt $2^r$ verschiedene Werte annehmen. Die Definition des Zustands eines Automaten:

*Der Zustand Z des Automaten wird von $2^r$-Tupel binären Elementen, die aus einer einzigen Eins und $2^r - 1$ Nullen bestehen, dargestellt. Dieser ist in der Tabelle 7 für ein Drei-Bit-LFSR aufgelistet.*

Tabelle 7      Die Konvention der Zustandsdarstellung von Automat eines Drei-Bit LFSR

| Schieberegisterinhalt | Zustandsbezeichnung | Darstellung von Z |
|:---:|:---:|:---:|
| 000 | Z_1 | $(10000000)^T$ |
| 001 | Z_2 | $(01000000)^T$ |
| 010 | Z_3 | $(00100000)^T$ |
| 011 | Z_4 | $(00010000)^T$ |
| 100 | Z_5 | $(00001000)^T$ |
| 101 | Z_6 | $(00000100)^T$ |
| 110 | Z_7 | $(00000010)^T$ |
| 111 | Z_8 | $(00000001)^T$ |

Die erste Spalte der Tabelle 7 beinhaltet den Inhalt des Schieberegisters. Ist das $i^{te}$ Element von Z gezählt von oben 1, so wird der Zustand Z des Automaten mit Z_i bezeichnet. Der digitale Wert des Schieberegisterinhalts beträgt dann $i - 1$. Der Zustand Z(t+1) zum Zeitpunkt t+1 hängt von dem Zustand Z(t) und dem einlaufenden Bit u(t) eines Datenstroms ab, und wird durch die Glg. (4.17) vollständig beschrieben [23]. M0 und M1 sind hier Matrizen mit der Dimension $2^r$ x $2^r$. Die Matrix M0 stellt die Transition des Zustandes dar, wenn das einlaufende Bit eine Null ist. Die Matrix M1 stellt die Transition des Zustandes dar, wenn, das einlaufende Bit eine Eins ist. Der Wert von u(t) beträgt entweder null oder eins, je nachdem, ob das einlaufende Bit eine Null oder eine Eins darstellt.

$$Z(t+1) = M0 * Z(t) * (1 - u(t)) + M1 * Z(t) * u(t) \qquad (4.17)$$

Zur Bestimmung der Matrizen Mx(x=0,1) müssen die Transitionen sämtlicher Zustände untersucht werden. Die Tabelle 8 zeigt den Verlauf von sämtlichen Zuständen für das Polynom Dh, wenn als Datum eine Null eingeschoben wird. Dies entspricht der Transition nach Matrix M0 (u(t) = 0). Aus der Tabelle 8 kann entnommen werden, dass der Zustand Z_2 alle Zustände außer den Zustand Z_1 durchwandert, bis er wieder zu sich zurückkehrt. Die sieben Zustände durchlaufen die folgende Reihenfolge, die als Zustandsgraph bezeichnet wird. Die zwei Zustandsgraphen für das Polynom Dh werden nachfolgend aufgelistet. Einfachheitshalber wurde hier der Präfix Z_ weggelassen. Bei der Transition gemäß Matrix Mo wird der Zustand Z_1 stets auf sich selbst abgebildet.

$$2 \rightarrow 3 \rightarrow 5 \rightarrow 6 \rightarrow 8 \rightarrow 4 \rightarrow 7 \rightarrow 2 \quad \textbf{und} \quad 1 \rightarrow 1$$

Tabelle 8          Der Zustandsverlauf für das Polynom Dh nach Matrix M0

| Schieberegisterinhalt | Zustandsbezeichnung | Darstellung von Z |
|---|---|---|
| 001 | Z_2 | $(01000000)^T$ |
| 010 | Z_3 | $(00100000)^T$ |
| 100 | Z_5 | $(00001000)^T$ |
| 101 | Z_6 | $(00000100)^T$ |
| 111 | Z_8 | $(00000001)^T$ |
| 011 | Z_4 | $(00010000)^T$ |
| 110 | Z_7 | $(00000010)^T$ |
|  |  |  |
| 000 | Z_1 | $(10000000)^T$ |

Die Tabelle 9 zeigt den Verlauf von sämtlichen Zuständen für das Polynom Dh, wenn als Datum eine Eins eingeschoben wird. Dies entspricht der Transition nach Matrix M1 (u(t) = 1). Aus der Tabelle 9 kann entnommen werden, dass der Zustand Z_2 alle Zustände außer den Zustand Z_4 durchwandert, bis er wieder zu sich zurückkehrt. Nachfolgend werden die zwei Zustandsgraphen für das Polynom Dh, die durch Matrix M1 gebildet werden zusammengestellt.

$$2 \rightarrow 8 \rightarrow 7 \rightarrow 5 \rightarrow 1 \rightarrow 6 \rightarrow 3 \rightarrow 2 \quad \text{und} \quad 4 \rightarrow 4$$

Der digitale Wert der binären Darstellung des Generator Polynoms ohne MSB plus eins wird als y bezeichnet. Bei der Transition gemäß Matrix M1 wird der Zustand Z_1 stets nach Z_y verschoben. Dies entspricht dem Zustand des Schieberegisters, nachdem die erste Eins im Schieberegister eingeschoben wird. Außerdem wird der Zustand Z_2$^{(r-1)}$+ 1 (Schieberegisterinhalt gleich 100..00) auch stets nach Zustand Z_1 (Schieberegisterinhalt gleich null) transformiert.

Tabelle 9          Der Zustandsverlauf für das Polynom Dh nach Matrix M1

| Schieberegisterinhalt | Zustandsbezeichnung | Darstellung von Z |
|---|---|---|
| 001 | Z_2 | $(01000000)^T$ |
| 111 | Z_8 | $(00000001)^T$ |
| 110 | Z_7 | $(00000010)^T$ |
| 100 | Z_5 | $(00001000)^T$ |
| 000 | Z_1 | $(10000000)^T$ |
| 101 | Z_6 | $(00000100)^T$ |
| 010 | Z_3 | $(00100000)^T$ |
|  |  |  |
| 011 | Z_4 | $(00010000)^T$ |

## 4.4.2        Die Bestimmung der Matrizen M0 bzw. M1

Nachdem die Zustandsgraphen für das zu betrachtende Polynom vorliegen, können die Matrizen M0 und M1 gemäß folgender Konstruktionsvorschrift bestimmt werden. Zur Bildung eines Elements $Mx_{ki}$ der Matrix Mx ($x = 0, 1$) dient folgende Definition:

*Wenn ein Zustand Z_i des Automaten (im folgenden Zustand i) nach Zustand Z_k (im folgenden Zustand k) transformiert wird, so wird dem Matrixelement $Mx_{ki}$ eine Eins zugewiesen.*

Aus der Definition folgt unmittelbar, dass exakt $2^r$ Elemente der Matrizen M0 bzw. M1 einen Wert von eins annehmen, und der Wert der restlichen Elemente null beträgt. Es gilt außerdem, dass genau jeweils eine eins pro Spalte bzw. Zeile der Matrix Mx vorkommen kann. Die Tabelle 10 beinhaltet die Matrizen M0 bzw. M1 für das Polynom Dh. Diese Matrizen wurden aus der oben genannten Definition abgeleitet.

Tabelle 10        Die Matrizen M0 bzw. M1 für das Polynom Dh

| 1 | 2 | 3 | 4 | 5 | 6 | 7 | 8 |   | 1 | 2 | 3 | 4 | 5 | 6 | 7 | 8 |
|---|---|---|---|---|---|---|---|---|---|---|---|---|---|---|---|---|
| 1 |   |   |   |   |   |   |   | 1 |   |   |   |   | 1 |   |   |   |
|   |   |   |   | 1 |   |   |   | 2 |   |   | 1 |   |   |   |   |   |
|   | 1 |   |   |   |   |   |   | 3 |   |   |   |   |   | 1 |   |   |
|   |   |   |   |   | 1 |   |   | 4 |   |   |   | 1 |   |   |   |   |
|   |   | 1 |   |   |   |   |   | 5 |   |   |   |   |   |   | 1 |   |
|   |   |   |   |   |   | 1 |   | 6 | 1 |   |   |   |   |   |   |   |
|   |   |   | 1 |   |   |   |   | 7 |   |   |   |   |   |   |   | 1 |
|   |   |   |   |   |   |   | 1 | 8 |   | 1 |   |   |   |   |   |   |
| Die Matrix M0 für das Polynom Dh | | | | | | | | | Die Matrix M1 für das Polynom Dh | | | | | | | |

**Die Eigenschaften der Matrizen M0 bzw. M1**

Die Matrizen Mx besitzen einen hohen Grad an Symmetrie. Die gezielte Nutzung der Symmetrie reduziert den Analyseaufwand ihrer Bestimmung erheblich. Bei einer genaueren Durchsicht der Tabelle 10 fallen folgende Merkmale auf:

1.  Die linke Hälfte der Matrix M0 ist identisch mit der rechten Hälfte der Matrix M1 (in der Tabelle gelb markiert). Eine Eins steht bei beiden Matrizen in den Zeilen mit einem ungeraden Index, z. B. 1, 3, 5, 7 usw.

2. Die linke Hälfte der Matrix M1 ist identisch mit der rechten Hälfte der Matrix M0 (in der Tabelle blau markiert). Eine eins steht bei beiden Matrizen in den Zeilen mit einem geraden Index, z. B. 2, 4, 6, 8 usw.

3. Die linke Hälfte der Matrix M0 bzw. die rechte Hälfte der Matrix M1 sind bei allen Polynomen identisch und stellen somit den Polynom unabhängigen Anteil der Matrizen Mx dar. Für die linke Hälfte der Matrix M0 bedeutet, dass der Zustand Z_i nach Z_2i-1 transformiert wird (i = 1, 2, ... $2^{(r-1)}$).

4. Das polynomabhängige Teil der Matrizen (rechte Hälfte der Matrix M0 bzw. linke Hälfte der Matrix M1) beinhaltet $2^{(r-1)}$ Spalten. Diese Zahl entspricht auch der Anzahl der Gesamtheit der Polynome $r^{ten}$ Grades. Somit wird pro Spalte der rechten Hälfte der Matrix M0 genau ein Polynom zu einer der $2^{(r-1)}$ geraden Zeilen zugeordnet.

5. Alle geraden Zeilenindizes der ersten Spalte der rechten Hälfte der Matrizen M0 (entspricht $(2^{(r-1)} + 1)^{te}$ Spalte vom M0, dies gilt dann auch für die erste Spalte von M1) werden jeweils von einer der $2^{(r-1)}$ Polynomen mit einer Eins belegt, und zwar in aufsteigender Reihenfolge. Für r = 3 bedeutet dies, dass für das Polynom 9h $Mo_{25} = 1$, für das Polynom Bh $Mo_{45} = 1$, für das Polynom Dh $Mo_{65} = 1$ und für das Polynom Fh $Mo_{85} = 1$ ergibt. Damit steht eines von $2^{(r-1)}$ Elementen des Polynoms abhängigen Teils der Matrizen Mx für ein beliebiges Polynom $3^{ten}$ Grades fest. Im Allgemeinen müssen dann die restlichen $2^{(r-1)} - 1$ Elemente mühsam berechnet werden. Durch weitere Nutzung der Symmetrie lässt sich jedoch dieser Aufwand minimieren. Hierzu wird eine neue polynomspezifische Matrix Ps eingeführt.

**Die Matrix Ps für r = 3**

Der polynomspezifische Anteil der Matrix M0 besteht aus der rechten Hälfte dieser Matrix, wobei nur die geraden Zeilen berücksichtigt werden, weil diese je ein Element ungleich null beinhalten (siehe Tabelle 10). Die Matrix Ps(r) hat dann die Dimension $2^{(r-1)}$ x $2^{(r-1)}$.

Definition:

*Die $k^{te}$ Spalte der Matrix Ps(r) bezieht sich auf die $(2^{(r-1)} + k)^{te}$ Spalte der Matrix M0. Der Spaltenindex der Matrix M0 wird als Header der Spalten der Matrix Ps(r) dargestellt. Die $i^{te}$ Zeile der Matrix Ps(r) bezieht sich auf ein Polynom $r^{ten}$ Grades. Die Polynome werden in aufsteigender Reihenfolge links von der Matrix Ps(r) in einem Zeilen-Header aufgelistet. Die Elemente der Matrix Ps(r) bestehen aus geraden Zahlen von 2 bis $2^r$, wobei jede gerade Zahl genau einmal pro Spalte bzw. Zeile belegt wird. Der Inhalt des Elements $Ps_{ik}$ wird dann durch die Transition des Zustandes m bestimmt, die vom $i^{ten}$ Polynom aus dem Zeilen-Header der Matrix Ps(r) bewirkt wird. Der Header des Spaltenindex der Matrix Ps(r) (Header der $k^{ten}$ Spalte der Matrix Ps(r)) entspricht dann dem Zustand m.*

Tabelle 11    Die Polynome spezifische Matrix Ps(3) für Polynome $3^{ten}$ Grades

| | | Spaltenindex der Matrix M0 | | | |
|---|---|---|---|---|---|
| | | 5 | 6 | 7 | 8 |
| Die Polynome $3^{ten}$ Grades in aufsteigender Reihenfolge | 9h | 2 | 4 | 6 | 8 |
| | Bh | 4 | 2 | 8 | 6 |
| | Dh | 6 | 8 | 2 | 4 |
| | Fh | 8 | 6 | 4 | 2 |

Nun werden die Elemente der Matrix Ps(r) zeilenweise exemplarisch für die 4 x 4 Matrix für r = 3 berechnet. Das Ergebnis ist in der Tabelle 11 zusammengefasst. Die blau markierten Felder bilden die eigentliche Matrix Ps(r = 3). Die gelb markierten Felder stellen den Spalten-Header dar. Dieser beinhaltet den Spaltenindex von $2^{(r-1)} + 1$ bis $2^r$ des polynomspezifischen Teils der Matrix M0. Der Zeilen-Header ist rosa markiert und beinhaltet die Gesamtheit der Polynome $r^{ten}$ (hier r = 3) Grades in aufsteigender Reihenfolge von oben nach unten.

Nachfolgend wird an einem Beispiel erläutert, wie ein Element $Ps_{ik}$ für i = 3 und k = 2 bestimmt wird. Die dritte Zeile der Matrix Ps(r = 3) bezieht sich auf das Polynom Dh, da dieses an der dritten bzw. $i^{ten}$ Stelle im Zeilen-Header steht. In der $k^{ten}$ bzw. zweiten Spalte von Spaltenindex der Matrix Ps(r) steht 6 und dies deutet auf die Mitwirkung des Polynoms Dh bei der Transition des Zustands 6. Die Vorschrift zur Bildung des nächsten Zustands aus dem aktuellen Zustand wird bereits im Detail im Abschnitt 2.4 beschrieben. Demnach bewirkt das Polynom Dh die Transition von Zustand 6 nach Zustand 8. Zum Schluss noch zwei auffällige Merkmale der Matrix Ps, die durch die Glg. (4.18) bzw. (4.19) dargestellt werden. Diese besagen, dass sich die Transponierte der Matrix Ps auf sich selbst abbildet und die Diagonalelemente die Wertigkeit zwei besitzen.

$$Ps = Ps' \qquad (4.18)$$

$$Ps_{ii} = 2 \text{ für } i = 1, 2, \ldots 2^{(r-1)} \qquad (4.19)$$

**Die Verallgemeinerung der Matrix Ps**

Dass interessante an der Matrix Ps ist, dass sie sich iterativ aus einer $2^{(r'-1)} \times 2^{(r'-1)}$ Matrix Ps(r') für ein beliebiges r' ≥ 1 auf eine $2^{r'} \times 2^{r'}$ Matrix Ps(r' + 1) relativ leicht erweitern lässt. Hierzu wird die Matrix Ps in vier Quadranten aufgeteilt, wie es in der Tabelle 12 dargestellt ist.

Tabelle 12      Die Aufteilung der Matrix Ps(r' + 1) in vier Quadranten

| | $1\ 2\ ..\ 2^{(r'-1)}$ | $2^{(r'-1)} + 1\ \ 2^{(r'-1)} + 2\ ..\ 2^{r'}$ |
|---|---|---|
| 1<br>2<br>.<br>$2^{(r'-1)}$ | $Q1$ | $Q2 = Q1 + 2^{r'}$ |
| $2^{(r'-1)} + 1$<br>$2^{(r'-1)} + 2$<br>.<br>$2^{r'}$ | $Q3 = Q1 + 2^{r'}$ | $Q4 = Q1$ |

Alle vier Quadranten beinhalten je $2^{(r'-1)}$ Zeilen und Spalten. Der erste Quadrant Q1 ist hier identisch mit der Matrix Ps(r'). Der zweite Quadrant Q2 wird rechts an den ersten Quadranten Q1 angehängt. Der dritte Quadrant Q3 wird unterhalb des ersten Quadranten Q1 platziert. Der vierte Quadrant Q4 grenzt an den Quadranten Q2 nach unten und den Quadranten Q3 nach rechts. Alle vier Quadranten zusammen haben somit die Dimension, die einer Matrix Ps(r' + 1) entspricht. Nun werden die Quadranten Q2, Q3 und Q4 gemäß der folgenden Definition ermittelt. Die Resultierende $2^{r'} \times 2^{r'}$ Matrix, ist eine Ps(r' + 1) Matrix, und bestimmt die Gesamtheit der Matrizen M0 von den Polynomen (r' + 1)$^{ten}$ Grades.

Definition:

*Damit eine Ps(r' + 1) Matrix die Gesamtheit der Matrizen M0 von den Polynomen (r' + 1)^{ten}*
*Grades umfasst, müssen die einzelnen Quadranten der Matrix Ps(r' + 1) in einem bestimm-*
*ten Verhältnis zueinanderstehen. Der erste Quadrant Q1 stellt die Matrix Ps(r') für die Poly-*
*nome r'ten Grades dar. Die Matrizen Q2 bzw. Q3 sind identisch mit der Matrix Q1 bis auf*
*einen Betrag von $2^{r'}$. Die Matrix Q4 ist identisch mit Q1. Es gelten die Beziehungen:*

$$Q1 = Q4 \text{ und } Q2 = Q3 = Q1 + 2^{r'}$$

Beweis

Ein beliebiges Element $Ps_{ik}$ der Matrix Ps(r' + 1) wird nach der Definition aus Abschnitt
4.4.2 durch die Glg. (4.20) dargestellt. Die Funktion Bin2dec bildet den Dezimalwert aus
einer binären Eingabe. Mit der Funktion lv wird der binäre Wert der $k^{ten}$ Spalte vom Spalten-
Header der Matrix Ps(r' + 1) abzüglich eins um ein Bit nach links geschoben. Hierbei wird
MSB rausgeschoben und LSB wird eine Null zugewiesen. Die Verknüpfung „xor" bewirkt
eine Exklusive-Or Operation. Aus dem $i^{ten}$ Polynom des Zeilen-Headers der Matrix Ps(r' + 1)
wird der Offset_i nach Streichung von MSB gebildet. Für die detaillierte Vorschrift zur Bestimmung von $Ps_{ik}$ siehe Abschnitt 2.4. Für die weitere Betrachtung wird die Linksverschiebung der Spalten-Header in abgekürzter Form mit lv bezeichnet. Sowohl Offset_i als auch lv
werden durch binäre Elemente eines (r' + 1)-Tupel dargestellt. Daraus ergibt sich die Ungleichung (4.21), die die Grenzwerte von den Elementen $Ps_{ik}$ bestimmen.

$$Ps_{ik} = \text{Bin2dec(Offset\_i xor lv(Spalten-Header Matrix } Ps(r' + 1) - 1)) + 1 \quad (4.20)$$
$$0 < Ps_{ik} < 2^{r' + 1} + 1 \quad (4.21)$$

Der MSB von Offset_i beträgt für die obere Hälfte der Matrix Ps(r' + 1) null und für die
untere Hälfte der Matrix Ps(r' + 1) eins. Der MSB von lv (nach der links Verschiebung) beträgt für die linke Hälfte der Matrix Ps(r' + 1) null und für die rechte Hälfte der Matrix Ps(r' +
1) eins. Um eine Korrelation zwischen den Elementen vom ersten und zweiten Quadranten
der Matrix Ps(r' + 1) herzustellen, werden die Elemente zeilenweise betrachtet. In jeder Zeile
bleibt Offset_i unverändert. Betrachtet man die Darstellung von lv der zwei Elemente einer
Zeile im Abstand von $2^{(r' - 1)}$, so unterscheiden sie sich nur im MSB. In der linken Hälfte
(Quadrant Q1) steht MSB auf einer Null und in der rechten Hälfte (Quadrant Q2) auf einer
Eins. Somit sind die Elemente der Zeile in der rechten Hälfte der Matrix Ps(r' + 1) um einen
Betrag $2^{r'}$ größer als die Elemente der Zeile in der linken Hälfte der Matrix Ps(r' + 1). Daraus
folgt $Q2 = Q1 + 2^{r'}$.

Mit der ähnlichen Argumentation lässt sich ableiten, dass der Inhalt des dritten Quadranten
Q3 identisch mit $Q1 + 2^{r'}$ wird. Für den vierten Quadranten werden die Elemente aus dem
ersten Quadranten um den Betrag $2^{r'}$ zweimal erhöht, d. h. $Q4 = Q1 + 2^{(r' + 1)}$. Dieser Betrag
liegt nach Glg. (4.21) außerhalb der zulässigen Grenzen der Matrix Ps (r' + 1). Der Betrag
von $2^{r'}$ entsteht aus der xor Verknüpfung des MSB von Offset_i und lv. Bei der Betrachtung
der Korrelation zwischen den Quadranten Q1 und Q2 beträgt der Wert dieser Verknüpfung
eins, da der MSB von Offset_i unverändert auf null steht und MSB von lv von null auf eins
ändert. Bei der Betrachtung der Korrelation zwischen den Quadranten Q1 und Q4 wird der
Wert dieser Verknüpfung null, da sich beide MSBs sowohl von Offset_i als auch von lv sich
ändern. Folglich wird die zweite Addition von $2^{r'}$ im Falle des Quadranten Q4 nicht addiert,
sondern abgezogen (xor-Verknüpft). Also wird Q1 unverändert in Q4 übernommen.

## Die Besonderheiten der Matrix Ps

Die Matrix Ps(r + 1) für r ≥ 1 lässt sich iterativ auf eine Matrix Ps(r) erweitern. Eine Erhöhung von r um eins verdoppelt die Anzahl der Spalten und Zeilen der Matrix und die Matrix vergrößert sich dabei um einen Faktor 4, wie es aus der Tabelle 13 ersichtlich wird. Die Matrix Ps(1) beinhaltet ein einziges Element mit der Wertigkeit 2. Die Matrizen Ps(2), Ps(3) und Ps(4) besitzen dann 4, 16 bzw. 64 Elemente. Das Element mit der Wertigkeit 2 ist in jeder beliebigen Matrix Ps enthalten, und zwar exakt $2^{(r-1)}$-mal und belegt die diagonalen Elemente der Matrix. Die erste Zeile ist stets identisch mit der ersten Spalte der Matrix Ps wegen der Glg. (4.18), und diese umfassen sämtliche gerade Zahlen von 2 bis $2^r$ in aufsteigender Reihenfolge. Außerdem fällt auf, dass die erste und die letzte Spalte bzw. Zeile, auch bis auf der umgekehrten Reihenfolge der Elemente, identisch sind. Eine Diagonale, die von links unten nach rechts oben läuft, wird als schräge Diagonale bezeichnet. Die Elemente der schrägen Diagonale besitzen die Wertigkeit $2^r$. Es gibt noch jede Menge weitere Symmetrien, die unerwähnt bleiben. Eine ist jedoch erwähnenswert, jeder Quadrant der Matrix Ps besitzt auch die oben aufgelisteten Eigenschaften. Jedoch muss die Wertigkeit der Elemente in Diagonalen bzw. in schrägen Diagonalen neu bestimmt werden.

Tabelle 13        Die ersten vier Matrizen Ps(r) für r = 1 bis 4

| r | $2^{(r-1)}$ | $2^{(r-1)}$ x $2^{(r-1)}$ Matrix Ps(r) | | | | | | | | |
|---|---|---|---|---|---|---|---|---|---|---|
| 1 | 1 | 1 x 1 | | 2 | | | | | | |
| | | | 3h | 2 | | | | | | |
| 2 | 2 | 2 x 2 | | 3 | 4 | | | | | |
| | | | 5h | 2 | 4 | | | | | |
| | | | 7h | 4 | 2 | | | | | |
| 3 | 4 | 4 x 4 | | 5 | 6 | 7 | 8 | | | |
| | | | 9h | 2 | 4 | 6 | 8 | | | |
| | | | Bh | 4 | 2 | 8 | 6 | | | |
| | | | Dh | 6 | 8 | 2 | 4 | | | |
| | | | Fh | 8 | 6 | 4 | 2 | | | |
| 4 | 8 | 8 x 8 | | 9 | 10 | 11 | 12 | 13 | 14 | 15 | 16 |
| | | | 11h | 2 | 4 | 6 | 8 | 10 | 12 | 14 | 16 |
| | | | 13h | 4 | 2 | 8 | 6 | 12 | 10 | 16 | 14 |
| | | | 15h | 6 | 8 | 2 | 4 | 14 | 16 | 10 | 12 |
| | | | 17h | 8 | 6 | 4 | 2 | 16 | 14 | 12 | 10 |
| | | | 19h | 10 | 12 | 14 | 16 | 2 | 4 | 6 | 8 |
| | | | 1Bh | 12 | 10 | 16 | 14 | 4 | 2 | 8 | 6 |
| | | | 1Dh | 14 | 16 | 10 | 12 | 6 | 8 | 2 | 4 |
| | | | 1Fh | 16 | 14 | 12 | 10 | 8 | 6 | 4 | 2 |

Die polynomspezifische Matrix Ps(r) beinhaltet den polynomspezifischen Anteil der Matrizen M0 bzw. M1 für die Gesamtheit der Polynome $r^{ten}$ Grades. in extrem kompakter Form. Eine Erweiterung der Matrix Ps(r) auf Ps(r + 1) erfordert nur eine einfache Matrizenmanipulation der Matrix Ps(r), in dem die Elemente zeilenweise bzw. spaltenweise verdoppelt werden. Anschließend wird die Matrix um ein Vierfaches vergrößert. Die konventionelle Vorgehensweise benötigt für diese Aufgabe $2^{(r-1)} \times 2^{(r-1)}$ komplexe Berechnungen gemäß der Glg. (4.20). Der Vorteil der Betrachtungsweise liegt auf der Hand. Für ein 32-Bit Polynom werden zur Berechnung der entsprechenden Zeile $2^{31}$ Operationen benötigt. Der Rechenaufwand dafür beträgt mehr als 4 Tage. Die hier vorgestellte Symmetrie-Betrachtung reduziert diesen Aufwand auf 10 bis 15 Minuten je nach den vorhandenen Hard- und Software Ressourcen. Die Bestimmung des polynomabhängigen Teils von Matrix M0 kann dann nach Definition aus Abschnitt 4.4.2 erfolgen. Es stehen die sämtlichen geraden Elemente der linken Hälfte der Matrix M0 spaltenweise zur Verfügung.

## 4.4.3    Der praktische Einsatz

Nachdem die Bestimmung der Matrizen M0 bzw. M1 sichergestellt ist, kann mit der Analyse der internen Abläufe eines LFSR mit dem Automaten begonnen werden. Die bisherigen Überlegungen basieren auf den theoretischen Grundlagen, die didaktisch leicht verständlich sind. In der Realität stößt man sehr bald an die Grenzen der Machbarkeit aus zwei Gründen, der verfügbare Arbeitsspeicher und die Rechenleistung. Dabei stellt der Arbeitsspeicher den Flaschenhals dar.

**Der benötigte Arbeitsspeicher**
Der größte Vorteil der Matrix M0 besteht darin, dass sie sehr dünn belegt ist und der Inhalt von jedem belegten Element eins beträgt. Somit kann die Matrix M0 mit einem Datum vom Typ Int8, der am wenigsten Speicher beansprucht, dargestellt werden. Da das Softwarepaket „Matlab" der Firma Mathworks die Verarbeitung der Matrizen sehr effektiv gestalten kann, werden für die weiteren Betrachtungen, wenn nicht anders vermerkt, an den Richtlinien von „Maltab" festgehalten [19]. Der Datentyp Int8 benötigt ein Byte pro Element. Leider nützt diese günstige Konstellation überhaupt nichts, da die Matrizenmultiplikation in „Matlab" nur für Datentyp Double möglich ist. Der Datentyp Double benötigt 8 Byte pro Element und beansprucht die maximal mögliche Größe. Wenn für die Zustände pro verarbeitete Informationsbit zweimal eine Matrizenmultiplikation durchgeführt werden muss (bezüglich M0 und M1, siehe Glg. (4.17)), so ist ein Zwischenspeicher zusätzlich erforderlich. Somit benötigt man für die $2^r \times 2^r$ Matrizen M0 und M1 insgesamt $2^{2r} * 8$ Bytes an Arbeitsspeicher zur Bearbeitung eines r-Bit Polynoms. Für die Zustände werden mit dem Zusatzspeicher zusätzlich zweimal $2^r * 8$ Bytes benötigt. Das Minimum an benötigtem Speicher wird als AS_M0-1 bezeichnet und durch die Glg. (4.22) bestimmt. Zur Bearbeitung eines 32-Bit Polynoms sind demnach mindestens 320 GB ($2^{32} = 4$ GB) Arbeitsspeicher erforderlich. Um eine Analyse eines 32-Bit Polynoms vernünftig durchführen zu können benötigt man dann mindestens 320 GB an Arbeitsspeicher. Diese Situation ist höchst unbefriedigend und wirkt trotz der enormen Vorzüge, die dieses Konzept bietet, als eine der Schwachstellen beim Einsatz von stochastischen Automaten.

$$AS\_M0\text{-}1 = 2 * (2^{2r} * 8 + 2^r * 8) \qquad (4.22)$$

Es soll noch angemerkt werden, dass „Matlab" die Möglichkeit der Bildung einer Sparse Matrix, die auf einer erheblichen Reduzierung des Speicherbedarfs ausgelegt ist, bietet. Bei der obigen Betrachtung wurde die Einbeziehung der Sparse Matrizen nicht berücksichtigt, da ihre Handhabung sehr komplex ist und die Umgestaltung der Matrizen einen zusätzlichen nicht unbedeutenden Rechenaufwand darstellt. Die Bildung einer Sparse Matrix benötigt einen spitzen Speicherbedarf, der das Vielfache des tatsächlichen Speicherbedarfs im Endstadium ausmacht. Die Bildung einer Sparse Matrix nach erwünschtem Bedarf mit lauter Nullen kann nicht einmal zufriedenstellend durchgeführt werden, obwohl genügend Speicher zur Verfügung steht, da der spitze Speicherbedarf ein Vielfaches der tatsächlich vorhandenen Speicher erreicht. Ein Ausweg aus dieser Situation bietet der Verzicht auf die Matrizenmultiplikation. Stattdessen werden die Zustandstransitionen dann mittels einer Permutationsmatrix perm_m0 bzw. perm_m1 vorgenommen.

**Die Permutationsmatrizen perm_m0, perm_m1**
Die Matrizenmultiplikation M0 * Z(t) bzw. M1 * Z(t) in der Zustandsgleichung (4.17) bewirkt, dass der Zustand i nach Zustand k verschoben wird. Dies lässt sich mit einer Permutationsmatrix mit wesentlich weniger Aufwand und sogar schneller bewerkstelligen. Die bereits bekannte Matrix Ps mit der Erweiterung des polynomunabhängigen Teils eignet sich bestens für diesen Zweck. In der Tabelle 14 sind diese für das Polynom Dh zusammengestellt. Dementsprechend wird der Zustand 1 gemäß der Matrix M0 bzw. M1 nach Zustand 1 bzw. 6 transferiert, oder z. B. der Zustand 6 gemäß der Matrix M0 bzw. M1 nach Zustand 8 bzw. 3 transferiert.

Tabelle 14      Die Permutationsmatrizen perm_m0 bzw. perm_m1 für das Polynom Dh

| Aktueller Zustand | 1 | 2 | 3 | 4 | 5 | 6 | 7 | 8 | Matrix perm_m0 | Matrix perm_m1 |
|---|---|---|---|---|---|---|---|---|---|---|
| Zustandstransition gemäß M0 | 1 | 3 | 5 | 7 | 6 | 8 | 2 | 4 | [1 3 5 7 6 8 2 4] | [6 8 2 4 1 3 5 7] |
| Zustandstransition gemäß M1 | 6 | 8 | 2 | 4 | 1 | 3 | 5 | 7 | | |

Die Permutationsmatrix macht nichts anderes als die Neusortierung der Zustände in eine polynomspezifischen Reihenfolge. Man kann sagen, dass eine Permutation der Zustände vorgenommen wird, und zwar immer in ein und derselben Weise. Die Zustandsgleichung (4.17) wird nun in Glg. (4.23) überführt. Man kann relativ leicht nachprüfen, dass sich hierdurch an Verlauf der Zustände von LFSR überhaupt nichts verändert. Die Zustandsgleichung (4.23) liefert die gleichen Zustandsgraphen gemäß Matrix M0 bzw. Matrix M1 wie im Abschnitt 4.4.1 beschrieben. Diese beiden Zustandsgleichungen sind vollkommen konform zueinander.

$$Z(t+1) = \text{perm\_m0}(Z(t)) * (1 - u(t)) + \text{perm\_m1}(Z(t)) * u(t) \qquad (4.23)$$

Die Vorgehensweise bietet folgende Vorteile:

1. Die Matrizen M0 bzw. M1 werden nicht mehr gebraucht. Ihre Bestimmung kann entfallen, was den Prozess beschleunigt.

2. Es kommt bei dieser Betrachtungsweise keine Matrizenmultiplikation vor und somit muss die Zustandsmatrix Z(t) nicht mit dem Datentyp Double belegt werden. Der Datentyp Double beansprucht den maximal möglichen Speicher von 8 Byte pro Element.

3. Der entscheidende Vorteil entsteht durch die Reduktion des Speicherbedarfs der Permutationsmatrizen gegenüber der Matrizen M0 bzw. M1. Hier erfolgt eine Reduktion des Speichers von $2^{2r} * 8$ auf $2^r * 4$ (Datentyp Uint32) für ein 32-Bit-Polynom.

4. „Matlab" arbeitet am effektivsten mit an Matrizen orientierten Strukturen. In der Tat bringt die Permutation der Zustände einen Gewinn der CPU-Leistung bis zu einem Faktor von 40. Die Permutation der Zustände wird in einem Befehl (z. B. perm_m0(Z)) abgewickelt, die sonst nur mit einer For-Schleife, die sehr Rechenzeit intensiv arbeitet, durchgeführt werden muss.

5. Der Speicherbedarf reduziert sich drastisch.

Sowohl die Permutationsmatrix als auch die Zustandsmatrix haben eine Dimension $2^r$ x 1. Die Permutationsmatrix wird mit einem Datentyp Uint32 (Speicherbedarf 4 Byte pro Element) aufgebaut. Dies erlaubt die Bearbeitung von Polynomen bis zum $32^{ten}$ Grad. Die Zustandsmatrix Z beinhaltet die Verteilung der Wahrscheinlichkeiten und muss daher mit einem Datentyp Double ausgestattet werden. Die zwei Permutationsmatrizen benötigen somit je $2^r * 4$ Byte an Speicher. Für die Zustandsmatrix benötigt man zweimal $2^r * 8$ Byte. Der mindest benötigte Speicherbedarf für die Analyse eines Polynoms $r^{ten}$ Grades wird als AS_perm bezeichnet und durch die Glg. (4.24) bestimmt. Für die Analyse der Polynome $32^{ten}$ Grades sind somit mindestens 96 GB an Arbeitsspeicher erforderlich.

$$AS\_perm = 2 * (2^r * 4 + 2^r * 8) = 24 * 2^r \qquad (4.24)$$

$$AS\_perm\_load = 2^r * 4 + 2 * 2^r * 8 = 20 * 2^r \qquad (4.25)$$

Man kann den Speicherbedarf noch senken, in dem mann nur die aktuell benötigte Permutationsmatrix perm_m0 oder perm_m1 in Workspace bereithält. Die nicht gebrauchte Matrix wird aus dem Workspace gelöscht und bei Bedarf wieder aufgeladen. Der Speicherbedarf wird in diesem Fall mit AS_perm_load bezeichnet und durch die Glg. (4.25) dargestellt. Der Speicherbedarf reduziert sich dann um den Betrag $2^r * 4$ und somit sind dann mindesten 80 GB an Speicher für die Analyse der Polynome $32^{ten}$ Grades erforderlich. Aus der Glg. (4.25) kann man entnehmen, dass mit 20 GB Arbeitsspeicher die Analyse der Polynome bis zum $30^{ten}$ Grades durchgeführt werden kann. So gesehen bietet die Einführung der Permutationsmatrizen perm_m0 bzw. perm_m1 eine beachtliche Erleichterung.

## 4.4.4    Der stochastische Ansatz

Die bisherige Betrachtung war deterministisch. In der Glg. (4.23) kam entweder die Matrix perm_m0 oder perm_m1 zum Einsatz, je nachdem, ob das einlaufende Bit eine Eins oder eine Null war. Solche deterministischen Abläufe können gut zur Analyse der Abläufe, wie z. B. die Bestimmung der Hamming-Distanz, genutzt werden. Wenn aber das einlaufende Bit mit einer Wahrscheinlichkeit p behaftet ist, so müssen beide Matrizen sowohl perm_m0 als auch perm_m1 berücksichtigt werden.

**Wahrscheinlichkeitsverteilung PVZ**

In der Praxis wird mit einer Bitfehlerrate p operiert. Die Bitfehlerrate p besagt, dass das einlaufende Bit mit einer Wahrscheinlichkeit von p verfälscht oder $q = 1 - p$ fehlerfrei ist. In diesem Fall wird der Funktion u(t) einen Wert von p zugewiesen. Die Zustandsgleichung (4.23) beinhaltet dann die Wahrscheinlichkeiten. Die erweiterte Zustandsgleichung mit dem stochastischen Ansatz wird dann durch die Glg. (4.26) darstellt. Die Zustandsmatrix PVZ beinhaltet hier die Kumulation der Wahrscheinlichkeiten von fehlerhaft eingeschobenen Bitmustern in $2^r$ eindeutigen Gruppen, wie aus der Tabelle 15 entnommen werden kann. Jede Gruppe beinhaltet exakt $2^k$ Bitfehlerkombinationen. Die so gewonnene Zustandsmatrix beinhaltet die Wahrscheinlichkeiten und muss daher mit einem Datentyp Double definiert werden.

$$PVZ(t + 1) = perm\_m0(PVZ(t)) * q + perm\_m1(PVZ(t)) * p \quad \text{für } t \geq 0 \quad (4.26)$$

$$PVZ(1) \text{ entsteht aus dem Anfangszustand Z(0) des Automat}$$

$$PVZ(1) = perm\_m0(Z(0)) * q + perm\_m1(Z(0)) * p \quad \text{für } t = 0 \quad (4.27)$$

$$Z(0) = (1\ 0\ 0\ ....\ 0\ 0)^T \quad (4.28)$$

$$\text{mit} \quad q = 1 - p$$

Zu Beginn (t = 0) ist der Inhalt des LFSR mit Nullen belegt und somit steht der Automat im Anfangszustand 1 gemäß der Glg. (4.28). Die Zustandsmatrix PVZ(0) kann zu diesem Zeitpunkt keine Wahrscheinlichkeiten beinhalten und ist leer und wird mit nullen belegt. Die Zustandsmatrix PVZ(1) zum Zeitpunkt t = 1 entsteht aus dem Anfangszustand Z(0) des Automaten, wie durch die Glg. (4.27) dargestellt wird. In r Takten wird die Zustandsmatrix PVZ vollständig mit den Wahrscheinlichkeiten aufgefüllt, d. h., alle Nullen werden überschrieben. Abhängig von den eingeschobenen Bitfehlermustern ergibt sich eine eindeutige Zuordnung zwischen dem Zeilenindex i der Matrix PVZ und dem eingeschobenen Bitfehlermuster. Die Gesamtheit der Bitfehlerkombinationen beträgt $2^r$ nach r Takten und abhängig von p entsteht eine zufällige Bitfehlerkombination, die eingeschoben wird. Jede Zeile der Matrix PVZ beinhaltet eine Wahrscheinlichkeit, die exakt eine der $2^r$ Bitfehlerkombinationen entspricht. Der Inhalt der Zustandsmatrix nach r Takten wird als Initialzustand PVZ(r) bezeichnet und stellt die polynomspezifische Initial Wahrscheinlichkeitsverteilung dar, wie es aus der Tabelle 15 entnommen werden kann.

Tabelle 15      Die Zustandsmatrix PVZ für das Polynom Dh

| Zeilenindex der Matrix PVZ | PVZ(t=1) | PVZ(t=2) | PVZ(t=r) r=3 | Umwandlung in HD HD(r) | PVZ(t=4) t=r+k=4 r=3, k=1 |
|---|---|---|---|---|---|
| 1 | q | qq | qqq | 0 | qqqq + ppqp |
| 2 | 0 | 0 | ppp | 3 | pqpq + qppp |
| 3 | 0 | pp | qpp | 2 | pppq + qqpp |
| 4 | 0 | 0 | pqq | 1 | qpqq + pqqp |
| 5 | 0 | 0 | ppq | 2 | qppq + pqpp |
| 6 | p | qp | qqp | 1 | ppqq + qqqp |
| 7 | 0 | 0 | pqp | 2 | pqqq + qpqp |
| 8 | 0 | pq | qpq | 1 | qqpq + pppp |

Von nun an verdoppelt sich die Anzahl der Bitfehlermuster pro Zeile beim jedem Bit, dass eingeschoben wird. Werden insgesamt k Informationsbits eingeschoben, beinhaltet jede Zeile der Matrix PVZ $2^k$ unterschiedliche Bitfehlerkombinationen. Die Zustandsmatrix PVZ beinhaltet somit die Gesamtheit der $2^n$ Kombinationen des eingeschobenen Datenworts der Länge n. Der Zeilenindex ist identisch mit dem Zustand des Automaten, d. h. jeder Zustand beinhaltet genau $2^k$ Bitfehlerkombinationen. Es ist eine Eigenschaft der Matrix PVZ, dass sie die Gesamtheit der Codewörter in Zustand 1 zusammenführt. Befindet sich der Automat nach einem zufällig eingeschobenen Bitfehlermuster in einem Zustand ungleich 1, so wird dieses Bitfehlermuster stets erkannt. Die Zeile eins der Matrix PVZ kumuliert die Wahrscheinlichkeiten, die durch die Gesamtheit der Codewörter gebildet wird. Somit steht nach n = k + r Takten die Summe aller Wahrscheinlichkeiten der Bitfehlermuster, die unerkannt bleiben, in der Zeile eins des Zustandsregisters der Matrix PVZ. Diese stellt gleichzeitig die Restfehlerwahrscheinlichkeit des übertragenen Datenworts dar. Der fehlerfreie Fall mit dem Null-Bitfehler gehört auch dazu und muss natürlich davon abgezogen werden.

**Verallgemeinerung der Zustandsmatrix**
Im vorigen Abschnitt wurde ein Spezialfall der Zustandsmatrix mit der Bezeichnung PVZ betrachtet. Der Inhalt der Matrix PVZ bestand aus Wahrscheinlichkeiten und sie wurde daher mit einem Datentyp Double ausgestattet. Die Zustandsmatrix kann im Prinzip mit einer beliebigen sinnvollen Größe, wie z. B. einer Anzahl von Einsen in einem Datenwort mit dem Datentyp Integer oder Codewort mit dem Datentyp String, belegt werden. Der Aufbau der Zustandsmatrix als Anzahl von Einsen eines Datenworts mit der Bezeichnung HD bietet enorme Vorteile, da hierfür die Matrix ein Datentyp Int8 gewählt werden kann. In der fünften Spalte der Tabelle 15 wurde aus den Wahrscheinlichkeiten der Zustandsmatrix PVZ(3) die Anzahl der Stellen mit dem Inhalt Eins bestimmt. Die Belegung einer Stelle mit p bzw. q entspricht einer Eins bzw. einer Null. Diese Matrix kann dann auch als eine Zustandsmatrix HD(t=3), die die Verteilung von Einsen im Datum darstellt, betrachtet werden. Unter Einhaltung bestimmter Konventionen kann die Matrix HD für ein beliebiges t erweitert werden. Im nächsten Abschnitt wird gezeigt, wie man die Matrix HD zur Bestimmung der Hamming-Distanz nutzen kann. Der enorme Vorteil beim Einsatz von HD besteht in einer drastischen Reduktion des benötigten Arbeitsspeichers. Der Einsatz der Matrix HD anstatt PVZ reduziert den Speicherbedarf von $2 * 2^r * 8$ auf $2 * 2^r$. Damit reduziert sich der Bedarf an Arbeitsspeicher von 64 GB auf 8 GB für die Bearbeitung eines 32-Bit Polynoms.

## 4.4.5      Die deterministischen Betrachtungen

Der stochastische Automat lässt sich in der Praxis für vielfältige Aufgaben einsetzen. Nachfolgend werden einige interessante Beispiele zusammengestellt.

**Die Bestimmung der Hamming-Distanz d**
Wie bereits erwähnt, kann die Zustandsmatrix frei gestaltet werden. Man kann anstatt der Wahrscheinlichkeiten die Anzahl von Einsen in einem übertragenen Datenwort betrachten. Die Zustandsmatrix HD besteht dann aus Zahlen. Gemäß der Glg. (4.27) werden die transferierten Zustände mit q bzw. p multipliziert. Eine Multiplikation mit q erhöht die Anzahl von Einsen nicht, dagegen erhöht eine Multiplikation mit p die Anzahl von Einsen um eins. Beim Aufbau der Matrix HD wird die Multiplikation mit q bzw. p fallen gelassen. Anstatt der

Multiplikation mit q wird die Zustandsgröße (Inhalt von Elementen der HD) gemäß der Matrix perm_m0 transferiert und unverändert übernommen. Anstatt der Multiplikation mit p werden die Zustandsgrößen gemäß der Matrix perm_m1 transferiert und vor dem Übernehmen um eins erhöht.

Der Automat steht zum Zeitpunkt t = 0 in Zustand 1 (LFSR wird mit Null initialisiert). Nur die erste Zeile der Zustandsmatrix HD(0) wird mit 0 belegt, da die Zeile eins dem Zustand 1 entspricht. Aus didaktischen Gründen werden zur einfacheren Handhabung die restlichen Zeilen der Zustandsmatrix HD auf -1 gesetzt, und symbolisiert einen ungültigen Zustand. Bisher wurden keine Bits übertragen und somit bleibt die Anzahl von Einsen im Datum auf null. Sobald das erste Bit eingeschoben wird, beinhaltet der Automat zwei gültigen Zustände 1 und 6, die durch die Glg. (4.29) bestimmt werden.

$$HD(t + 1) = perm\_m0(HD(t)) \ + \ perm\_m1(HD(t)) \quad t \geq 0 \qquad (4.29)$$

Mit Anfangszustand HD(0)

$$HD(0) = \ (0\ \text{-}1\ \text{-}1\ \ldots\ldots\ \text{-}1)^T \text{ eine Null und } (2^r - 1) \text{ mal -1} \qquad (4.30)$$

Die Konvention zur Bestimmung der Initialmatrix HD(r)

Von nun an verdoppelt sich die Anzahl der gültigen Zustände in dem der Automat sich befinden kann, bis mit dem $r^{ten}$ Bit die Initialverteilung der Matrix HD erreicht wird. Die Matrix HD wird dann vollständig aufgefüllt und sämtliche Kombinationen von r Bits kommen genau einmal in der Matrix HD(r) vor, wie es in der Tabelle 16 protokolliert ist. Man kann aus der Tabelle 16 weiterhin feststellen, dass die Zustandsmatrix HD(i) genau $2^i$ gültige Zustände, in der Tabelle blau markiert, besitzt. Die Initialverteilung der Matrix HD beinhaltet exakt $^rC_i$ Kombinationen von Eins (i = 0, 1, … r). Die so gewonnene Initialverteilung der Matrix HD ist identisch mit der Spalte 5 aus der Tabelle 15, bei der die Verteilung interpretativ abgeleitet wurde. In der Tat empfiehlt es sich die Initialverteilung der Wahrscheinlichkeit PVZ aus Initialverteilung von HD zu berechnen, da die Matrix HD einen wesentlich geringeren Arbeitsspeicher benötigt und die Berechnungen beschleunigt werden.

Tabelle 16        Der Aufbau der Matrix HD für das Polynom Dh

| Zeilenindex der Matrix HD bzw. Zustand | HD(t=1) | HD(t=2) | HD(t=r) r=3 Initialverteilung von HD |
|---|---|---|---|
| 1 | 0 | 0 | 0 |
| 2 | −1 | −1 | 3 |
| 3 | −1 | 2 | 2 |
| 4 | −1 | −1 | 1 |
| 5 | −1 | −1 | 2 |
| 6 | 1 | 1 | 1 |
| 7 | −1 | −1 | 2 |
| 8 | −1 | 1 | 1 |
| Der Anfangszustand HD(0) = (0 -1 -1 -1 -1 -1 -1 -1)$^T$ | | | |

Nach dem die Initialverteilung der Matrix HD(r=3) für das Polynom Dh vorliegt, kann die Bestimmung der Hamming-Distanz mithilfe der Permutationsmatrizen perm_m0 bzw. perm_m1 erfolgen. Hierzu werden die Permutation der Elemente der Matrix HD(t) Schritt für Schritt nach den Matrizen perm_m0 bzw. perm_m1 beginnend mit t = r (hier r = 3) vorgenommen. Die Vorgehensweise ist im Detail in der Tabelle 17 protokolliert. Die zweite Spalte der Tabelle 17 beinhaltet z. B. den Zustand der Matrix HD zum Zeitpunkt t = r = 3. In den dritten bzw. vierten Spalten werden dann die permutierten Elemente aus der Spalte zwei gemäß perm_m0 bzw. perm_m1 eingetragen. Das Minimum der zeilenweise vorgenommen Permutationswerte ergibt die Matrix HD(t) und wird in die Spalte 5 der Tabelle 17 eingetragen. Dies entspricht dem Zustand der Matrix HD zu einem Zeitpunkt t = r + 1. Bei Bildung des Minimums wird für das allererste Mal (hier z. B. für t = r + 1 = 4) in der ersten Zeile der Matrix HD nicht das Minimum, sondern die Hamming-Distanz d eingetragen, wie z. B. in der ersten Zeile der Spalte 5 der Fall ist. Nun wird aus dem Zustand der Permutationsmatrix HD(t=r+1) der Zustand dieser Matrix zu einem späteren Zeitpunkt t = r + 2 = 5 mit ähnlichen Schritten bestimmt. Solche Schleifen werden solange wiederholt, bis die Hamming-Distanz d in der ersten Spalte der Zustandsmatrix HD auf einen kleineren Wert als d abfällt. Diese findet für das Polynom Dh mit t = 8 statt. Das Polynom Dh hat dann die Hamming-Distanz von 2 bei einer Blocklänge n = 8 bzw. k = 4.

Der hier vorgestellte Algorithmus ist sehr effektiv und beansprucht außerdem einen wesentlich geringeren Arbeitsspeicher. Wenn ein ausreichender Arbeitsspeicher zur Verfügung steht, so kann die Analyse von dem Polynom $32^{ten}$ Grades durchgeführt werden. Bei Visual Studio 2000 ist die Analyse von 32-Bit Polynomen wegen der eingeschränkten Adressierung (bis ca. $2^{31}$) nicht ohne Weiteres möglich.

Tabelle 17     Die Bestimmung der Hamming-Distanz aus der Initialverteilung der der Matrix HD(r=3) für das Polynom Dh

| $Z_i$ | HD(3) | m0 | m1 | HD(4) | m0 | m1 | HD(5) | m0 | m1 | HD(6) | m0 | m1 | HD(7) | m0 | m1 | HD(8) |
|---|---|---|---|---|---|---|---|---|---|---|---|---|---|---|---|---|
| 1 | 0 | 0 | 3 | 3 | 3 | 3 | 3 | 3 | 3 | 3 | 3 | 3 | 3 | 3 | 2 | 2 |
| 2 | 3 | 2 | 3 | 2 | 1 | 3 | 1 | 1 | 3 | 1 | 1 | 2 | 1 | 1 | 2 | 1 |
| 3 | 2 | 3 | 2 | 2 | 2 | 2 | 2 | 1 | 2 | 1 | 1 | 2 | 1 | 1 | 2 | 1 |
| 4 | 1 | 1 | 2 | 1 | 1 | 2 | 1 | 1 | 2 | 1 | 1 | 2 | 1 | 1 | 2 | 1 |
| 5 | 2 | 2 | 3 | 2 | 2 | 2 | 2 | 2 | 2 | 2 | 1 | 2 | 1 | 1 | 2 | 1 |
| 6 | 1 | 2 | 1 | 1 | 2 | 1 | 1 | 2 | 1 | 1 | 2 | 1 | 1 | 1 | 1 | 1 |
| 7 | 2 | 1 | 2 | 1 | 1 | 2 | 1 | 1 | 2 | 1 | 1 | 2 | 1 | 1 | 2 | 1 |
| 8 | 1 | 1 | 4 | 1 | 1 | 3 | 1 | 1 | 2 | 1 | 1 | 2 | 1 | 1 | 2 | 1 |

## Die Zustandsgraphen

Die Permutationsmatrizen perm_m0 bzw. perm_m1 sind sehr mächtig. Die Detailkenntnisse ihrer Struktur und der internen Abläufe beschleunigt den Analyseprozess und reduziert den Analyseaufwand erheblich.

## Die Beschaffenheit von Zyklen

Die Permutationsmatrizen eines Polynoms $r^{ten}$ Grades beinhaltet $2^r$ Elemente, wie sie z. B. für das Polynom Dh in der Tabelle 14 aufgelistet sind. Mithilfe dieser Tabelle können sehr schnell die im Abschnitt 4.4.1 beschriebenen Zustandsgraphen generiert werden. Beginnend mit einem beliebigen Zustand Z werden die Transitionen der Folgezustände der Reihe nach gemäß perm_m0 bzw. perm_m1 aufgelistet, bis der Ausgangszustand wiederkehrt. Die Anzahl der Zustände, die ein Zustandsgraph beinhaltet, wird als die graphenspezifische Zykluslänge ZL_g bezeichnet. Abhängig vom Polynom kann eine Vielfalt von Zyklen entstehen. Der wichtigste Zyklus, den man in der Praxis immer wieder begegnet, wird durch Zustandsgraphen gemäß der Matrix perm_m0 mit dem Anfangszustand 2 gebildet. Dieser Zyklus wird als Hauptzyklus bezeichnet. Die Zykluslänge des Hauptzyklus wird mit ZL bezeichnet, und ist identisch mit der Zykluslänge der Polynomreste, wie sie im Abschnitt 2.4 beschrieben wurde. Definitionsgemäß fällt dann die Hamming-Distanz auf 2 bei der Blocklänge ZL + 1. Zum besseren Verständnis werden nachfolgend die Zustandsgraphen von drei Polynomen Dh, 1Dh und 1Fh in der Abbildung 9 zusammengestellt. Der Hauptzyklus ist blau markiert.

Die Zyklen haben folgende Eigenschaften:

1. Der Zustand 1 im Hauptzyklus wird stets auf sich selbst transformiert.
2. Der $r^{te}$ Zustand im Hauptzyklus wird stets durch $2^{(r-1)} + 1$ dargestellt und ist im Zustandsgraphen braun markiert.
3. Der $(r+1)^{te}$ Zustand im Hauptzyklus wird stets durch y dargestellt. Der Zustand y ist im Zustandsgraphen rot markiert.
4. Der Zustand 1 wird stets gemäß der Matrix perm_m1 nach y transformiert.
5. Der Zustand $2^{(r-1)} + 1$ wird stets gemäß der Matrix perm_m1 nach 1 transformiert.
6. Die Summe der Zykluslängen ZL_g über sämtliche Zyklen beträgt stets $2^r$ ($\sum$ ZL_gi = $2^r$).

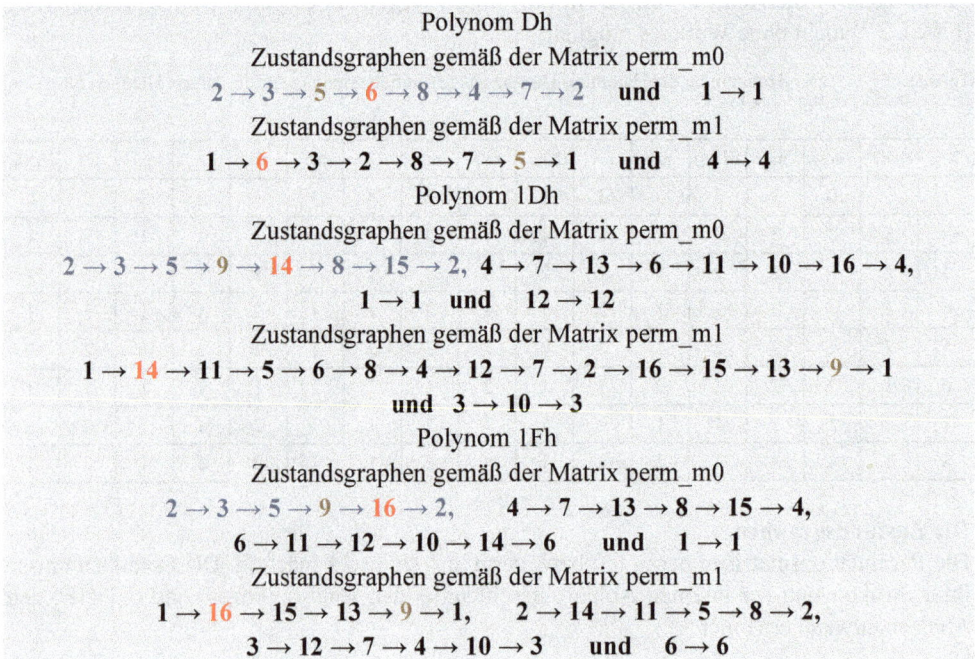

Polynom Dh

Zustandsgraphen gemäß der Matrix perm_m0

$2 \rightarrow 3 \rightarrow 5 \rightarrow 6 \rightarrow 8 \rightarrow 4 \rightarrow 7 \rightarrow 2$   **und**   $1 \rightarrow 1$

Zustandsgraphen gemäß der Matrix perm_m1

$1 \rightarrow 6 \rightarrow 3 \rightarrow 2 \rightarrow 8 \rightarrow 7 \rightarrow 5 \rightarrow 1$   **und**   $4 \rightarrow 4$

Polynom 1Dh

Zustandsgraphen gemäß der Matrix perm_m0

$2 \rightarrow 3 \rightarrow 5 \rightarrow 9 \rightarrow 14 \rightarrow 8 \rightarrow 15 \rightarrow 2$, $4 \rightarrow 7 \rightarrow 13 \rightarrow 6 \rightarrow 11 \rightarrow 10 \rightarrow 16 \rightarrow 4$,

$1 \rightarrow 1$   **und**   $12 \rightarrow 12$

Zustandsgraphen gemäß der Matrix perm_m1

$1 \rightarrow 14 \rightarrow 11 \rightarrow 5 \rightarrow 6 \rightarrow 8 \rightarrow 4 \rightarrow 12 \rightarrow 7 \rightarrow 2 \rightarrow 16 \rightarrow 15 \rightarrow 13 \rightarrow 9 \rightarrow 1$

**und**   $3 \rightarrow 10 \rightarrow 3$

Polynom 1Fh

Zustandsgraphen gemäß der Matrix perm_m0

$2 \rightarrow 3 \rightarrow 5 \rightarrow 9 \rightarrow 16 \rightarrow 2$,       $4 \rightarrow 7 \rightarrow 13 \rightarrow 8 \rightarrow 15 \rightarrow 4$,

$6 \rightarrow 11 \rightarrow 12 \rightarrow 10 \rightarrow 14 \rightarrow 6$   **und**   $1 \rightarrow 1$

Zustandsgraphen gemäß der Matrix perm_m1

$1 \rightarrow 16 \rightarrow 15 \rightarrow 13 \rightarrow 9 \rightarrow 1$,     $2 \rightarrow 14 \rightarrow 11 \rightarrow 5 \rightarrow 8 \rightarrow 2$,

$3 \rightarrow 12 \rightarrow 7 \rightarrow 4 \rightarrow 10 \rightarrow 3$   **und**   $6 \rightarrow 6$

Abbildung 9       Die Zustandsgraphen von Polynomen Dh, 1Dh und 1Fh

Zur Bestimmung des Zustands y wird die binäre Darstellung des Polynoms ohne MSB in eine Dezimalzahl umgewandelt und eine Eins dazu addiert. Die Anzahl der Zyklen können abhängig vom Polynom sehr groß werden. Das Polynom C75, als Golay-Code bekannt, beinhaltet insgesamt 90 Zyklen sowohl gemäß der Matrix perm_m0 als auch der Matrix perm_m1. 89 von 90 Zyklen haben eine Zykluslänge von 23 und ein Zyklus hat die Länge 1. Es ist eine Herausforderung bei einer so großen Anzahl von Zyklen die wesentliche Information schnell und gezielt zu gewinnen.

**Die Codewörter**

Es wurde bereits im Abschnitt 4.4.5 angedeutet, dass die Gesamtheit der Codewörter in Zustand 1 zusammengeführt wird. Steht der Automat am Ende der Übertragung in dem Zustand 1, so ist entweder die übertragene Information (Datenwort) fehlerfrei oder mit einem Codewort ungleich Null überlagert. Am Anfang steht der Automat in Zustand 1 (Schieberegister Inhalt Null). Sobald die erste Eins in das Schieberegister eingeschoben wird, wechselt der Automat in den Zustand y über. Somit steht der Automat mit der ersten einlaufenden Eins an der $(r + 1)^{ten}$ Stelle (in Zustandsgraphen rot markiert) im Hauptzyklus. Wenn nun keine weitere Eins folgt, so steht der Automat nach weiteren ZL – 1 Takten an der $r^{ten}$ Stelle (im Zustandsgraphen braun markiert) im Hauptzyklus. Von hieraus gelangt der Automat dann in den Zustand 1, wenn das nächste einlaufende Bit eine Eins ist. Der Automat steht nun im Zustand 1, und somit stellt das übertragene Datenwort ein Codewort dar. Das übertragene Datenwort hat eine Länge von ZL + 1 und ein Gewicht von 2. Das Polynom im Einsatz erreicht die Hamming-Distanz von 2. Diese wird zum ersten Mal (die kleinste Blocklänge mit HD = 2) mit einer Blocklänge von ZL + 1 erreicht. Das erste und das letzte Bit des Codeworts sind in diesem Fall mit einer Eins belegt, der Rest ist mit Nullen belegt.

Damit ein gültiges Codewort entsteht, muss der Automat am Ende der Übertragung im Zustand 1 zum Stehen kommen. Dies ist aber nur dann möglich, wenn nach dem die zweitletzte Eins im Schieberegister eingeschoben wurde, der Automat sich im Hauptzyklus befindet. Steht nun der Automat nicht an der $r^{ten}$ Stelle, so werden dann so lange Nullen eingeschoben, bis der Automat den Zustand $2^{(r - 1)} + 1$ (entspricht der $r^{ten}$ Stelle im Zustandsgraphen, braun markiert) erreicht. Mit einer letzen Eins gelangt der Automat dann in Zustand 1, und das übertragene Datenwort stellt ein Codewort dar. Bei der Betrachtung eines beliebigen Codewortes ist die erste (im Zustandsgraphen rot markiert) und die letzte (im Zustandsgraphen braun markiert) Eins schon vorbestimmt. Diese Tatsache erleichtert die Prüfung der aktuellen Hamming-Distanz d auf einen kleineren Wert als d. Nimmt die Hammig-Distanz d ab, so beträgt die Anzahl von Einsen zwischen der ersten und der letzten Eins ≤ d – 3. Es muss allerdings noch sichergestellt werden, dass die Blocklänge in dem betrachteten Fall ≤ ZL bleibt.

Mithilfe der Zustandsgraphen lassen sich der effizienten Rückschlüsse auf die strukturelle Beschaffenheit der Codewörter ziehen. Dies wird an einem Beispiel demonstriert. Hierzu dient das Polynom Dh mit der Zykluslänge ZL = 7. Aus der Abbildung 9 kann entnommen werden, dass das Polynom Dh jeweils zwei Zyklen gemäß der Permutationsmatrix perm_m0 bzw. perm_m1 besitzt. Die Zyklen haben jeweils die Länge sieben bzw. eins. Mit der ersten Eins geht der Automat in den Zustand 6 (entspricht y, rot markiert) über. Wenn nun zweimal eine Null in das Schieberegister eingeschoben wird, so steht der Automat in Zustand 4. Der Zustand 4 bildet einen Zyklus der Länge eins bezüglich der Matrix perm_m1. Dies bedeutet, dass so lange eine Eins in das Schiebregister eingeschoben wird, der Zustand des Automaten unverändert bleibt. Nur mit einer Null gelingt es den Automaten, aus dem Zustand 4 zu entkommen. Mit einer Null wechselt der Automat in den Zustand 7 über. Mit weiteren drei

Nullen erreicht der Automat dann den Zustand 5 ($2^{(r-1)} + 1$, braun markiert). Schließlich wechselt der Automat mit der letzten Eins in Zustand 1 über. Dies bedeutet, dass ein Bitmuster, bestehend aus der strukturellen Zusammensetzung der Gestalt, Eins gefolgt von zwei Nullen und eine beliebige Anzahl von Einsen und die weitere Folge von vier Nullen und einer Eins, stets ein Codewort bildet.

Eine weitere sehr anspruchsvolle Anwendung stellt die Prüfung dar, ob ein beliebiges Polynom alle Drei-Bitfehler erkennt. Dies wird zunächst beispielhaft anhand von Polynom 1Fh demonstriert. Aus der Abbildung 9 kann entnommen werden, dass das Polynom 1Fh jeweils vier Zyklen gemäß der Permutationsmatrix perm_m0 bzw. perm_m1 besitzt. Es gibt drei Zyklen der Länge 5 bzw. ein Zyklus der Länge 1. Mit der ersten Eins steht der Automat in Zustand y (hier y = 16, rot markiert) an der $5^{ten}$ Stelle im Hauptzyklus. So lange Nullen eingeschoben werden hält sich der Automat im Hauptzyklus auf. Mit der Zweiten Eins verlässt der Automat den Hauptzyklus. Wenn sich der Automat zufällig in dem Zustand 1 befindet, so liegt ein Codewort mit einem Gewicht von 2 vor. Wenn nicht, kann der Automat im günstigsten Fall mit der dritten Eins wieder in den Hauptzyklus zurückkehren. Um von hier aus in den Zustand 1 zu gelangen, wird eine weitere Eins, also eine vierte Eins benötigt. Das Codewort hat in diesem Fall mindestens ein Gewicht von 4. Es können keine Codewörter mit einem Gewicht von 3 entstehen. Somit erkennt das Polynom 1Fh alle Drei-Bitfehler.

**Die Bestimmung der Polynome mit HD > 4**

Mithilfe der Permutationsmatrizen perm_m0, perm_m1 und dem Hauptzyklus eines Polynoms lässt sich eine Abschätzung der Hamming-Distanz gewinnen. Die Vorgehensweise wird hier nur kurz angedeutet, da die Betrachtung sehr komplex ist. Jedes Codewort beinhaltet mindestens zwei Einsen. Mit der ersten Eins steht der Automat in Zustand y an der $(r + 1)^{ten}$ Stelle im Hauptzyklus. Die letzte Eins wird für den Wechsel benötigt, um aus dem Zustand $2^{(r-1)} + 1$ ($r^{te}$ Stelle im Hauptzyklus) in den Zustand 1 zu gelangen. Beträgt die Hamming-Distanz des Polynoms d, so sind mindestens d − 2 Einsen erforderlich um aus einem beliebigen Zustand vom Hauptzyklus wieder in den Hauptzyklus zurückzukehren. Diese Zahl wird mit Anz_RH_min bezeichnet, und stellt das Minimum der Anz_RH dar. Die Hamming-Distanz d wird dann durch die Glg. (4.31) dargestellt.

$$d = Anz\_RH\_min + 2 \qquad (4.31)$$
$$d\_abs = Anz\_RH\_min\_abs + 2 \geq d \qquad (4.32)$$

Die Anzahl von Eins Anz_RH, die der Automat benötigt, bis er wieder in den Hauptzyklus zurückkehrt, ist abhängig vom Zustand aus, dem er startet, und wie viele Nullen in welcher Reihenfolge zwischen den Einsen verteilt sind. Diese bestimmt dann auch die erreichte Blocklänge BL. Die resultierende Blocklänge muss auf jeden Falls ≤ ZL betragen, denn für BL > ZL beträgt die Hammig-Distanz d stets gleich 2. Ist die Blocklänge BL > ZL, so wird das Polynom verworfen. Die exakte Bestimmung der Anzahl von Eins Anz_RH_min ist wegen der großen Vielfalt der Kombination von Nullen, die zwischen der Eins platziert werden, nicht mit vernünftigem Aufwand realisierbar. Deshalb wird hier eine pragmatischere Vorgehensweise gewählt. Die zwischen den Einsen gelagerten Nullen werden einfach weggelassen. Es wird einfach untersucht, nach wie vielen Einsen hintereinander in einer Reihe, der Automat wieder in den Hauptzyklus zurückkehrt. Die so bestimmte Hammig-Distanz wird als d_abs bezeichnet. Sie ist in der Regel verfälscht, jedoch kann sie nur größer werden. Denn so eine Kombination von Einsen in einer Reihe ist eine gültige Kombination. Wenn so eine Kombination tatsächlich zum Minimum der exakten Betrachtung führt, dann müssen alle anderen Kombinationen ein Ergebnis liefern, das stets größer oder gleich ist, als dieses Minimum. Somit ist die so abgeschätzte Hamming-Distanz d_abs stets größer oder gleich der Hamming-Distanz d gemäß der Glg. (4.32).

Die so abgeschätzte Hamming-Distanz d_abs lässt sich sehr schnell bestimmen. Die Anzahl sämtlicher Polynomen $16^{ten}$ Grades mit einem Gewicht von neun beträgt 6435. Das oben vorgestellte Verfahren benötigt 25 Minuten zur Bestimmung der geschätzten Hamming-Distanz d_abs für sämtliche 6435 Polynome. Von 6435 Polynomen haben 119 Polynome eine Hamming-Distanz größer als vier. Diese Vorgehensweise wirkt wie ein Filter, und ermöglicht die Auslese von Polynomen, die potenziell eine große Hamming-Distanz besitzen können. Diese 119 Polynome müssen dann selbstverständlich mit dem stochastischen Automaten genauer analysiert werden. Die genaue Analyse von 119 Polynomen ergibt, dass 38 von 119 Polynomen (ca. 25%) tatsächlich die Hamming-Distanz d > 4 haben. Das vorgestellte Verfahren eignet sich hervorragend zur Gewinnung der Polynome mit einer großen Hamming-Distanz d. In der Tabelle 18 sind die Polynome $16^{ten}$ Grades mit einer Hamming-Distanz d > 4 aufgelistet.

Tabelle 18    Die Liste der Polynome 16$^{ten}$ Grades mit HD > 4

| Polynom in Hex-Darstellung | Hamming-Distanz d | Gewicht GW | Zykluslänge ZL | Anzahl der maximalen Informationsbits | Anzahl der maximal korrigierbaren Bits |
|---|---|---|---|---|---|
| 126E3 | 7 | 9 | 30 | 14 | 3 |
| 18EC9 | | | | | |
| 103D7 | 5 | 9 | 85 | 69 oder 8 Bytes | 2 |
| 13F0F | | 11 | | | |
| 1436D | | 9 | | | |
| 14973 | | 9 | | | |
| 156E7 | | 11 | | | |
| 161BF | | | | | |
| 16CAF | | | | | |
| 16D85 | | 9 | | | |
| 17D7D | | 13 | | | |
| 180BF | | | | | |
| 198AB | | | | | |
| 19D25 | | 9 | | | |
| 1A21F | | | | | |
| 1AA33 | | | | | |
| 1AF03 | | | | | |
| 1CED5 | | 11 | | | |
| 1D781 | | 9 | | | |
| 1E1F9 | | | | | |
| 1EA6D | | 11 | | | |
| 1F11F | | | | | |
| 1FA03 | | 9 | | | |
| 1FB0D | | 11 | | | |
| 11C6B | 5 | 9 | 255 | 239 oder 29 Bytes | 2 |
| 125D3 | | | | | |
| 13693 | | | | | |
| 17233 | | | | | |
| 17CFB | | 13 | | | |
| 192D9 | | | | | |
| 19387 | | | | | |
| 19749 | | 9 | | | |
| 1989D | | | | | |
| 1AC71 | | | | | |
| 1C393 | | | | | |
| 1C9CF | | 11 | | | |
| 1E727 | | | | | |
| 13559 | 5 | 9 | 257 | 241 oder 30 Bytes | 2 |
| 15935 | | | | | |
| 16FED | | 13 | | | |
| 17B8D | | | | | |
| 1A38B | | 9 | | | |
| 1B7DB | | | | | |
| 1ED6F | | 13 | | | |
| 1F93F | | | | | |

Es wurden sämtliche Polynome 16$^{ten}$ Grades mit einem Gewicht von 9, 11, 13 bzw. 15 analysiert. Die Polynome mit einem geraden Gewicht wurden vorerst bei der Analyse nicht berücksichtigt, da sich ein Polynom mit einer ungeraden Hamming-Distanz für die Fehlerkorrektur am bestens eignet. Bei den Polynomen mit der Hamming-Distanz 5 wurden nur Polynome mit einer Zykluslänge ZL größer als 84 in die Liste aufgenommen. Es gibt nur zwei Polynome mit einer Hamming-Distanz von 7. Beide haben eine Zykluslänge ZL von 30. Sie erlauben eine Fehlerkorrektur von 3-Bit bei maximaler Anzahl von 14 Bits an Information. Es ist beabsichtigt die Listen von Polynomen mit Hamming-Distanz d > 4 für Polynomgrad r ≥ 8 bis 32 zu erstellen.

**Weitere Anwendungen**

Man kann relativ schnell überprüfen, ob eine beliebige Kombination eines Datenwortes ein Codewort bildet. Dies wird an einem Beispiel verdeutlicht. Ein Datenwort der Länge vier sei durch den String '1101' dargestellt. Es soll nun geprüft werden, ob diese Kombination der Bitfolge für das Polynom Dh ein Codewort bildet. Man kann mithilfe der Permutationsmatrizen perm_m0 und perm_m1 in vier Schritten feststellen, in welchem Zustand sich der Automat nach vier Takten befindet. Ist der Endzustand gleich 1, so stellt das Daten Wort '1101' ein Codewort dar. Für den String '1111' mit vier Einsen ergibt der Endzustand gemäß Tabelle 15 8. Somit stellt die Bitfolge '1111' kein Codewort dar.

Durch wiederholte Permutation eines beliebigen Anfangszustands kehrt der Zustand nach ZL Takten in sich wieder zurück. ZL ist dann identisch mit der Zykluslänge. Damit ergibt sich eine sehr effektive Möglichkeit der Überprüfung, ob ein Polynom primitiv ist. Ist die Zyklus-länge $ZL = 2^r - 1$, dann ist das Polynom primitiv. Die benötigte Rechenzeit für ein 32-Bit Polynom zur Prüfung, ob es primitiv ist, beträgt 15 Minuten, und dies stellt bisher den effektivsten Algorithmus dar.

## 4.4.6      Weiterführende Recherchen

Die Permutationsmatrix eröffnet ungeahnten Möglichkeiten. Durch eine gezielte Permutation der Zustände (künstliche Codierung), die selbstverständlich bestimmten Spielregeln unterworfen wird, gewinnt man Codes mit exotischen Eigenschaften, wie z. B. die Erhöhung der Hamming-Distanz. Diese sind dann besonders wertvoll für die Fehlerkorrektur. Der Autor arbeitet an einem weiteren Buch mit dem Titel Pseudocodes und die Fehlerkorrektur, das voraussichtlich Ende 2015 erscheinen wird.

## 4.4.7      Vor- bzw. Nachteile des Verfahrens

Die bisherigen Ausführungen haben deutlich die Mächtigkeit des Verfahrens gezeigt. Bis auf einen hohen Speicherbedarf, besonders bei der Bestimmung der Restfehlerwahrscheinlich-keit, bietet der stochastische Automat sehr gute Möglichkeiten zur Analyse von vielfältigen Problemen, die man während des gesamten Entwurfszyklus von sicherheitsrelevanten Projekten begegnet. Nachfolgend werden die Vor- bzw. Nachteile aufgelistet:

Vorteile

1.  Das Verfahren ist extrem schnell und erlaubt eine kompakte Darstellung der Restfehler-wahrscheinlichkeit RW.
2.  Das Verfahren ist weniger anfällig gegenüber numerischer Ungenauigkeit, die durch die begrenzte Anzahl der Stellen zur Darstellung der Zahlen die zur Verfügung stehen, verursacht wird.

3.  Zur Bestimmung der Hamming-Distanz kann der Speicherbedarf um einen Faktor 8 reduziert werden (siehe Abschnitt.4.4.4).

Nachteile

1.  Der hohe Speicherbedarf zur Bestimmung der Restfehlerwahrscheinlichkeit RW, besonders für Polynome mit großem r (r > 28), wirkt kontraproduktiv und hemmt die Akzeptanz.
2.  Die Restfehlerwahrscheinlichkeit RW in Abhängigkeit der Bitfehlerrate p ist nicht ohne Zusatzaufwand, der wiederum einen höheren Speicherbedarf erfordert, realisierbar.
3.  Die Parallelisierung der Prozesse ist nur bedingt möglich.

# 5 Die Taylorreihe – Definitionen und Formeln

## 5.1 Alternierende Reihen

*Eine Reihe $\Sigma a_i$ für $i = 0$ bis $n$, $a_i \in R$, $a_n \neq 0$, heißt uneingeschränkt alternierend vom Typ A, wenn die Glieder der Reihe das Vorzeichen wechseln, d. h. $a_{i-1}a_i < 0$ für alle $i \in \{1, .... n\}$.*

*Die Reihe $\Sigma a_i$ für $i = 0$ bis $n$, $a_i \in R$, $a_n \neq 0$, heißt eingeschränkt alternierend vom Typ B, wenn $a_0 a_1 \geq 0$ und die Bedingung $a_{i-1}a_i \leq 0$ für alle $i \in \{2, .... n\}$ mit einer im Vergleich zu $n$ sehr kleinen Anzahl von Ausnahmen gilt. (Gelegentlich haben zwei oder mehr aufeinander folgende Glieder das gleiche Vorzeichen, siehe hierzu die Anmerkung 9.1)*

*Die Reihe $\Sigma a_i$ für $i = 0$ bis $n$, $a_i \in R$, $a_n \neq 0$, heißt eingeschränkt alternierend vom Typ C, wenn $a_0 a_1 \leq 0$ und die Bedingung $a_{i-1}a_i \leq 0$ für alle $i \in \{2, .... n\}$ mit einer im Vergleich zu $n$ sehr kleinen Anzahl von Ausnahmen gilt.*

Die Typen A, B und C werden sinngemäß (d. h. punktweise Konvergenz) auch für die Funktionenreihe, die durch Glg. (5.1) beschrieben wird, erklärt.

$$\text{Funktionenreihe} = \sum_{i=0}^{n} f_i(x) \quad \text{Intervall } I = \{x \in [0, x']\} \tag{5.1}$$

### 5.1.1 Umhüllende Reihe einer Zahl

Eine Reihe umhüllt die Zahl A, wenn die Zahl A stets zwischen zwei aufeinanderfolgenden Partialsummen liegt [1, 2]. Die Autoren bezeichnen die Annäherung der Zahl A als „arithmetically asymptotic".

(Anmerkung: Dies ist auch das typische Verhalten einer Taylorreihe der Restfehlerwahrscheinlichkeit).

### 5.1.2 Restfehlerwahrscheinlichkeit RW

Die Restfehlerwahrscheinlichkeit RW als Funktion von Bitfehlerwahrscheinlichkeit $p$ ($0 \leq p \leq 1$) wird durch die Glg. (5.2) bestimmt. $A_i$ stellt darin die Häufigkeit der unerkannten i-Bitfehler dar und $d$ ist die Hamming-Distanz. Die Blocklänge $n = k + r$ wird aus der Anzahl der Informationsbits und dem Polynomgrad $r$ zusammengestellt.

$$RW(p) = \sum_{i=d}^{n} A_i \times p^i \times (1-p)^{n-i} \tag{5.2}$$

### 5.1.3        Taylorreihe einer Funktion f(x)

Es wird angenommen, dass die Funktion f(x) in betrachteten Intervall I = {x | x ∈ [0, x']} stetig und (n + 1)-mal differenzierbar ist. Dann lässt sich die Funktion f(x) an der Stelle x = a (a ∈ I) durch die Glg. (5.3) darstellen [3, 4]. Für den Spezialfall a = 0 bekommt man die MacLaurinsche Reihe Glg. (5.4). Die Glg. (5.4) wird im weiteren Verlauf als Taylorreihe bezeichnet.

$$f(x) = f(a) + \frac{(x-a)}{1!} \cdot f'(a) + \frac{(x-a)^2}{2!} \cdot f''(a) + \ldots + \frac{(x-a)^n}{n!} \cdot f^n(a) + R_{n+1}(x) \qquad (5.3)$$

$$\text{mit} \quad R_{n+1}(x) = \int_a^x \frac{(x-t)^n}{n!} \cdot f^{n+1}(t) dt$$

$$f(x) = \sum_{v=0}^{\infty} \frac{f^v(0)}{v!} \cdot x^v \qquad (5.4)$$

### 5.1.4        Taylorpolynome $T_m(x)$

Die $m^{te}$ Partialsumme der Glg. (5.4) wird als die Approximation $m^{ter}$ Ordnung $f_m(x)$ der Funktion f(x) bezeichnet. Die Partialsumme selbst stellt dann das Taylorpolynom $m^{ten}$ Grades $T_m(x)$ dar.

$$f_m(x) = T_m(x) = \sum_{v=0}^{m} \frac{f^v(0)}{v!} \cdot x^v \qquad (5.5)$$

Für die Restfehlerwahrscheinlichkeit RW wird diese Approximation sinnvollerweise als Approximation $(m-d)^{ter}$ Ordnung bezeichnet, da das erste Glied der RW mit der dten Potenz von p beginnt.

### 5.1.5        Taylorreihe eines Polynoms $m^{ten}$ Grades

Ist f(x) ein Polynom $m^{ten}$ Grades, so ist das Taylorpolynom $T_m(x)$ identisch mit f(x) und stellt die Taylorreihe des Polynoms f(x) dar. Das Taylorpolynom $T_m(x)$ und die ersten m seiner Ableitungen stimmen dann mit f(x) und deren Ableitungen an der Stelle x = 0 überein, gemäß der Glg. (5.6). Alle höheren Ableitungen als m sind null und die Taylorreihe reduziert sich auf m + 1 Glieder. Die Taylorreihe des Taylorpolynoms $T_m(x)$ kann dann mithilfe der Glg. (5.7) berechnet werden. Die Summenbildung verläuft hier von 0 bis m.

$$T_m^0(0) = f^0(0), \quad T_m^1(0) = f^1(0), \quad \ldots \quad T_m^m(0) = f^m(0) \qquad (5.6)$$

$$\text{Taylorreihe von } T_m(x) = \sum_{v=0}^{m} \frac{T_m^v(0)}{v!} \cdot x^v = \sum_{v=0}^{m} \frac{f^v(0)}{v!} \cdot x^v = f(x) \qquad (5.7)$$

### 5.1.6 Umhüllende Reihe einer Funktion f(x)

Die Taylorreihe einer Funktion f(x) gemäß der Glg. (5.4) umhüllt die Funktion f(x) im Betrachtungsintervall I = {x | x ∈ [0, x']}, wenn die Funktion f(x) im Intervall I zwischen je zwei aufeinanderfolgenden Partialsummen der Taylorreihe verläuft. Diese Partialsummen werden gemäß der Glg. (5.5) durch die Taylorpolynome dargestellt. Die umhüllende Taylorreihe besteht aus der Folge der Taylorpolynome.

## 5.2 Approximation der RW durch eine Taylorreihe

Die Taylorreihe der Restfehlerwahrscheinlichkeit RW(p) eignet sich hervorragend zur Approximation der RW im Intervall I = {p | p ∈ [0, p']}. Die exakte Bestimmung von p', besonders bei großem k, ist jedoch praktisch nicht durchführbar. Empirische Beobachtungen lassen vermuten, dass für p' ein Wert eins angenommen werden kann (siehe hierzu 6.4). Dieser schwer nachweisbare Sachverhalt wird daher als Hypothese formuliert.

### 5.2.1 Hypothese über den Verlauf der Restfehlerwahrscheinlichkeit

*Die Restfehlerwahrscheinlichkeit bei einer umhüllenden Folge von Taylorpolynomen verläuft nach Streichung des Taylorpolynoms mit dem niederwertigen Index, falls zwei aufeinanderfolgenden Koeffizienten $c_t$ und $c_{t+1}$ mit gleichen Vorzeichen vorkommen, stets zwischen zwei benachbarten Taylorpolynomen im Intervall I = {p | p ∈ [0, 1]}.*

### 5.2.2 Abschätzung der RW(p) i[ten] Ordnung (das erweiterte Polynom)

Ein beliebiges Taylorpolynom $T_m$ m[ten] Grades (d ≤ m ≤ n) wird durch Anhängen der n – m Glieder zu einem Polynom $T_{d\_i}$ n[ten] Grades erweitert. Diese Erweiterung wird gemäß der Glg. (5.8) vorgenommen. Die Blocklänge n des übertragenen Datums stellt die Obergrenze von m und die Hamming-Distanz d die Untergrenze von m dar. Es gibt insgesamt n – d + 1 Taylorpolynome und genauso viele erweiterte Polynome n[ten] Grades. Insbesondere gilt m = d + i. Der Index i = m – d nimmt somit die Werte von 0 bis n – d an. Das erweiterte Polynom $T_{d\_i}$ stellt dann die Abschätzung der Restfehlerwahrscheinlichkeit i[ter] Ordnung dar.

$$T_{d\_i}(p) = T_m(p) - \sum_{t = m+1}^{n} (-1)^t \cdot \binom{n}{t} \cdot p^t \qquad \begin{array}{l}\text{Abschätzung der RW} \\ \text{i}^{ter}\text{ Ordnung}\end{array} \qquad (5.8)$$

$T_m(p)$ ist ein Taylorpolynom m[ten] Grades mit i + 1 Gliedern und i = m - d

$$T_m(p) = \sum_{k=0}^{m-d} c_k \cdot p^{k+d} \qquad \begin{array}{l}\text{m kann die Werte von d bis n annehmen} \\ \text{i kann die Werte von 0 bis n - d annehmen}\end{array}$$

### 5.2.3 Die Taylorreihe der Restfehlerwahrscheinlichkeit RW(p)

Gemäß der Glg. (5.2) stellt die Restfehlerwahrscheinlichkeit RW(p) ein Polynom n[ten] Grades dar. Da die Summenbildung in der Glg. (5.2) ab m = d beginnt, fängt das erste Glied des Polynoms mit der d[ten] Potenz von p an. Die Taylorreihe von RW(p) wird wahlweise durch die Glg. (5.9) oder Glg. (5.10) dargestellt.

$$RW(p) = \sum_{k=0}^{n-d} c_k \cdot p^{k+d} \tag{5.9}$$

$$RW(p) = \sum_{i=d}^{n} c_{i-d} \cdot p^{i} \tag{5.10}$$

$$\text{Es gilt } c_0 \neq 0 \text{ und } c_{n-d} \neq 0$$

### 5.2.4 Die Koeffizienten $c_k$ einer Taylorreihe der RW(p)

Die Koeffizienten $c_k$ der Taylorreihe Glg. (5.9) werden durch die Glg. (5.11) bestimmt. Es gibt insgesamt $n - d + 1$ Koeffizienten und k kann die Werte $k = 0$ bis $k = n - d$ annehmen. Für die exakte Ableitung der Formel siehe Anhang 14.1.

$$c_k = (-1)^k \cdot \binom{n-d}{k} \cdot A_d + (-1)^{k+1} \cdot \binom{n-(d+1)}{k-1} \cdot A_{d+1} + (-1)^{k+2} \cdot \binom{n-(d+2)}{k-2} \cdot A_{d+2}$$

$$+ \ldots + (-1)^{k+(k-1)} \cdot \binom{n-(d+(k-1))}{k-(k-1)=1} \cdot A_{d+k-1} + (-1)^{k+k} \cdot \binom{n-(d+k)}{k-k=0} \cdot A_{d+k} \tag{5.11}$$

$$c_k = \sum_{i=0}^{k} (-1)^{k+i} \binom{n-(d+i)}{k-i} \cdot A_{d+i} \tag{5.12}$$

## 5.3 Die Beziehung zwischen dem Index k und dem Index n

Einem Index t des Koeffizienten $c_t$ zugehörigem Taylorpolynom trägt den Index $d + t$ und ist ein Polynom $(d + t)^{ten}$ Grades. Das Tayloroynom $T_{t+d}(x)$ wird durch die Glg. (5.13) dargestellt.

$$T_{t+d}(x) = \sum_{k=0}^{t} c_k \cdot x^{k+d} \tag{5.13}$$

Einem Index n des Taylorpolynoms $T_n(x)$ zugehörige Koeffizient wird mit $c_{n-d}$ bezeichnet.

# 6    Sätze

Bei der Codierung wird eine binäre Nachricht mit k Informationsbits (Nutzdaten) zu einem Codewort der Länge n (n > k) gebildet. Dabei werden die Nutzdaten mit r = n − k Prüfbits erweitert. Das binäre n-Tupel bezeichnet man als ein Codewort der Länge n und der Code wird ein (n, k)-Code genannt. Es gibt genau $2^k$ Kombinationen der Informationsbits, die zur Gesamtheit von $2^k$ Codewörter führen. Für die praktische Nutzung des Codes ist es zwingend notwendig, dass eine eineindeutige Zuordnung zwischen den Informationsbits und dem Codewort besteht. Die Forderung nach der Linearität erleichtert, besonders bei grossem n, den Umgang mit dem Code. Aus k linear unabhängigen Codewörtern lässt sich ein beliebiges Codewort aus der Gesamtheit von $2^k$ Codewörtern bestimmen. Für die weiteren Betrachtungen wird vorausgesetzt, dass es sich um einen linearen (n, k)-Block-Code handelt.

## 6.1    Codewörter

Folgende zwei Sätze werden als allgemein bekannte Grundlage der Codierungstheorie vorausgesetzt und können in fast allen Lehrbücher nachgeschlagen werden [5, 6].

Satz 1    Codewörter, die von Polynomen mit geradem Gewicht erzeugt werden, haben stets ein gerades Gewicht. Sie erkennen somit alle Bitfehler mit einer ungeraden Anzahl der Bitfehler, d. h. $A_i = 0$ für ungerade i.

Die k linear unabhängige Codewörter können aus der binären Darstellung des Generatorpolynoms gewonnen werden [8]. Ist das Gewicht des Polynoms gerade, so haben alle k linear unabhängige Codewörter ein gerades Gewicht. Jede beliebige Linearkombination von k Codewörtern hat somit ein gerades Gewicht.

Satz 2    Die Anzahl der Codewörter mit geradem Gewicht ist gleich der Anzahl der Codewörter mit ungeradem Gewicht, falls das Gewicht des Polynoms, das den Code erzeugt, ungerade ist.

Ein Code mit k Informationsbits beinhaltet nach Abschnitt 2.6 exakt $2^k$ Codewörter. Somit beträgt die Anzahl der Codewörter mit geradem bzw. ungeradem Gewicht $2^{k-1}$ bei Polynomen mit ungeradem Gewicht.

## 6.2    Eigenschaften der Koeffizienten $c_k$

Nach Glg. (5.11) ist der erste Koeffizient $c_o$ der Taylorreihe von Restfehlerwahrscheinlichkeit RW stets positiv. Er beträgt $A_d$, die Anzahl der unerkannten d-Bitfehler.

Satz 3    Der Koeffizient $c_{n-d}$ mit dem höchsten Index einer Taylorreihe der Restfehlerwahrscheinlichkeit RW lässt sich einheitlich abhängig vom Gewicht des Polynoms im Einsatz bestimmen. Hieraus ergibt sich der Satz 3.a bzw. Satz 3.b.

**Satz 3.a** Bei Polynomen mit geradem Gewicht ergibt sich für $c_{n-d}$ folgende Beziehung:

$c_{n-d} = 2^k - 1$ wenn n gerade, $c_{n-d} = -(2^k - 1)$ wenn n ungerade

Beweis: Aus der Glg. (5.12) folgen die Gleichungen (6.1), (6.2) und (6.3). Die Anzahl der Codewörter mit ungeradem Gewicht beträgt nach Satz 1 null. Somit beträgt die Anzahl der Codewörter mit geradem Gewicht $2^k - 1$. Das Codewort Null wird nicht mitgezählt, da die Summenbildung in den Gleichungen (6.1), (6.2) und (6.3) erst mit i = 0 beginnt.

$$c_{n-d} = \sum_{i=0}^{n-d} (-1)^{n-d+i} \cdot A_{d+i} \tag{6.1}$$

$$c_{n-d} = \sum_{i=\text{gerade}} A_{d+i} - \sum_{i=\text{ungerade}} A_{d+i} \qquad \text{wenn} \ \ n-d \ \text{gerade und n gerade}$$

$$c_{n-d} = 2^k - 1 \qquad - \qquad 0 \qquad \text{wenn} \ \ n \ \text{gerade} \tag{6.2}$$

$$c_{n-d} = -\sum_{i=\text{gerade}} A_{d+i} + \sum_{i=\text{ungerade}} A_{d+i} \qquad \text{wenn} \ \ n-d \ \text{ungerade und n ungerade}$$

$$c_{n-d} = -(2^k - 1) \qquad + \qquad 0 \qquad \text{wenn} \ \ n \ \text{ungerade} \tag{6.3}$$

**Satz 3.b** Bei Polynomen mit ungeradem Gewicht ergibt sich für $c_{n-d}$ folgende Beziehung: $c_{n-d}$ = -1 wenn n gerade, $c_{n-d}$ = 1 wenn n ungerade

Beweis: Bei den Gleichungen (6.2) und (6.3) ergeben sich nun jeweils zwei Fälle für d gerade bzw. ungerade, da nun d auch ungerade Werte annehmen kann. Die Summenbildung über $A_{d+i}$ für d + i gerade beträgt $2^{k-1} - 1$, da das Codewort Null nicht in der Summenbildung enthalten ist. Die Summenbildung über $A_{d+i}$ für d + i ungerade beträgt $2^{k-1}$ (Satz 2). Die vollständige Analyse führt zu vier Gleichungen: (6.4), (6.5), (6.6) und (6.7). Daraus kann entnommen werden, dass für n gerade $c_{n-d}$ = -1 und für n ungerade $c_{n-d}$ = 1 ist.

$$c_{n-d} = \sum_{i=0}^{n-d} (-1)^{n-d+i} \cdot A_{d+i} \tag{6.1}$$

$$c_{n-d} = \sum_{i=\text{gerade}} A_{d+i} - \sum_{i=\text{ungerade}} A_{d+i} \qquad \text{wenn} \ \ n-d \ \text{gerade} \tag{6.2}$$

$$c_{n-d} = 2^{k-1} - 1 \quad -2^{k-1} = -1 \qquad \text{wenn} \ \ n \ \text{gerade und d gerade} \tag{6.4}$$

$$c_{n-d} = 2^{k-1} \quad -(2^{k-1} - 1) = 1 \qquad \text{wenn} \ \ n \ \text{ungerade und d ungerade} \tag{6.5}$$

$$c_{n-d} = -\sum_{i=\text{gerade}} A_{d+i} + \sum_{i=\text{ungerade}} A_{d+i} \qquad \text{wenn} \ \ n-d \ \text{ungerade} \tag{6.3}$$

$$c_{n-d} = -2^{k-1} \quad +(2^{k-1} - 1) = -1 \qquad \text{wenn} \ \ n \ \text{gerade und d ungerade} \tag{6.6}$$

$$c_{n-d} = -(2^{k-1} - 1) \quad +2^{k-1} = 1 \qquad \text{wenn} \ \ n \ \text{ungerade und d gerade} \tag{6.7}$$

**Satz 4** Die Summe der Koeffizienten $c_k$ (k = 0 bis n – d) beträgt null oder eins. Der Wert eins kommt nur dann vor, wenn der n-Bitfehler unerkannt bleibt, also wenn die totale Inversion des übertragenen Blocks unerkannt bleibt.

Beweis: Es folgt aus Glg. (5.2), dass $RW(p = 1) = 0$ falls $A_n = 0$ oder $RW(p = 1) = 1$ falls $A_n = 1$ ist. $RW(p = 1)$ ist aber nach Glg. (5.9) gleich der Summe der Koeffizienten $c_k$ ($k = 0$ bis $n - d$).

Satz 5    Die Koeffizienten $c_k$ wechseln ihre Vorzeichen abwechselnd, wenn das Polynom ein gerades Gewicht hat. Die Taylorreihe ist in diesem Fall uneingeschränkt alternierend vom Typ A.

Beweis: Die Summenbildung in der Glg. (5.12) kann auf i = gerade beschränkt werden, da d bei Polynomen mit geradem Gewicht stets gerade ist (Satz 1). Somit ist $c_k > 0$, wenn k = gerade und $c_k < 0$, wenn k = ungerade ist.

Satz 6    Bei Polynomen mit ungeradem Gewicht, abhängig davon, in welcher Beziehung die Größen n – d und n zueinanderstehen, behalten zwei aufeinanderfolgenden Koeffizienten $c_k$ das gleiche Vorzeichen. Die Tabelle 19 beschreibt den Verlauf der Koeffizienten $c_k$ in Abhängigkeit der Größen n – d und d.

Tabelle 19     Der Verlauf der Koeffizienten $c_k$ in Abhängigkeit von n – d und d

| n – d | n | Der Verlauf der Koeffizienten $c_k$ bei Polynomen mit ungeradem Gewicht |
|---|---|---|
| Gerade | Gerade | Die Anzahl der aufeinanderfolgenden Koeffizienten-Paare $c_k$ $c_{k+1}$ mit dem gleichen Vorzeichen ist ungerade. Somit existiert mindestens ein Paar der Koeffizienten mit dem gleichen Vorzeichen $c_k$ $c_{k+1}$ (Regelfall). Bei dieser Konstellation können theoretisch drei Paare vorkommen, dies wurde aber bisher nicht beobachtet. Bitte, beachten d ist gerade. |
| Ungerade | Ungerade | |
| Gerade | Ungerade | Die Reihe ist in der Regel uneingeschränkt alternierend vom Typ A. Wenn nicht, so beträgt die Anzahl der aufeinanderfolgenden Koeffizienten-Paare $c_k$ $c_{k+1}$ mit dem gleichen Vorzeichen gerade, und mindestens 2. Bitte, beachten d ist ungerade. |
| Ungerade | Gerade | |

Anmerkung: Bei der Beweisführung wird angenommen, dass es maximal zwei aufeinanderfolgenden Koeffizienten $c_k$ gibt. Diese Annahme ist für die weitere Betrachtung nicht relevant, stellt aber ein typisches Merkmal der Reihe dar (siehe die Anmerkung 9.1). Die Analyse des Polynoms 1Fh ist ein interessantes Beispiel (siehe Tabelle 21). Den Plot dazu findet man in Abbildung 21.

Beweis: Der Koeffizient $c_0$ ist stets > 0. Bei einer uneingeschränkt alternierenden Reihe vom Typ A ist $c_k > 0$ bzw. $c_k < 0$, wenn k gerade bzw. ungerade ist. Sind n – d und n beide gerade, so ist $c_{n-d} = -1$ (Satz 3.b), d. h., die Reihe kann nicht vom Typ A sein. Es müssen mindestens einmal zwei aufeinanderfolgende Koeffizienten $c_k$, $c_{k+1}$ mit dem gleichen Vorzeichen vorkommen. Sind n – d und n beide ungerade, so ist $c_{n-d} = 1$ (Satz 3.b), d. h., die Reihe kann nicht vom Typ A sein. Es müssen mindestens einmal zwei aufeinanderfolgende Koeffizienten $c_k$, $c_{k+1}$ mit dem gleichen Vorzeichen vorkommen, damit Satz 3.b seine Gültigkeit behält. Die Konstellation von n – d und n gerade-ungerade bzw. ungerade-gerade steht im Einklang mit den Reihen vom Typ A. Wenn bei dieser Konstellation zwei aufeinanderfolgende Koeffizienten-Paare $c_k$, $c_{k+1}$ mit dem gleichen Vorzeichen vorkommen, so müssen ihre Anzahl gerade und mindestens 2 betragen, damit die Polarität von $c_{n-d}$ gewährt bleibt.

Das Polynom 153h liefert ein interessantes Beispiel mit zwei aufeinanderfolgenden Koeffizienten-Paaren mit dem gleichen Vorzeichen (siehe Abbildung 22).

## 6.3     Alternierende Reihen

Die weiteren Betrachtungen beziehen sich auf die Restfehlerwahrscheinlichkeit als eine Funktion. Diese ist ein Polynom $n^{ten}$ Grades. Für die Definition des Polynoms siehe Abschnitt 9.4. Die Polynomdarstellung entspricht die Glg. (5.9).

Satz 7     Das Taylorpolynom $T_m(x)$ verläuft im Intervall $I = \{x \mid x \in [0, x'], x' = -c_{m-d-1}/c_{m-d}\}$ stets zwischen den Polynomen $T_{m-1}(x)$ und $T_{m-2}(x)$, falls $c_{m-d}$ und $c_{m-d-1}$ gegensätzliche Vorzeichen haben ($m = d + 2$ bis $n$).

Beweis: Fall A     $c_{m-d} > 0$ und $c_{m-d-1} < 0$

$T_m(x) - T_{m-2}(x) = x^{m-1} (c_{m-d-1} + c_{m-d}x)$. Im offenen Intervall $x = (0, -c_{m-d-1}/c_{m-d})$ ist $T_m(x) - T_{m-2}(x) < 0$. Im Intervall $x = (0, -c_{m-d-1}/c_{m-d})$ ist aber $T_m(x) - T_{m-1}(x) = c_{m-d}x^m > 0$. Es gilt dann die Glg. (6.8) im Intervall $I = \{x \mid x \in [0, x'], x' = -c_{m-d-1}/c_{m-d}\}$:

$$T_{m-2}(x) \geq T_m(x) \geq T_{m-1}(x) \qquad (6.8)$$

Damit verläuft $T_m(x)$ zwischen den Polynomen $T_{m-1}(x)$ und $T_{m-2}(x)$ im Intervall I. Alle drei Polynome laufen im Punkt $x = 0$ zusammen und nehmen den Wert null an. Dies ist der einzige gemeinsame Punkt der Polynome $T_m(x)$, $T_{m-1}(x)$ und $T_{m-2}(x)$ im Intervall $I = \{x \mid x \in [0, x'], x' = -c_{m-d-1}/c_{m-d}\}$. Im Punkt $x = -c_{m-d-1}/c_{m-d}$ ergibt sich die Gleichheit der Polynome $T_m(x)$ und $T_{m-2}(x)$.

Fall B     $c_{m-d} < 0$ und $c_{m-d-1} > 0$

Analog den Ausführungen im Fall A resultiert hier die Glg. (6.9) im Intervall $I = \{x \mid x \in [0, x'], x' = -c_{m-d-1}/c_{m-d}\}$:

$$T_{m-1}(x) \geq T_m(x) \geq T_{m-2}(x) \qquad (6.9)$$

Satz 8     Ist die Taylorreihe eines Polynoms $n^{ten}$ Grades f(x) uneingeschränkt alternierend (Typ A), so verläuft f(x) zwischen zwei beliebigen benachbarten Taylorpolynomen $T_{m-1}(x)$ und $T_{m-2}(x)$ im Intervall $I = \{x \mid x \in [0, x'], x' = \min(-c_{m-d-1}/c_{m-d}), m = d + 2$ bis $n\}$.

Beweis: Bei der uneingeschränkt alternierenden Reihe vom Typ A ist stets $c_0 > 0$ und somit gilt: $c_{m-d} > 0$ falls $m - d =$ gerade ist und $c_{m-d} < 0$ falls $m - d =$ ungerade ist. Man betrachte die fünf Taylorpolynome $T_{m-4}(x)$ bis $T_m(x)$, wobei $m - d$ gerade ist. Mithilfe der Gleichungen (6.8) und (6.9) gewinnt man folgende 3 Ungleichungen.

$$T_{m-2}(x) \geq T_m(x) \geq T_{m-1}(x) \quad \text{(Anwendung Glg. (6.8))} \qquad (6.10)$$

$$T_{m-2}(x) \geq T_{m-1}(x) \geq T_{m-3}(x) \quad \text{(Anwendung Glg. (6.9))} \qquad (6.11)$$

$$T_{m-4}(x) \geq T_{m-2}(x) \geq T_{m-3}(x) \quad \text{(Anwendung Glg. (6.8))} \qquad (6.12)$$

Durch die Zusammenführung der drei Gleichungen ergibt sich die folgende Beziehung der Polynome untereinander.

$T_{m-4}(x) \geq T_{m-2}(x) \geq T_m(x) \geq T_{m-1}(x) \geq T_{m-3}(x)$ (wenn $c_{m-d} > 0$ ist)

Für $m - d =$ ungerade ergibt sich eine spiegelsymmetrische Beziehung der Taylorpolynome.

$T_{m-3}(x) \geq T_{m-1}(x) \geq T_m(x) \geq T_{m-2}(x) \geq T_{m-4}(x)$  (wenn $c_{m-d} < 0$ ist)

Der größte Index des Taylorpolynoms von Taylorreihe der Restfehlerwahrscheinlichkeit RW(p) beträgt n. Der zugehörige Index k von Koeffizienten $c_k$ beträgt n – d (siehe 5.3). Dem Koeffizienten $c_{n-d}$ zugehörige Taylorpolynom $T_n(x)$ ist ein Polynom $n^{ten}$ Grades. $T_n(x)$ ist identisch mit RW(p). Der kleinste Index des Taylorpolynoms beträgt d. Der zugehörige Index k beträgt 0. Damit ergibt sich die Ungleichung (6.13) für die Taylorpolynome der Restfehlerwahrscheinlichkeit RW für $c_{n-d} > 0$. Für $c_{n-d} < 0$ ergibt sich entsprechend die Ungleichung (6.14). Für die Beziehung der Taylorpolynome untereinander gibt es eine einfache Regel. Links vom Taylorpolynom $T_n(x)$ kommen nur Taylorpolynome mit einem Index m < n vor, die aus einem positiven zugehörigen Koeffizienten $c_{m-d}$ entstehen. Rechts vom Taylorpolynom $T_n(x)$ kommen nur Taylorpolynome mit einem Index m < n vor, die aus einem negativ zugehörigen Koeffizienten $c_{m-d}$ entstehen. Ist der dem Taylorpolynom $T_n(x)$ zugehörig Koeffizient $c_{n-d}$ positiv, so nimmt die Indexierung der Taylorpolynome auf der linken Seite sukzessiv um zwei ab. Auf der rechten Seite dagegen nimmt der Index des ersten Polynoms um eins ab. Danach nimmt die Indexierung der Taylorpolynome sukzessiv um zwei ab, wie aus der Glg. (6.13) zu ersehen. Ist der dem Taylorpolynom $T_n(x)$ zugehörig Koeffizient $c_{n-d}$ negativ, so findet eine spiegelsymmetrische Vertauschung zwischen der linken und der rechten Seite statt, wie es die Glg. (6.14) darstellt.

$$T_d(x) \geq T_{d+2}(x) \geq ... T_{n-4}(x) \geq T_{n-2}(x) \geq T_n(x) \geq T_{n-1}(x) \geq T_{n-3}(x) \geq ... T_{d+3}(x) \geq T_{d+1}(x) \quad (6.13)$$

$$T_d(x) \geq T_{d+2}(x) \geq ... T_{n-3}(x) \geq T_{n-1}(x) \geq T_n(x) \geq T_{n-2}(x) \geq T_{n-4}(x) \geq ... T_{d+3}(x) \geq T_{d+1}(x) \quad (6.14)$$

Für die uneingeschränkt alternierende Reihe vom Typ A gilt, dass das Taylorpolynom $T_d(x)$ stets größer als RW ist. Aus der Gleichungen (6.13) und (6.14) können die folgenden zwei Sätze (Satz 8.a und Satz 8.b) abgeleitet werden.

Satz 8.a  Bei einer alternierenden Reihe vom Typ A mit einem geraden d sind alle Taylorpolynome mit einem geraden Index größer als die Restfehlerwahrscheinlichkeit RW und alle Taylorpolynome mit einem ungeraden Index kleiner als RW.

Satz 8.b  Bei einer alternierenden Reihe vom Typ A mit einem ungeraden d sind alle Taylorpolynome mit einem ungeraden Index größer als die Restfehlerwahrscheinlichkeit RW und alle Taylorpolynome mit einem geraden Index kleiner als RW.

Damit wurde der wichtigste Teil der Beweisführung abgeschlossen. Nach der Definition 5.1.6 umhüllt die Taylorreihe von RW bzw. umhüllen die Taylorpolynome die Restfehlerwahrscheinlichkeit RW. Bei der Hälfte aller Polynome (Polynomgewicht gerade) umhüllt die Taylorreihe uneingeschränkt die Restfehlerwahrscheinlichkeit RW (tatsächlich sind es über 80%).

Satz 9  Ist die Taylorreihe eines Polynoms $n^{ten}$ Grades f(x) eingeschränkt alternierend vom Typ B, so verläuft f(x) zwischen zwei beliebig benachbarten Taylorpolynomen $T_{m-1}(x)$ und $T_{m-2}(x)$ im Intervall I = {x | x ∈ [0, x'], x' = min $(-c_{m-d-1}/c_{m-d})$, m = d + 3 bis n}.

Beweis: Der einzige Unterschied zur Reihe vom Typ A besteht darin, dass bei der Reihe vom Typ B die ersten zwei Koeffizienten beide positiv ($c_0$ und $c_1 > 0$) sind. In diesem Fall ist notwendigerweise das Gewicht des Polynoms ungerade. Durch Streichen des ersten Glieds der Reihe wandelt sich diese Reihe in eine Reihe vom Typ A. Die Beziehungen der Taylorpolynome untereinander für die umgewandelte Reihe beginnen mit $T_{d+1}(x)$ und werden durch Glg. (6.15) und (6.16) dargestellt. Der Index m durchläuft von d + 3 bis n.

$$T_{d+1}(x){\geq}T_{d+3}(x){\geq}...T_{n-4}(x){\geq}T_{n-2}(x){\geq}T_n(x){\geq}T_{n-1}(x){\geq}T_{n-3}(x){\geq}...T_{d+4}(x){\geq}T_{d+2}(x) \qquad (6.15)$$

$$T_{d+1}(x){\geq}T_{d+3}(x){\geq}...T_{n-3}(x){\geq}T_{n-1}(x){\geq}T_n(x){\geq}T_{n-2}(x){\geq}T_{n-4}(x){\geq}...T_{d+4}(x){\geq}T_{d+2}(x) \qquad (6.16)$$

Bei allen Taylorpolynomen in Glg. (6.15) und (6.16) fehlt das erste Glied $c_0x^d$. Eine Addition dieses Gliedes in allen Taylorpolynomen ändert die Aussage der Gleichungen (6.15) und (6.16) nicht. Im Gegenteil wird $T_n(x)$ nun identisch mit der RW. Damit wurde der Beweis erbracht. Es ist wichtig anzumerken, dass die Glg. (6.15) bzw. (6.16) für $n - d > 0$ bzw. $n - d < 0$ gelten.

Gegenüber der ursprünglichen Reihe vom Typ B fehlt in der Glg. (6.15) bzw. (6.16) nur noch das Taylorpolynom $T_d(x)$. Die ersten drei Koeffizienten der ursprünglichen Reihe sind $c_0 > 0$, $c_1 > 0$ und $c_2 < 0$. Nun ist

$$T_{d+2}(x) - T_d(x) = c_1x^{d+1} + c_2x^{d+2} = x^{d+1}(c_1 + c_2x)$$

Damit bleibt $T_{d+2}(x) - T_d(x) \geq 0$ im Intervall $I = \{x \mid x \in [0, -c_1/c_2]\}$. Das Taylorpolynom $T_d(x)$ kann dann prinzipiell rechts in Glg. (6.15) und (6.16) angehängt werden. Damit umhüllt die Reihe vom Typ B die Restfehlerwahrscheinlichkeit RW im Intervall I ab dem ersten Taylorpolynom $T_d(x)$. Dieses Verhalten erscheint beim ersten Blick widersprüchlich. Eine genaue Analyse bestätigt, dass die Restfehlerwahrscheinlichkeit RW tatsächlich zwischen den Taylorpolynomen $T_d$ und $T_{d+1}$ verläuft. Die exakte Bestimmung des Intervalls ist jedoch sehr komplex. In der Tat das Taylorpolynom $T_d$ ist in diesem Fall eines von wenigen Polynomen, das mit der RW einen gemeinsamen Schnittpunkt besitzt. Bei einer umhüllenden Reihe darf es nicht vorkommen. Wie es im nächsten Satz begründet wird, muss aus didaktischen Gründen das Polynom $T_d(x)$ in diesem Fall von der Taylorreihe ausgeschlossen werden.

Satz 10  Ist die Taylorreihe eines Polynoms $n^{ten}$ Grades $f(x)$ eingeschränkt alternierend vom Typ C, so verläuft $f(x)$ zwischen zwei benachbarten Taylorpolynomen $T_{m-1}(x)$ und $T_{m-2}(x)$ im Intervall $I = \{x \mid x \in [0, x']\}$, wenn folgende Bedingung eingehalten wird. Die zugehörigen Taylorpolynome von zwei aufeinanderfolgenden Koeffizienten $c_t$ und $c_{t+1}$ mit gleichen Vorzeichen werden mit $T_{t+d}(x)$ und $T_{t+d+1}(x)$ bezeichnet. Das Taylorpolynom mit dem kleineren Index dieser beiden Polynome (hier z. B. $T_{t+d}(x)$) wird einfach übersprungen. D. h., auf das Polynom $T_{t+d-1}(x)$ folgt das Polynom $T_{t+d+1}(x)$. Die Taylorpolynome $T_{t+d-1}(x)$ und $T_{t+d+1}(x)$ werden als benachbarte Polynome betrachtet. Die exakte Bestimmung von $x'$ ist sehr komplex und seine Bestimmung wird gesondert im Anhang 14.2 behandelt.

Beweis: Es wird angenommen, dass höchstens ein Paar mit zwei aufeinanderfolgenden Koeffizienten $c_k$ mit dem gleichen Vorzeichen vorkommen. Siehe hierzu Anmerkung 9.1. Die Taylorreihe von $f(x)$ mit den Koeffizienten $c_k$ ($k = 0, 1, ..., n-d$) beinhaltet zwei Koeffizienten $c_t$ und $c_{t+1}$, die entweder beide positiv oder negativ sind. Gemäß 5.1.6 umhüllt die Taylorreihe die Funktion $f(x)$. Die umhüllende Taylorreihe besteht aus einer Folge von Taylorpolynomen $T_m(x)$ ($d \leq m \leq n$). $T_n(x)$ ist dann identisch mit $f(x)$ bzw. RW. Man kann diese Taylorreihe in zwei Folgen von Taylorpolynomen aufteilen. Der vordere Teil der Taylorreihe beinhaltet die Taylorpolynome $T_d(x)$ bis $T_{t+d-1}(x)$ mit den Koeffizienten $c_k$ ($k = 0, 1, ..., t-1$) und der hintere Teil der Taylorreihe beinhaltet die Taylorpolynome $T_{t+d+1}(x)$ bis $T_n(x)$ mit den Koeffizienten $c_k$ ($k = t+1, t+2, ..., n-d$). Das Taylorpolynom $T_{t+d}(x)$ wird einfach übersprungen. Beide Reihen sind streng alternierend. Die vordere Taylorreihe ist in diesem Falle sogar eine Reihe vom Typ A. Der Beweis wird schrittweise erbracht. Zunächst werden die zwei Ungleichungen für die hintere Taylorreihe in Anlehnung an Satz 8 abgeleitet. Lediglich das erste Glied von Ungleichungen muss bestimmt werden.

$$T_{t+d+1}(x) \geq T_{t+d+3}(x) \geq ... \geq T_{n-2}(x) \geq T_n(x) \geq T_{n-1}(x) \geq T_{n-3}(x) \geq ... T_{t+d+4}(x) \geq T_{t+d+2}(x) \quad (6.17)$$

$$T_{t+d+2}(x) \geq T_{t+d+4}(x) \geq ... \geq T_{n-2}(x) \geq T_n(x) \geq T_{n-1}(x) \geq T_{n-3}(x) \geq ... T_{t+d+3}(x) \geq T_{t+d+1}(x) \quad (6.18)$$

Die Glg. (6.17) gilt für $c_{n-d} > 0$ und $c_{t-1} < 0$. Die Glg. (6.18) gilt für $c_{n-d} > 0$ und $c_{t-1} > 0$.

Wenn $c_{n-d} > 0$ ist, so ist n ungerade (Satz 3.b). Gemäß Satz 6 (siehe Tabelle 19) muss dann n – d auch ungerade sein, da sonst mindestens zwei aufeinanderfolgende Koeffizienten $c_k$ vorliegen müssten. Damit wird d gerade. Die vordere Reihe ist vom Typ A und somit ist t gerade für $c_{t-1} < 0$ und t ungerade für $c_{t-1} > 0$. In den Gleichungen (6.17) und (6.18) sind alle Taylorpolynome links von $T_n(x)$ größer als $T_n(x)$ und haben einen ungeraden Index. In Glg. (6.17) ist t gerade, somit ist t + d + 1 der kleinste ungerade Index $\geq$ t + d + 1. Am linken Rand der Glg. (6.17) steht dann das Taylorpolynom $T_{t+d+1}(x)$.

In Glg. (6.18) ist t ungerade, somit ist t + d + 2 der kleinste ungerade Index $\geq$ t + d + 1. Am linken Rand der Glg. (6.18) steht dann das Taylorpolynom $T_{t+d+2}(x)$. Die vordere Reihe ist vom Typ A und liefert die Glg. (6.19) und (6.20) gemäß Satz 8.

$$T_d(x) \geq T_{d+2}(x) \geq ... \geq T_{t+d-3}(x) \geq T_{t+d-1}(x) \geq T_{t+d-2}(x) \geq T_{t+d-4}(x) \geq ... T_{d+3}(x) \geq T_{d+1}(x) \quad (6.19)$$

$$T_d(x) \geq T_{d+2}(x) \geq ... T_{t+d-4}(x) \geq T_{t+d-2}(x) \geq T_{t+d-1}(x) \geq T_{t+d-3}(x) \geq ... T_{d+3}(x) \geq T_{d+1}(x) \quad (6.20)$$

Die Glg. (6.19) gilt, wenn $c_{t-1} > 0$. Die Glg. (6.20) gilt, wenn $c_{t-1} < 0$.

Damit der Übergang von der vorderen Reihe zu der hinteren Reihe vollzogen werden kann, sollen vier Taylorpolynome der zugehörigen Koeffizienten $c_{t-2}$, $c_{t-1}$, $c_{t+1}$, $c_{t+2}$ betrachtet werden. Aus den folgenden vier Gleichungen resultieren dann endgültig die Gleichungen (6.21) bis (6.24).

$$T_{t+d+2}(x) - T_{t+d-1}(x) = x^{(t+d)} (c_t + c_{t+1}x + c_{t+2}x^2)$$

$$T_{t+d+2}(x) - T_{t+d+1}(x) = c_{t+2}x^{(t+d+2)}$$

$$T_{t+d+1}(x) - T_{t+d-2}(x) = x^{(t+d-1)} (c_{t-1} + c_t x + c_{t+1}x^2)$$

$$T_{t+d+1}(x) - T_{t+d-1}(x) = x^{(t+d)} (c_t + c_{t+1}x)$$

Für $c_{t-1} > 0$ (d. h. $c_t$, $c_{t+1} < 0$ und $c_{t+2} > 0$) resultieren die Ungleichungen (6.21) und (6.22), die im Intervall I = {x | x $\epsilon$ [0, x']} ihre Gültigkeit haben. Für die ausführliche Analyse siehe Anhang 14.2. Es geht im Endeffekt darum zu bestimmen, ob die rechte Seite der vier Gleichungen im Intervall I = {x | x $\epsilon$ [0, x']} im positiven bzw. negativen Bereich verlaufen.

$$T_{t+d+2}(x) \leq T_{t+d-1}(x)$$

$$T_{t+d+2}(x) \geq T_{t+d+1}(x)$$

$$T_{t+d-1}(x) \geq T_{t+d+2}(x) \geq T_{t+d+1}(x) \quad (6.21)$$

$$T_{t+d+1}(x) \geq T_{t+d-2}(x)$$

$$T_{t+d+1}(x) \leq T_{t+d-1}(x)$$

$$T_{t+d-1}(x) \geq T_{t+d+1}(x) \geq T_{t+d-2}(x) \quad (6.22)$$

Für $c_{t-1} < 0$ (d. h. $c_t$, $c_{t+1} > 0$ und $c_{t+2} < 0$) resultieren die Ungleichungen (6.23) und (6.24), die im Intervall I = {x | x $\epsilon$ [0, x']} ihre Gültigkeit haben. Für die Details siehe Anhang 14.2.

$T_{t+d+2}(x) \geq T_{t+d-1}(x)$

$T_{t+d+2}(x) \leq T_{t+d+1}(x)$

$$T_{t+d+1}(x) \geq T_{t+d+2}(x) \geq T_{t+d-1}(x) \qquad (6.23)$$

$T_{t+d+1}(x) \leq T_{t+d-2}(x)$

$T_{t+d+1}(x) \geq T_{t+d-1}(x)$

$$T_{t+d-2}(x) \geq T_{t+d+1}(x) \geq T_{t+d-1}(x) \qquad (6.24)$$

Die Zusammenführung der Gleichungen (6.18), (6.19), (6.21) und (6.22) ergibt die Glg. (6.25) für den Fall, dass $c_{n-d} > 0$ und $c_{t-1} > 0$ gilt.

$$\mathbf{T_d(x) \geq T_{d+2}(x) \geq ... \geq T_{t+d-3}(x) \geq T_{t+d-1}(x) \geq T_{t+d+2}(x) \geq T_{t+d+4}(x) \geq ... \geq T_{n-2}(x) \geq T_n(x) \geq}$$
$$\mathbf{T_{n-1}(x) \geq T_{n-3}(x) \geq ... \geq T_{t+d+3}(x) \geq T_{t+d+1}(x) \geq T_{t+d-2}(x) \geq T_{t+d-4}(x) \geq ... T_{d+3}(x) \geq T_{d+1}(x)} \qquad (6.25)$$

Die Zusammenführung der Gleichungen (6.17), (6.20), (6.23) und (6.24) ergibt die Glg. (6.26) für den Fall, dass $c_{n-d} > 0$ und $c_{t-1} < 0$ gilt.

$$\mathbf{T_d(x) \geq T_{d+2}(x) \geq ... \geq T_{t+d-4}(x) \geq T_{t+d-2}(x) \geq T_{t+d+1}(x) \geq T_{t+d+3}(x) \geq ... \geq T_{n-2}(x) \geq T_n(x) \geq}$$
$$\mathbf{T_{n-1}(x) \geq T_{n-3}(x) \geq ... \geq T_{t+d+4}(x) \geq T_{t+d+2}(x) \geq T_{t+d-1}(x) \geq T_{t+d-3}(x) \geq ... T_{d+3}(x) \geq T_{d+1}(x)} \qquad (6.26)$$

Damit wurde der eigentliche Beweis des Satzes erbracht. Mit gleicher Argumentation lassen sich weitere zwei Ungleichungen für die Fälle $c_{n-d} < 0$ und $c_{t-1} > 0$ Glg. (6.27) und $c_{n-d} < 0$ und $c_{t-1} < 0$ Glg. (6.28) ableiten. Alternativ können diese beide Gleichungen auch wie folgt bestimmt werden. Für $c_{n-d} < 0$ wird dem Index des ersten Polynoms links von $T_n(x)$ den Wert $n - 1$ zugewiesen. Danach wird der Index von Taylorpolynomen sukzessiv um zwei verkleinert, bis der Index einen Wert $\geq t + d + 1$ erreicht. Nach Satz 3.b und Satz 6 sind n und d beide gerade. Für die Glg. (6.27) nimmt t einen ungeraden Wert an. Der Index von Polynomen links von $T_n(x)$ kann nur ungerade Werte annehmen. Die kleinste ungerade Zahl $\geq t + d + 1$ ist $t + d + 2$. Damit wird die Ungleichung (6.27) auf der linken Seite bis $T_{t+d+2}(x)$ fortgeführt. Die Indizes von Taylorpolynomen recht von $T_n(x)$ werden sukzessiv um zwei verringert, bis ein Wert $\geq t + d + 1$ erreicht wird. Recht von Polynom $T_n(x)$ haben die Taylorpolynome einen geraden Index. Die kleinste ungerade Zahl $\geq t + d + 1$ ist $t + d + 1$. Die Ungleichung wird auf der rechten Seite von $T_n(x)$ bis zum Polynom mit dem Index $t + d + 1$ fortgeführt. Das nächste Polynom auf der linken Seite bzw. auf der rechten Seite wird aus der Glg. (6.21) bzw. (6.22) bestimmt. Es gibt aber auch eine elegante Möglichkeit zur Bestimmung des nächsten Polynoms auf beiden Seiten. Es wird einmalig an dieser Stelle der Index des Taylorpolynoms auf beiden Seiten um drei verkleinert. Danach werden die Indizes auf beiden Seiten sukzessiv wieder um zwei verringert, bis auf der linken Seite das Polynom $T_d(x)$ und auf der rechten Seite das Polynom $T_{d+1}(x)$ erscheint.

$$\mathbf{T_d(x) \geq T_{d+2}(x) \geq ... \geq T_{t+d-3}(x) \geq T_{t+d-1}(x) \geq T_{t+d+2}(x) \geq T_{t+d+4}(x) \geq ... T_{n-3}(x) \geq T_{n-1}(x) \geq}$$
$$\mathbf{T_n(x) \geq T_{n-2}(x) \geq ... T_{t+d+3}(x) \geq T_{t+d+1}(x) \geq T_{t+d-2}(x) \geq T_{t+d-4}(x) \geq ... T_{d+3}(x) \geq T_{d+1}(x)} \qquad (6.27)$$

$$\mathbf{T_d(x) \geq T_{d+2}(x) \geq ... \geq T_{t+d-4}(x) \geq T_{t+d-2}(x) \geq T_{t+d+1}(x) \geq T_{t+d+3}(x) \geq ... T_{n-3}(x) \geq T_{n-1}(x) \geq}$$
$$\mathbf{T_n(x) \geq T_{n-2}(x) \geq ... \geq T_{t+d+4}(x) \geq T_{t+d+2}(x) \geq T_{t+d-1}(x) \geq T_{t+d-3}(x) \geq ... T_{d+3}(x) \geq T_{d+1}(x)} \qquad (6.28)$$

Bei den Gleichungen (6.25) bis (6.28) sind die Taylorpolynome mit geraden Indizes fett markiert. Die nicht fett markierten Taylorpolynome haben einen ungeraden Index. Alle Taylorreihen fangen im betrachteten Fall mit einem geraden Index (d = gerade) an. Alle Taylorpolynome mit einem geraden Index verlaufen oberhalb des Polynoms $T_n(x)$ (RW) und alle Taylorpolynome mit einem ungeraden Index verlaufen unterhalb des Polynoms $T_n(x)$ bis zwei aufeinanderfolgende Koeffizienten $c_t$ und $c_{t+1}$ mit gleichen Vorzeichen auftreten. Durch das Streichen des Polynoms $T_{t+d}$ findet eine Verschiebung des Index statt und ab dieser Konstellation verlaufen alle Taylorpolynome mit einem ungeraden Index oberhalb des Polynoms $T_n(x)$ bzw. alle Taylorpolynome mit einem geraden Index verlaufen unterhalb des Polynoms $T_n(x)$. Ein typisches Merkmal der Taylorreihe vom Typ C besteht darin, dass hier nicht alle Taylorpolynome mit einem geraden bzw. ungeraden Index stets größer oder kleiner als f(x) bleiben. Bei einer Reihe vom Typ C findet ein Wechsel beim Index der Taylorpolynome statt, ab m = t + d + 1 vom gerade auf den ungerade oder umgekehrt. Der Grund dafür ist der Wegfall des Polynoms $T_{t+d}(x)$. Die im Abschnitt 8 zusammengestellten Beispiele zeigen dieses Verhalten deutlich.

# 6.4 Geltungsbereich der Taylorreihe

Durch das Streichen des Polynoms $T_{t+d}(x)$ entsteht eine Lücke in der Taylorreihe und die Reihe wird in zwei Teile, eine vordere und eine hintere Taylorreihe aufgeteilt. Die Gleichungen (6.25) bis (6.28) wurden primär aus der vorderen und der hinteren Taylorreihe abgeleitet. Der Geltungsbereich der vorderen Taylorreihe gemäß Satz 8 wird durch das Intervall $I_v$ = {x | x $\epsilon$ [0, xv'], xv' = min $(-c_{m-d-1}/c_{m-d})$, m = d + 2 bis t + d – 1} definiert. Der Geltungsbereich der hinteren Taylorreihe gemäß Satz 7 wird durch das Intervall $I_h$ = {x | x $\epsilon$ [0, xh'], xh' = min $(-c_{m-d-1}/c_{m-d})$, m = t + d + 3 bis n} definiert. Die Intervalle $I_v$ und $I_h$ lassen sich zu einem Intervall $I_{vh}$ = {x | x $\epsilon$ [0, xvh'], xvh' = min $(I_v, I_h)$} zusammenführen. Das Intervall $I_{vh}$ ist stets kleiner gleich $I_v$ und $I_h$.

Für die Zusammenführung der vorderen und der hinteren Taylorreihe betrachtet man nun die fünf Polynome von $T_{t+d-2}(x)$ bis $T_{t+d+2}(x)$.

$$T_{t+d-2}(x) \quad T_{t+d-1}(x) \quad \mathbf{T_{t+d}(x)} \quad T_{t+d+1}(x) \quad T_{t+d+2}(x)$$

Für die Approximation der Restfehlerwahrscheinlichkeit wird das Polynom $T_{t+d}(x)$ außer Acht gelassen, da die den Taylorpolynomen $T_{t+d}(x)$ bzw. $T_{t+d+1}(x)$ zugehörigen Koeffizienten $c_t$ und $c_{t+1}$ entweder beide positiv oder beide negativ sind. Das Polynom $T_{t+d+1}(x)$ verläuft nun zwischen den Polynomen $T_{t+d-2}(x)$ und $T_{t+d-1}(x)$. Das Polynom $T_{t+d+2}(x)$ verläuft nun zwischen den Polynomen $T_{t+d-1}(x)$ und $T_{t+d+1}(x)$. Es ergeben sich die neuen Intervalle für die Polynome $T_{t+d+1}(x)$ und $T_{t+d+2}(x)$, da bei der Betrachtung des Intervalls nun eine quadratische Gleichung in x gelöst werden muss. Das Polynom $T_{t+d+1}(x)$ verläuft nun zwischen den Polynomen $T_{t+d-2}(x)$ und $T_{t+d-1}(x)$ im Intervall I1 = {x | x $\epsilon$ [0, x1'], x1' = $-c_t/2c_{t+1} + c_t/2c_{t+1} [1 - (4 * c_{t-1} * c_{t+1})/(c_t)^2]^{1/2}$}. Das Polynom $T_{t+d+2}(x)$ verläuft nun zwischen den Polynomen $T_{t+d-1}(x)$ und $T_{t+d+1}(x)$ im Intervall I2 = {x | x $\epsilon$ [0, x2'], x2' = $-c_{t+1}/2c_{t+2} + -c_{t+1}/2c_{t+2} [1 - (4 * c_t * c_{t+2})/(c_{t+1})^2]^{1/2}$}. Für die detaillierte Ableitung des Intervalls siehe Anhang 14.2. Abschließend lassen sich die Intervalle $I_{vh}$, I1 und I2 zu einem Intervall I = {x | x $\epsilon$ [0, x'], x' = min(xvh', x1', x2')} zusammenführen. Somit lässt sich der Geltungsbereich der Taylorreihe von der Restfehlerwahrscheinlichkeit exakt bestimmen.

Die exakte Bestimmung des Geltungsbereiches einer Taylorreihe erfordert die Kenntnis von sämtlichen Koeffizienten $c_k$ und ist in der Praxis besonders bei großem k praktisch nicht durchführbar. Außerdem wird, wenn alle Koeffizienten $c_k$ bekannt sein sollten, die Approximation überflüssig. Empirische Beobachtungen einer großen Anzahl an Beispielen haben gezeigt, dass die Restfehlerwahrscheinlichkeit bei einer umhüllenden Folge von Taylorpolynomen nach Streichung des Taylorpolynoms mit dem niederwertigen Index gemäß Satz 10 stets zwischen zwei benachbarten Taylorpolynomen im Intervall I = {x | x ϵ [0, 1]} verläuft. Das Verhalten ist qualitativ gut verständlich. Bei einer umhüllenden Taylorreihe verlaufen die Taylorpolynome für große Werte von x abwechselnd nach +∞ bzw. -∞. Die Restfehlerwahrscheinlichkeit bleibt jedoch beschränkt auf einen Wert zwischen 0 und 1 (|RW| ≤ 1). Bis zu einem bestimmten Wert von x' in der näheren Umgebung von 0 verläuft die Restfehlerwahrscheinlichkeit gemäß Satz 10 grundsätzlich zwischen den benachbarten Taylorpolynomen. Danach wächst eins der benachbarten Polynome schnell im positiven Bereich und wird relativ schnell größer als eins. Das zweite Polynom fällt stark ab und unterschreitet die Nulllinie rasch. Damit bleibt die Restfehlerwahrscheinlichkeit zwischen den benachbarten Taylorpolynomen im Intervall I = {x | x ϵ [0, 1]}. Dieser Sachverhalt lässt sich schwer nachweisen und wird daher als eine Hypothese (5.2.1) definiert und hier nochmals präzisiert.

Hypothese: *Die Restfehlerwahrscheinlichkeit bei einer umhüllenden Folge von Taylorpolynomen verläuft nach Streichung des Taylorpolynoms mit dem niederwertigen Index gemäß Satz 10, falls zwei aufeinanderfolgende Koeffizienten $c_t$ und $c_{t+1}$ mit gleichen Vorzeichen vorkommen, stets zwischen zwei benachbarten Taylorpolynomen im Intervall I = {x | x ϵ [0, 1]}.*

In der Praxis wird daher auf die Bestimmung von x' verzichtet und die Fehlertoleranz, d. h. die Ungenauigkeit der Approximation bei der maximalen Bitfehlerrate $p_0$ nach der Spezifikation gemäß der Glg. (7.10) berechnet.

# 6.5     Erweiterung des Taylorpolynoms $T_m(p)$

Ein Taylorpolynom $T_m(p)$ $m^{ten}$ Grades hat insgesamt m – d + 1 Glieder, da das erste Glied des Polynoms mit der $d^{ten}$ Potenz von p beginnt. Jedes beliebige Taylorpolynom $T_m(p)$ $m^{ten}$ Grades kann gemäß Abscnitt 5.2.2 durch Hinzufügen von n – m Glieder zu einem Polynom $n^{ten}$ Grades erweitert werden. Das erweiterte Polynom $T_{d\_i}$ $n^{ten}$ Grades liefert eine gut brauchbare Abschätzung $i^{ter}$ Ordnung für die Restfehlerwahrscheinlichkeit RW gemäß der Glg. (5.8). Bei dieser Betrachtung nimmt dann m die Werte von d bis n an. Der Index i kann dann die Werte von 0 bis n – d annehmen. Somit gibt es insgesamt n – d + 1 Abschätzungen der RW. Diese Abschätzungen verhalten sich sehr ähnlich wie die Taylorpolynome und umhüllen die Restfehlerwahrscheinlichkeit RW. Die Abschätzung $(n – d)^{ter}$ Ordnung ist identisch mit der Restfehlerwahrscheinlichkeit RW selbst. Es gibt zwei entscheidende Vorteile bei dieser Betrachtung:

1.  Die Bestimmung des Geltungsbereichs I für die zwei benachbarten Polynome $T_{d\_i}$ und $T_{d\_i+1}$ ist unabhängig von den Koeffizienten $c_k$ und hängt einzig und allein von m = d + i und n ab. Der maximale Wert von m kann n betragen, jedoch ist der Geltungsbereich für m ≤ n – 2 definiert.
2.  Die lästige Bestimmung des Taylorreihen-Typs A, B oder C entfällt. Aus dem Beweis der nächsten zwei Sätze geht hervor, dass das erweiterte Polynom $T_{d\_i}$ $n^{ten}$ Gra-

des grundsätzlich entweder oberhalb oder unterhalb der Restfehlerwahrscheinlichkeit RW verläuft, je nachdem, ob m gerade bzw. ungerade ist.

Der einzige Nachteil, den man in Kauf nehmen muss, ist die stärkere Ausweitung der erweiterten Polynome nach außen gegenüber den Taylorpolynomen. Die erweiterten Polynome erreichen schneller den Wert eins bzw. null als die Taylorpolynome, wie die Beispiele später belegen werden. Dadurch ergibt sich eine größere Toleranz oder Unschärfe bei vorgegebener Bitfehlerwahrscheinlichkeit $p_0$. Dafür lässt sich jedoch der Geltungsbereich I exakt vorausberechnen.

Satz 11 (LB) Die Restfehlerwahrscheinlichkeit RW ist stets gleich oder größer als das erweiterte Polynom $T_{d\_i}$ im Intervall I = {p | p $\epsilon$ [0, p'], x' = 0,5 * $^nC_{m+1}/^nC_{m+2}$} für ungerade m (d $\leq$ m $\leq$ n – 2). Die Hamming-Distanz d des Codes ist mit mit dem Index m des Taylorpolynoms, aus dem das erweiterte Polynom abgeleitet wird, verknüpft. Es gilt m = d + i.

Satz 12 (UB) Die Restfehlerwahrscheinlichkeit RW ist stets gleich oder kleiner als das erweiterte Polynom $T_{d\_i}$ im Intervall I = {p | p $\epsilon$ [0, p'], x' = 0,5 * $^nC_{m+1}/^nC_{m+2}$} für gerade m (d $\leq$ m $\leq$ n – 2). Die Hamming-Distanz d des Codes ist mit mit dem Index m des Taylorpolynoms, aus dem das erweiterte Polynom abgeleitet wird, verknüpft. Es gilt m = d + i.

$$RW \geq T_{d\_i} = T_m - \sum_{t=m+1}^{n} (-1)^t \cdot \binom{n}{t} \cdot p^t \quad \text{für } m \text{ ungerade}$$

$$RW \leq T_{d\_i} = T_m - \sum_{t=m+1}^{n} (-1)^t \cdot \binom{n}{t} \cdot p^t \quad \text{für } m \text{ gerade}$$

Die Ungleichungen sind im Intervall I = {p | p $\in$ [0, p']} gültig

$$p' = 0,5 * \frac{\binom{n}{m+1}}{\binom{n}{m+2}} = 0,5 \cdot (m+2)/(n-m-1) \quad \text{mit } m = d + i$$

Die Gleichheit kommt vor, wenn m = n wird

Für m $\geq$ n – 1 ist der Geltungsbereich I = {p | p $\in$ [0, 1]}

Beweis: Aus der MacWilliams Identität folgt die Beziehung (6.29) für die Restfehlerwahrscheinlichkeit RW [5]. Das erste Glied auf der rechten Seite der Glg. (6.29) stellt die Wahrscheinlichkeit für die Gesamtheit der unerkennbaren Bitfehler dar. Nach Abzug der Wahrscheinlichkeit $(1 – p)^n$ für eine fehlerfreien Übertragung ergibt die Restfehlerwahrscheinlichkeit. Die $B_{is}$ stellen die Gewichtsverteilung des Dualen Codes $C_d$ dar, siehe Abschnitt 4.3.2.

$$RW = 2^{-r} \sum_{i=0}^{n} F_i - (1-p)^n \qquad (6.29)$$

$$2^{-r} \sum_{i=0}^{n} F_i = \begin{array}{l} \text{Wahrscheinlichkeit für die Gesamtheit} \\ \text{der unerkennbaren Bitfehler} \end{array}$$

$$F_i = B_i \cdot (1-2p)^i \quad \text{(Polynom } i^{ten} \text{ Grades)}$$

$$B_i = \text{Gewicht des Dualen Codes}$$

Das Polynom $F_i$ ist ein Polynom $i^{ten}$ Grades mit $i + 1$ Gliedern. Für ein beliebiges m gibt es genau $i - m$ ($m \leq i \leq n$) Glieder mit Potenzen von p, bei denen die Potenz größer als m ist. Alle Glieder mit Potenzen von p größer als m tragen nicht zum Taylorpolynom $T_m$ bei und werden gesondert betrachtet. Für das gerade m ergibt sich die folgende Konstellation. Ist i ungerade, so gibt es genau $(i - m - 1)/2$ Gliederpaare plus ein negatives Glied mit $p^i$. Ist i gerade, so gibt es genau $(i - m)/2$ Gliederpaare. Die Gliederpaare in den beiden Fällen lassen sich gemäß der Beziehung (6.30) zusammenfassen.

Die Betrachtung der Gliederpaare für den Fall, dass m gerade ist

$$\text{Erstes Paar} = B_i \cdot (2p)^{m+1} \cdot \left( -\binom{i}{m+1} + \binom{i}{m+2} \cdot 2p \right)$$

ganz allgemein lassen sich die Paare wie folgt zusammenfassen

$$-B_i \cdot (2p)^{m+j} \cdot \left( \binom{i}{m+j} - \binom{i}{m+j+1} \cdot 2p \right) \tag{6.30}$$

mit $j = 1, 3, ....., i - m$, wenn i ungerade

mit $j = 1, 3, ....., i - m - 1$, wenn i gerade

In beiden Fällen bleiben die Paare negativ, wenn p die Ungleichung (6.31) erfüllt. Wenn man die negativen Beträge der Gliederpaare ab $m + 1$ weglässt, so resultiert daraus die Ungleichung (6.32). Der Einsatz der Glg. (6.32) in die Glg. (6.29) liefert die Obergrenze der Restfehlerwahrscheinlichkeit (Upper-Bound) und wird durch die Glg. (6.33) dargestellt. Es ist wichtig anzumerken, dass in der Glg. (6.33) alle Glieder mit den Potenzen von p kleiner gleich m vollständig existieren. Es wurden nur Glieder zur Bildung der Upper-Bound gestrichen, bei denen die Potenz von p größer als m betrug. Somit enthält die rechte Seite der Glg. (6.33) das Taylorpolynom $T_m(p)$ $m^{ten}$ Grades vollständig.

Die Gliederpaare bleiben negativ, wenn

$$p < \frac{1}{2} \cdot \left\{ \frac{\binom{i}{m+j}}{\binom{i}{m+j+1}} \right\} = \frac{1}{2} \cdot \frac{m+j+1}{i-m-j} \quad \text{bleibt}$$

i variiert hier von m + 1 bis n und j variiert von 1, 3, ... bis i - m bzw. i - m - 1

Der kritische Wert (Minimum über alle i und j) ergibt sich für größtes i und kleinstes j

Damit bleiben alle Paare negativ, wenn die Beziehung (6.31) gilt

$$p < \frac{1}{2} \cdot \left\{ \frac{\binom{n}{m+1}}{\binom{n}{m+2}} \right\} = 0{,}5 \cdot \frac{m+2}{n-m-1} \quad (6.31)$$

$$F_i \le B_i \cdot \sum_{k=0}^{m} (-1)^k \cdot \binom{i}{k} \cdot (2p)^k \quad (6.32)$$

aus Glg. (6.29) folgt

$$RW \le 2^{-r} \left\{ \sum_{i=0}^{n} B_i \cdot \sum_{k=0}^{m} (-1)^k \cdot \binom{i}{k} \cdot (2p)^k \right\} - (1-p)^n \quad (6.33)$$

mit

$$(1-p)^n = \sum_{h=0}^{m} (-1)^h \cdot \binom{n}{h} \cdot p^h + \sum_{h=m+1}^{n} (-1)^h \cdot \binom{n}{h} \cdot p^h$$

Die rechte Seite der Glg. (6.33) besteht aus drei Summanden. Der erste Summand besteht aus einer zweifachen Summenbildung. Der zweite bzw. dritte Summand summiert die Potenzen von p von 0 bis m bzw. m + 1 bis n. Die ersten zwei Summanden bilden das Taylorpolynom $T_m(p)$. Dies ist zwangsläufig der Fall. Denn bei der Ableitung der Glg. (6.33) wurde darauf geachtet, dass alle Potenzen von $p \le m$ vollständig berücksichtigt wurden. Wenn man schrittweise die Gliederpaare gemäß der Glg. (6.30), die gestrichen wurden, wieder zurück addiert, so ändern sich dadurch die Koeffizienten von Potenzen von p bis zur $m^{ten}$ Potenz nicht mehr. Spätestens, wenn alle Gliederpaare vollständig zurück addiert werden, gewinnt man die Restfehlerwahrscheinlichkeit RW bzw. das Taylorpolynom $T_n(p)$ wieder. Sollte das Polynom $m^{ten}$ Grades bestehend aus den ersten zwei Summanden nicht identisch mit $T_m(p)$ sein, so würde man am Ende der vollständigen Rückaddition aller Gliederpaare die Restfehlerwahrscheinlichkeit RW nicht mehr erhalten. Dies führt zum Widerspruch, und daher müssen die ersten zwei Summanden der Glg. (6.33) das Taylorpolynom $T_m(p)$ darstellen. Eigentlich haben die Koeffizienten $B_i$ und $c_k$ eine eindeutige wechselseitige Beziehung. Diese ist jedoch sehr komplex. Daher wird ein indirekter Beweis für die Taylorpolynome $T_m(p)$, die durch die ersten zwei Summanden gebildet werden, geführt.

Der dritte Summand bewirkt die Erweiterung des Taylorpolynoms $T_m(p)$ zu einem Polynom $n^{ten}$ Grades. Die rechte Seite der Glg. (6.33) ist somit identisch mit $T_{d\_i}$. Damit wurde der

Beweis erbracht, dass die Restfehlerwahrscheinlichkeit RW stets kleiner oder gleich dem erweiterte Polynom $T_{d\_m-d}$ im Intervall I = {x | x $\in$ [0, x'], x' = 0,5 * $^nC_{m+1}/^nC_{m+2}$} für ein gerades m (d $\leq$ m $\leq$ n – 2) ist (Satz 12). Die Gleichheit in der Glg. (6.33) gilt, wenn m = n ist, da dann die Erweiterung nicht mehr stattfindet (RW = $T_{d\_n-d}$ = $T_n$). Für m = n – 1 entsteht auch kein Gliederpaar, es bleibt jedoch ein einziges negatives Glied übrig. Dieses kann bedingungslos gestrichen werden. In beiden Fällen gilt das gesamte Intervall I = {x | x $\in$ [0, 1]} als Geltungsbereich.

Der Beweis für die Gültigkeit des Satzes 11 (Lower-Bound) lässt sich mit der gleichen Argumentation führen. Lediglich werden die Gliederpaare nun alle positiv, wenn m ungerade ist. Somit bleibt die Restfehlerwahrscheinlichkeit RW stets größer als das erweiterte Polynom $T_{d\_m-d}$ im Intervall I = {x | x $\in$ [0, x'], x' = 0,5 * $^nC_{m+1}/^nC_{m+2}$} für ein ungerades m (d $\leq$ m $\leq$ n – 2). Die Gleichheit in der Glg. (6.33) gilt, wenn m = n ist, da dann die Erweiterung nicht mehr stattfindet (RW = $T_{d\_n-d}$ = $T_n$). Für m = n – 1 entsteht auch kein Gliederpaar, bleibt jedoch ein einziges positives Glied übrig. Dieses kann bedingungslos gestrichen werden. In beiden Fällen gilt das gesamte Intervall I = {x | x $\in$ [0, 1]} als Geltungsbereich.

Es folgt unmittelbar aus den Sätzen 11 und 12, dass die erweiterten Polynome $T_{d\_m-d}$ die Restfehlerwahrscheinlichkeit RW umhüllen, da sie ohne Ausnahmen abwechselnd die RW über- bzw. unterschreiten. Dem zur Folge verläuft die Restfehlerwahrscheinlichkeit RW zwischen den erweiterten Polynomen $T_{d\_m-d}$ und $T_{d\_m-d+1}$ und im Intervall I = {x | x $\in$ [0, x'], x' = 0,5 * $^nC_{m+1}/^nC_{m+2}$} mit d $\leq$ m $\leq$ n – 2.

Ein wichtiger Hinweis

Bei Polynomen, die ein ungerades Gewicht haben, kommt es vor, dass ab einem bestimmten i = i' alle $B_{is}$ null werden. Ab i = i' bleibt das erweiterte Polynom $T_{d\_i}$ immer identisch der RW (siehe Anmerkung 9.3). Alle erweiterten Polynome werden dann auf das einzige Polynom überlagert, das als die RW = $T_n$ abgebildet wird. D. h. es genügt die erweiterten Polynome nur bis m = i' zu betrachten.

# 7 Ergebnis

## 7.1 Die Taylorreihe

Die Taylorreihe der Restfehlerwahrscheinlichkeit RW wird in drei Typen A, B und C aufgeteilt und erfasst alle bisher beobachteten Beispiele. Die RW liegt zwischen den zwei benachbarten Taylorpolynomen im Intervall $I = \{p \mid p \in [0, p']\}$. Zwei Taylorpolynome $T_{m-1}$ und $T_{m+1}$ werden als benachbarte Polynome betrachtet, wenn das Taylorpolynom $T_m$ gemäß des Satzes 10 gestrichen wird. Abhängig vom Polynom im Einsatz und der Datenblocklänge n kann p' relativ klein werden, es bleibt jedoch stets positiv. Leider ist zur exakten Bestimmung der Größe von p' die Kenntnis sämtlicher Koeffizienten $c_k$ erforderlich. Dies erschwert den Einsatz der Taylorreihe in der Praxis. Der exakte Wert von p' ist außerdem oft nicht brauchbar. Wie bereits erwähnt, verlaufen jedoch die benachbarten Taylorpolynome mit wachsendem p sehr rasch nach plus unendlich bzw. nach minus unendlich. Gemäß der Hypothese (5.2.1) wird die Restfehlerwahrscheinlichkeit RW dann von den benachbarten Taylorpolynomen eingegrenzt, und für p' kann ein Wert von 1 angenommen werden. Für die Praxis ist es von Bedeutung, dass bei einem vorgegebenen Wert von $p = p_0$ die tatsächliche Unschärfe bzw. Genauigkeit der Restfehlerwahrscheinlichkeit (die absolute Differenz der benachbarten Taylorpolynome an der Stelle $p = p_0$) bestimmt wird. Falls dies die Erwartungen des Anwenders nicht entspricht, können dann ein oder zwei Paar Koeffizienten $c_k$ mehr, zur Bildung der oben erwähnten Differenz, genommen werden. Das Verfahren ist in diesem Sinne selbst regulierend. Es empfiehlt sich für $p_0$ einen Wert von $10^{-2}$ anzunehmen und dem entsprechend die Anzahl der benötigten Koeffizienten $c_k$ zu bestimmen. Dies hat den Vorteil, dass die Normforderung stets erfüllt wird. Die so gewonnene Genauigkeit der Restfehlerwahrscheinlichkeit basiert auf einer pragmatischen Vorgehensweise. Wenn ein Anwender die absolute Sicherheit im Sinne eines strengen Nachweises anstrebt, so muss er dann auf die erweiterten Polynome $n^{ten}$ Grades zurückgreifen, die sich die Fehlertoleranz, wie später gezeigt wird, bei einem vorgegebenen Wert von $p = p_0$ vergrößert. Die Entscheidung liegt in diesem Falle im Ermessen des Anwenders. Zur praktischen Orientierung sei noch erwähnt, dass ein Wert von $-c_1/c_2$ für p' eine brauchbare Abschätzung darstellt und für die Taylorreihe angenommen werden kann. Dieser Wert entsteht aus der Betrachtung des Taylorpolynoms mit dem Index $m = d + 2$ mit maximal 3 bekannten Koeffizienten $c_k$, $c_0$ bis $c_2$. In der Praxis wird jedoch mit einer größeren Anzahl von Koeffizienten $c_k$ gerechnet. Für eine weitere Diskussion siehe Abschnitt 8.1.

## 7.2 Die erweiterten Taylorpolynome $n^{ten}$ Grades

Wie bereits im Abschnitt 5.2.2 erwähnt, kann ein beliebiges Taylorpolynom $T_m(p)$ $m^{ten}$ Grades durch Hinzufügen von $n - m$ Gliedern zu einem Polynom $T_{d\_i}$ $n^{ten}$ Grades gemäß der Glg. (5.8) erweitert werden. Das erweiterte Polynom $T_{d\_i}$ $n^{ten}$ Grades stellt eine Abschätzung $i^{ter}$

Ordnung für die Restfehlerwahrscheinlichkeit RW dar. Bei dieser Betrachtung ist m = d + i und der Index i verläuft dann von 0 bis n – d. Somit gibt es insgesamt n – d + 1 Abschätzungen der RW. Zur Bestimmung der Abschätzung $i^{ter}$ Ordnung von der RW ist dann die Kenntnis von sämtlichen Koeffizienten $A_{js}$ von j = d bis d + i erforderlich (siehe (5.12)). Diese Abschätzungen verhalten sich ähnlich wie die Taylorpolynome und umhüllen die Restfehlerwahrscheinlichkeit. Die Restfehlerwahrscheinlichkeit RW bleibt stets größer gleich bzw. kleiner gleich als die Abschätzung $i^{ter}$ Ordnung (das Polynom $T_{d\_i}$ $n^{ten}$ Grades) im Intervall I = {p | p ∈ [0, p'], p' = 0,5 * $^{n}C_{m+1}/^{n}C_{m+2}$}, abhängig davon ob m ungerade bzw. gerade Werte annimmt. Damit stellt das erweiterte Polynom $T_{d\_i}$ ein Upper- bzw. Lower-Bound der Restfehlerwahrscheinlichkeit gemäß der Gleichungen ((7.2) bzw. (7.1)) dar. Das Polynom $T_{d\_n-d}$ ist identisch mit der Restfehlerwahrscheinlichkeit RW selbst. D. h. die Abschätzung $(n-d)^{ter}$ Ordnung ist identisch mit der Restfehlerwahrscheinlichkeit. Dies ist der Fall, wenn die Gleichheit in der Glg. (7.2) bzw. (7.1) eintritt. Bei Polynomen mit einem ungeraden Gewicht werden alle $B_{is}$ ab einem bestimmten i = i' null. Ab i = i' bzw. m = d + i' bleibt das erweiterte Polynom $T_{d\_i}$ dann immer identisch mit der RW, siehe 9.3.

Der einzige Nachteil bei der Betrachtung der erweiterten Polynome ist die stärkere Ausweitung der erweiterten Polynome nach außen gegenüber den Taylorpolynomen. Die erweiterten Polynome erreichen schneller einen Wert eins bzw. null als die Taylorpolynome, wie die Abbildungen 34, 35 und 36 es belegen. Dadurch ergibt sich eine höhere Toleranz oder Unschärfe der Restfehlerwahrscheinlichkeit RW bei einer vorgegebenen Bitfehlerwahrscheinlichkeit von p = $p_0$ für die erweiterten Polynome. Der Upper- bzw. Lower-Bound der Restfehlerwahrscheinlichkeit, dargestellt durch das erweiterte Polynom $T_{d\_i}$, gemäß der Glg. (7.2) bzw. (7.1) ist im Intervall I = {p | p ∈ [0, p'], p' = 0,5 * $^{n}C_{m+1}/^{n}C_{m+2}$} gültig, siehe die Sätze 11 bzw. 12. Dies ist der größte Vorteil von erweiterten Polynomen, dass der Upper- bzw. Lower-Bound von der RW mit einer relativ einfachen Formel wie der Glg. (7.3) dargestellt werden kann. Im Gegensatz zu Taylorpolynomen nimmt erfreulicherweise der Geltungsbereich p' der erweiterten Polynome $T_{d\_i}$ mit zunehmender Anzahl der berücksichtigten Koeffizienten $c_k$ stetig zu, und überschreitet auch den Wert eins. Die Anzahl der berücksichtigten $c_k$ beträgt i + 1. Damit verläuft die Restfehlerwahrscheinlichkeit RW im Intervall I nicht nur zwischen den Polynomen $T_{d\_i}$ und $T_{d\_i+1}$, sondern zwischen beliebigen zwei benachbarten erweiterten Polynomen ab Index m = d + i bis n – 2. Für großes n und kleines m (m ≈ d) kann jedoch p' relativ klein werden. In diesem Fall kann es mal vorkommen, dass der vorgegebene Wert $p_0$, an dem die Restfehlerwahrscheinlichkeit bestimmt werden soll, größer als p' ist. Der neu berechnete Wert von p' mit der zusätzlich berücksichtigten Anzahl der Koeffizienten $c_k$ liegt in der Regel innerhalb des Geltungsbereichs, siehe Abschnitt 7.3.

$$T_{d\_i} = T_m - \sum_{t=m+1}^{n} (-1)^t \cdot \binom{n}{t} \cdot p^t \quad (5.8) \qquad \text{Abschätzung der RW } i^{ter} \text{ Ordnung}$$

$T_m$ ist ein Taylorpolynom $m^{ten}$ Grades mit $m+1$ Glieder und $i = m - d$

$$T_m = \sum_{k=0}^{m-d} c_k \cdot p^{k+d} \qquad \begin{array}{l} \text{m kann die Werte von d bis n annehmen} \\ \text{i kann die Werte von 0 bis n - d annehmen} \end{array}$$

$$RW \geq T_{d\_i} = T_m - \sum_{t=m+1}^{n} (-1)^t \cdot \binom{n}{t} \cdot p^t \qquad \begin{array}{l} \text{für } m = \text{ungerade} \\ \text{Lower-Bound} \end{array} \qquad (7.1)$$

$$RW \leq T_{d\_i} = T_m - \sum_{t=m+1}^{n} (-1)^t \cdot \binom{n}{t} \cdot p^t \qquad \begin{array}{l} \text{für } m = \text{gerade} \\ \text{Upper-Bound} \end{array} \qquad (7.2)$$

Die Glg. (7.1) und (7.2) sind gültig in einem Intervall $I = \{p \mid p \in [0, p']\}$

$$p' = 0,5 * \frac{\binom{n}{m+1}}{\binom{n}{m+2}} = 0,5 \cdot (m+2)/(n-m-1) \quad \text{mit } m = d+i \text{ und } m \leq n-2 \qquad (7.3)$$

Abhängig von m gibt es insgesamt $n - d + 1$ verschiedene Werte von p'. Der Wert von p' für $m \geq n - 1$ beträgt 1, siehe Abschnitt 6.4. Von Interesse ist jedoch der kleinste Wert von p', der dann für die sämtlichen erweiterten Polynome der Taylorreihe gilt. Nach Glg. (7.3) ist p' gleich 0,5 * (m + 2)/(n – m – 1). Das Minimum von p' ergibt bei einem festen Wert von n, wenn m den kleinsten Wert annimmt, und beträgt 0,5 * (d + 2)/(n – d – 1) für m = d. Somit ist es möglich für die ganze erweiterte Taylorreihe, den Geltungsbereich zu bestimmen. Er wird durch die Glg. (7.4) festgelegt. Aus der Glg. (7.4) erkennt man, dass der Wert von p' mit zunehmender Blocklänge n abnimmt. Die größte Blocklänge n' bei dem p' einen Wert von 0,01 noch nicht unterschreitet wird durch die Glg. (7.5) bestimmt. Wenn n kleiner als 51 * d + 101 bleibt, so bleibt p' stets größer gleich 0,01. Der kleinste Wert der Hamming-Distanz d beträgt 2. Damit wird der Geltungsbereich von 0,01 von erweiterten Polynomen stets eingehalten, wenn $n \leq 200$ bleibt.

$$\text{Geltungsbereich p' für die erweiterte Taylorreihe} = 0,5 * (d + 2)/(n - d - 1) \qquad (7.4)$$

$$n' = 51 * d + 101 \qquad (7.5)$$

$$\text{für } n \leq n' \text{ bleibt } p' \geq 1$$

Bisherige Betrachtungen haben es gezeigt, dass die Restfehlerwahrscheinlichkeit RW zwischen beliebigen zwei benachbarten erweiterten Polynomen $T_{d\_i}$ und $T_{d\_i+1}$ im Intervall $I = \{p \mid p \in [0, 0,01]\}$ für $n \leq 200$ verläuft. Grundsätzlich soll noch bemerkt werden, dass die erweiterten Polynome sich ähnlich wie die Taylorpolynome verhalten. D. h., die Restfehlerwahrscheinlichkeit verläuft zwischen zwei benachbarten erweiterten Polynomen im Intervall $I = \{p \mid p \in [0, p']\}$. Für p' kann ein Wert eins angenommen werden, da sich die erweiterten Polynome noch stärker als die Taylorpolynome nach außen ausweiten, wie es die Abbildungen 34, 35 bzw. 36 es zeigen. Im Zweifelsfall lässt sich p' schnell bestimmen.

## 7.3        Die Restfehlerwahrscheinlichkeit und ihre Genauigkeit

Sinn und Zweck einer Approximation ist mit wenig Aufwand die größtmögliche Präzision zu erzielen. Bei kleinem k ($(k \leq 20)$ ist mit angemessenem Aufwand die Bestimmung sämtlicher Koeffizienten $c_t$, t = 0 bis n – d möglich. Die exakte Bestimmung der Restfehlerwahrscheinlichkeit RW ist dann auch möglich. Bei großem k bricht man die Reihe zwangsläufig ab einem bestimmten t ab und ist dann auf eine effektive Approximation angewiesen. Es stehen dann insgesamt t + 1 Taylorpolynome, von m = d bis m = t + d zur Verfügung, wenn man die Approximation mit einer Taylorreihe vom Typ A durchführt. Bei den Taylorreihen vom Typ B und C stehen dann in der Regel t Taylorpolynome zur Verfügung, da mindestens ein Taylorpolynom stets gestrichen wird. Abhängig vom betrachteten Polynom und der Hamming-Distanz (siehe Sätze 10.a bzw. 10.b) entsteht zwischen $T_{m-1}(p)$, $T_m(p)$ und die RW eine Beziehung, die von den Gleichungen ((7.6) bzw. (7.7)) dargestellt wird. Die Situation ist bei dem erweiterten Polynom ähnlich. Hier ergibt sich eine Beziehung zwischen $T_{d\_i+1}(p)$, $T_{d\_i}(p)$ und RW, die von einer der beiden Gleichungen ((7.8) bzw. (7.9)) beschrieben wird und diese folgen unmittelbar aus den Gleichungen ((7.1) bzw. (7.2)).

$$T_{m-1}(p) > RW(p) > T_m(p) \tag{7.6}$$

$$T_m(p) > RW(p) > T_{m-1}(p) \tag{7.7}$$

$$T_{d\_i+1}(p) > RW(p) > T_{d\_i}(p) \quad m = d + i, m = \text{ungerade} \tag{7.8}$$

$$T_{d\_i}(p) > RW(p) > T_{d\_i+1}(p) \quad m = d + i, m = \text{gerade} \tag{7.9}$$

Für die beiden Approximationen stellen Taylorpolynome bzw. erweiterte Polynome ein Upper- bzw. Lower-Bound der Restfehlerwahrscheinlichkeit RW dar. Die RW an der Stelle $p = p_0$ kann durch die Glg. (7.10) bzw. Glg. (7.11) näherungsweise berechnet werden. Die Fehlertoleranz von der RW $\varepsilon\_tp$ bzw. $\varepsilon\_erp$ wird von der Glg. (7.12) bzw. Glg. (7.13) bestimmt. Der Geltungsbereich von p ($0 \leq p \leq p_0$) wird durch die geforderte Fehlertoleranz $\varepsilon$ (Unschärfe der RW) eingeschränkt, denn $\varepsilon$ wächst überproportional mit $p_0$.

$$RW(p = p_0) = (T_{m-1}(p_0) + T_m(p_0))/2 \pm \varepsilon\_tp \tag{7.10}$$

$$RW(p = p_0) = (T_{d\_i+1}(p_0) + T_{d\_i}(p_0))/2 \pm \varepsilon\_erp \tag{7.11}$$

$$\varepsilon\_tp = \Delta/2 = |T_{m-1}(p_0) - T_m(p_0)|/2 = |c_{m-d}\,p_0^m|/2 \tag{7.12}$$

$$\varepsilon\_erp = \Delta/2 = |T_{d\_i+1}(p_0) - T_{d\_i}(p_0)|/2 = (|c_{m-d+1} - (-1)^{m+1}|p_0^{m+1})/2 \tag{7.13}$$

Zur Bestimmung der Koeffizienten $c_t$ bis t = m – d müssen die Anzahl der unerkannten i-Bitfehler bis i = m bekannt sein (siehe Glg.(5.11)). Um eine gewünschte Fehlertoleranz von 1E–8 zu erzielen, ist die Kenntnis der Anzahl der unerkennbaren i-Bitfehler erforderlich. Mit i = d + 2 bis d + 14 erzielt man in der Regel gut brauchbare Ergebnisse. Zur Bestimmung der Anzahl der erforderlichen Koeffizienten $c_t$ bei einem vorgegebenen Wert von $p_0$ wird eine pragmatischere Vorgehensweise empfohlen. Um einen vernünftigen Wert für die Fehlertoleranz bzw. Genauigkeit zu erzielen, soll die Differenz der Polynome an der Stelle $p_0$ kleiner als 1/10 des Wertes von der Restfehlerwahrscheinlichkeit an dieser Stelle gehalten werden. Es müssen dann soviel Polynome berücksichtigt werden, bis die Differenz der benachbarten Polynome an der Stelle $p_0$ kleiner wird als 1/10 des Wertes von der RW an dieser Stelle. Wenn der vorgegebene Wert von $p_0$ außerhalb des Geltungsbereichs p' liegt, so verläuft die

Restfehlerwahrscheinlichkeit RW nach Hypothese (5.2.1) zwischen den zwei benachbarten Taylorpolynomen. Für die erweiterten Polynome liegt der Wert von $p_0$ in der Regel nach Neuberechnung des Geltungsbereichs p' mit der Anzahl der tatsächlich berücksichtigten Koeffizienten $c_t$ innerhalb des Geltungsbereichs p'. Dies lässt sich leicht mit der Glg. (7.3) verifizieren. Die Fehlertoleranz $\varepsilon\_tp$ der Approximation mit Taylorpolynomen der Taylorreihe vom Typ C kann an der Schnittstelle, wo ein Taylorpolynom gestrichen wird, zwei Glieder im Gegensatz zum Regelfall von einem Glied gemäss der Glg. (7.12) beinhaltet. Für 32-Bit Polynome ist die Bestimmung der Anzahl der unerkennbaren Bitfehler in der geforderten Größe mit angemessener Rechenzeit und ausreichendem Arbeitsspeicher mit dem Dualen Code eher möglich.

## 7.4     Die Genauigkeit der Berechnungen der RW

Im Abschnitt 4.1 wurde ausführlich über die zu erwartenden Probleme, mit denen man bei der Bestimmung der Restfehlerwahrscheinlichkeit konfrontiert wird, berichtet. Für die Taylorreihe gibt es sogar ein sehr wirksames Kriterium, um die Richtigkeit der Berechnung bei der Analyse zu beurteilen. Nach Satz 4 beträgt die Summe der Koeffizienten $c_k$ (k = 0 bis n – d) 0 oder 1. Treten Ungenauigkeiten durch mangelnde Präzision auf, so ergibt sich für diese Summe eine von 0 oder 1 abweichende Zahl. Dies stellt man sehr deutlich bei den Analysedaten fest. Die Tabelle 24 zeigt einen Auszug der Analysedaten für das Polynom 13Fh. Dort ist die Summe der Koeffizienten $c_k$ aufgelistet. Ab Informationsbit k = 36 oder Blocklänge 44 wird der Absolutbetrag der Summe > 1. Zunächst bleibt das Ergebnis noch annehmbar, aber ab k > 46 wächst der Betrag sehr stark an, was auf eine zunehmende Ungenauigkeit deutet. Dieses Kriterium ist ein wertvoller Anhaltspunkt. Leider stehen nicht immer die Berechnungen sämtlichen Koeffizienten $c_k$ zur Verfügung. Für eine gut brauchbare Approximation reichen die ersten 10 bis 12 Koeffizienten von $c_k$ in der Regel völlig aus. Im betrachteten Fall erreicht der Koeffizient $c_{12}$ einen Wert von 3,2e14 bei n = 72 (k = 64). Der Einsatz von vpa ist mit Sicherheit nicht erforderlich, wenn man eine Approximation der Restfehlerwahrscheinlichkeit mit den ersten 13 Koeffizienten $c_k$ durchführt.

# 8    Beispiele

## 8.1    Hinweis zum Umgang mit den Taylorpolynomen

Für die Taylorreihen vom Typ A, B oder C kann eine brauchbare Abschätzung des Geltungsbereichs $I = \{p \mid p \in [0, p']\}$ mit $0 \leq p' \leq 1$ mithilfe der Glg. (8.1), wie im Abschnitt 7.1 vorgeschlagen, bestimmt werden. Die exakte Bestimmung von $p'$ (siehe 6.4) scheitert daran, dass nicht alle Koeffizienten $c_k$ bekannt sind.

$$p' = -c_1/c_2 \qquad (8.1)$$

Sind die Koeffizienten von $c_0$ bis $c_t$ bekannt, so kann die Abschätzung von $p'$ für die Taylorreihe bis zum Taylorpolynom mit einem Index $d + t$, wie im Abschnitt 6.4 beschrieben, durchgeführt werden. Es werden bei dieser Abschätzung die Koeffizienten $c_k$ mit $k > t$ vernachlässigt. Diese Abschätzung hat dann einen mittelbaren Bezug zum Taylorpolynom $T_{d+t}$. Diese kann sich unter Umständen als unbrauchbar erweisen. Daher wird in den Abbildungen stets der Wert von $p'$ im Bezug auf das Polynom $T_{d+2}$ ($p' = -c_1/c_2$) angegeben. Gelegentlich ist auch der Bezug auf ein Taylorpolynom mit höherem Index als $d + 2$ zu finden. Dies ist dann der Fall, wenn der Koeffizient $c_2$ entweder gestrichen oder null wird. Unter der Voraussetzung, dass die Hypothese (5.2.1) gültig ist, kann für $p'$ ein Wert von 1 angenommen werden. Die Abschätzung dient lediglich als Orientierungshilfe für den Anwender, um zu erkennen, in welchem Bereich der abgeschätzte Wert von $p'$ sich bewegt. In der Praxis wird die maximal zulässige Bitfehlerrate $p_0$ bei der vorgegebenen Anzahl der Koeffizienten $c_k$ durch die geforderte Fehlertoleranz bzw. Ungenauigkeit der Restfehlerwahrscheinlichkeit begrenzt, siehe 7.3. Der so ermittelte Wert von $p_0$ ist praxisorientiert und liefert eine zuverlässige Abschätzung mit wenig Aufwand für den den Geltungsbereich $p'$.

### 8.1.1    Taylorreihe vom Typ A

Bei den Polynomen mit geradem Gewicht ist die Taylorreihe nach Satz 5 uneingeschränkt alternierend vom Typ A. Damit sind die Taylorreihen der Hälfte aller Polynome streng alternierend. Bei den Polynomen mit ungeradem Gewicht kommen alle Typen A, B und C vor, jedoch über die Blocklänge $n$ betrachtet, sind überwiegend die Taylorreihen vom Typ A vertreten. Aus der Glg. (5.12) folgt, dass bei den Polynomen mit geradem Gewicht alle Koeffizienten $c_k$ ungleich null sind. Es gilt weiterhin $c_k > 0$, wenn $k$ gerade bzw. $c_k < 0$, wenn $k$ ungerade ist. Für Polynome mit geradem Gewicht kann zur Bestimmung der Abschätzung von $p'$ uneingeschränkt der Wert von $-c_{m-d-1}/c_{m-d}$ für alle $m$ von $d + 2$ bis $n$ ($c_{m-d}$ stets $\neq 0$) genommen werden. Beispiele hierfür sind die Polynome 1Dh und 1F7h.

Für das Polynom 1D7h mit ungeradem Gewicht ist die Taylorreihe für $n = 11$ ($k = 3$ und $d = 5$) mit ungerader Hamming-Distanz vom Typ A (siehe Abbildung 16), dagegen für $n = 10$ ($k$

= 2 und d = 6) mit gerader Hamming-Distanz vom Typ C (siehe Abbildung 23), da $c_2 = 0$ wird und das Taylorpolynom $T_{d+2=8}$ gemäß Anmerkung 9.2 gestrichen wird.

### 8.1.2    Taylorreihe vom Typ B

Es ist zwingend für die Taylorreihe vom Typ B, dass das Polynomgewicht ungerade ist. Ausserdem ist es der einzige Typ bei dem das Taylorpolynom $T_d$ gemäss Satz 9 (siehe auch Anhang 14.3) stets kleiner als die Restfehlerwahrscheinlichkeit RW bleibt. Die Taylorreihe vom Typ B entsteht grundsätzlich an der Schnittstelle, wo die Hamming-Distanz einen Sprung nach unten macht. Dies ist ein notwendiges und kein hinreichendes Kriterium. Es kommt vor, dass an dieser Schnittstelle die beiden Koeffizienten $c_0$ und $c_1$ positiv werden und dann im weiteren Verlauf noch zwei positive bzw. negative Koeffizienten folgen. Die Reihe ist dann vom Typ C. Diese Aussage basiert auf empirischen Beobachtungen und wurde bei der Analyse von sämtlichen Polynomen bis zum $10^{ten}$ Grad bestätigt. Das Verhalten ist qualitativ verständlich. Durch den Abfall der Hamming-Distanz von d auf d – 1 entstehen die Codewörter mit einem Gewicht von d – 1 zum ersten Mal und ihre Anzahl, die $c_0$ darstellt, ist dementsprechend sehr klein. Das Taylorpolynom $T_d$ erfährt einen starken Schub nach unten. Der nächste Koeffizient c1 muss zwangsläufig positiv werden, da sonst die Taylorreihe die RW nicht umhüllen würde.

Rein formal muss bei der Taylorreihe vom Typ B das Taylorpolynom $T_d$ gestrichen werden, da $c_0$ und $c_1$ beide positiv sind. Für die Abschätzung von p' bei Taylorreihen vom Typ B ergibt sich dann ein Wert von $-c_2/c_3$. Dieser Wert wird auf das Polynom $T_{d+3}$ bezogen.

### 8.1.3    Taylorreihe vom Typ C

Bei der Taylorreihe vom Typ C ist es auch notwendig, dass das Polynomgewicht ungerade ist. Im Gegensatz zur Reihe vom Typ B entstehen bei der Reihe vom Typ C die zwei aufeinanderfolgenden Koeffizienten $c_k$ mit dem gleichen Vorzeichen nicht gleich am Anfang, sondern erst im weiteren Verlauf der Reihe, d. h., für die Reihe vom Typ C kann $c_t * c_{t+1} \geq 0$ erst ab t > 1 werden. Ist $c_t = 0$, so wird die Reihe formal als Typ C betrachtet, siehe 9.2. Nach Satz 10 wird dann das Taylorpolynom $T_{d+t}$ gestrichen. Das Streichen bewirkt eine Verschiebung des Index des Taylorpolynoms nach oben. Ab dieser Stelle verlaufen alle Taylorpolynome mit einem ungeraden Index oberhalb des Polynoms $T_n(p)$ bzw. die RW und alle Taylorpolynome mit einem geraden Index verlaufen unterhalb des Polynoms $T_n(p)$ bzw. die RW oder umgekehrt, abhängig von d. Ein typisches Merkmal der Taylorreihe vom Typ C besteht darin, dass hier nicht alle Taylorpolynome mit einem geraden bzw. ungeraden Index stets größer oder kleiner als die RW bleiben. Bei Reihen vom Typ C findet ein Wechsel beim Index der Taylorpolynome, ab m = t + d + 1, vom geraden auf den ungeraden oder umgekehrt statt (siehe hierzu Anhang 14.4).

Durch den Wegfall eines Taylorpolynoms muss p' neu berechnet werden. p' kann nun nicht mehr durch einen Quotienten von Koeffizienten $c_k$ gebildet werden. Der neue Wert von p' wird nun aus einer quadratischen Gleichung in p bestimmt. Man kann, statt einer komplexen Berechnung, den Wert von p' auch analytisch aus dem Plot der Taylorpolynome entnehmen. Die exakte Vorgehensweise ist im Anhang 14.2 beschrieben.

Bei der Taylorreihe vom Typ C können grundsätzlich die aufeinanderfolgenden Koeffizien-ten-Paare von $c_k$ mit dem gleichen Vorzeichen mehrmals vorkommen. Es gibt allerdings nur wenige Beispiele, bei denen mehr als ein Paar von aufeinanderfolgenden Koeffizienten mit gleichem Vorzeichen beobachtet werden konnte. In keinem der Beispiele gab es mehr als drei Paare. Alle zwei aufeinanderfolgenden Koeffizienten-Paare von $c_k$, die beobachtet wur-den, stehen im Einklang mit Satz 6. Die Anzahl der aufeinanderfolgenden Koeffizienten $c_k$ ist in der Regel auf zwei beschränkt (siehe auch die Anmerkung 9.1). Selten findet man je-doch drei aufeinanderfolgende Koeffizienten $c_k$ mit dem gleichen Vorzeichen. In solchen Fällen gewinnt man, in Anlehnung an Satz 10, nach Streichen sämtlich niederwertiger Tay-lorpolynome (im obigen Beispiel werden 2 Taylorpolynomen gestrichen) eine brauchbare Taylorreihe. Dies wird im Abschnitt 8.3 an einem Beispiel demonstriert.

# 8.2    Allgemeine Beispiele

Die weiteren Betrachtungen zielen auf den Verlauf der Taylorpolynome ab. Gemeint ist stets der Verlauf des Taylorpolynoms in einem Intervall $0 \leq p \leq 1$. Thema ist der Verlauf nach minus unendlich oder plus unendlich. Gemeint ist damit ein monoton stark abfallender oder ansteigender Wert von Taylorpolynomen im Intervall $0 \leq p \leq 1$. Wenn das Taylorpolynom einmal den Wert null unterschreitet bzw. den Wert eins überschreitet, so bleibt es im weite-ren Verlauf des Intervalls stets kleiner als null bzw. größer als eins. Für $p > 1$ darf sich das Taylorpolynom unter Umständen umkehren. Dies beeinträchtigt die Abschätzung der Rest-fehlerwahrscheinlichkeit nicht. Ein von oben beschrieben abweichendes Verhalten würde sofort bei der Betrachtung des Plots auffallen, wie das Beispiel des Plots von Polynom Dh (Abbildung 26) belegt. Nach der Hypothese (5.2.1) umhüllt die Taylorreihe die Restfehler-wahrscheinlichkeit RW. Dies bedeutet, dass es keinen gemeinsamen Schnittpunkt, außer x = 0, zwischen der RW und Taylorpolynomen im Intervall $0 \leq p \leq 1$ gibt. Es ist eine empirische Feststellung, dass solche Schnittpunkte, falls vorhanden, nur bei den Taylorpolynomen, die gestrichen werden, beobachtet.

## 8.2.1    Taylorreihe vom Typ A

Bei der Taylorreihe vom Typ A (Polynom 1Dh, n = 16 und d = 2) verlaufen alle zu Koeffi-zient $c_t$ zugehörigen Taylorpolynome $T_{d+t}$, wenn der Index t ungerade ist, nach unten, d. h. für große Werte von p verlaufen sie gegen minus unendlich. Die Taylorpolynome $T_{d+t}$ mit geradem t verlaufen für große Werte von p dagegen nach plus unendlich, wie die Abbildung 14 es zeigt. Die exakte Restfehlerwahrscheinlichkeit verläuft immer zwischen zwei benach-barten Taylorpolynomen. Die Taylorreihe ist uneingeschränkt alternierend.

Bei der Taylorreihe vom Typ A (Polynom 1F7h, n = 34 und d = 4) verlaufen alle zu Koeffi-zient $c_t$ zugehörigen Taylorpolynome $T_{d+t}$, wenn der Index t ungerade ist, nach unten, d. h. für große Werte von p verlaufen sie gegen minus unendlich. Die Taylorpolynome $T_{d+t}$ mit geradem t verlaufen für große Werte von p dagegen nach plus unendlich, wie die Abbildung 15 zeigt. Die exakte Restfehlerwahrscheinlichkeit verläuft immer zwischen zwei benachbar-ten Taylorpolynomen. Die Taylorreihe ist uneingeschränkt alternierend.

Bei der Taylorreihe vom Typ A (Polynom 1D7h, n = 11 und d = 5) verlaufen alle zum Koef-fizienten $c_t$ zugehörigen Taylorpolynome $T_{d+t}$, wenn der Index t ungerade ist, nach unten, d.

h. für große Werte von p verlaufen sie gegen minus unendlich. Die Taylorpolynome $T_{d+t}$ mit geradem t verlaufen für große Werte von p dagegen nach plus unendlich, wie die Abbildung 16 zeigt. Die exakte Restfehlerwahrscheinlichkeit verläuft immer zwischen zwei benachbarten Taylorpolynomen. Die Taylorreihe ist uneingeschränkt alternierend. Diese Beispiele demonstrieren die Gültigkeit des Satzes 8.a sehr eindrucksvoll.

## 8.2.2    Taylorreihe vom Typ B

Bei der Taylorreihe vom Typ B (Polynom 1B7h, n = 44 und d = 2) verlaufen alle zu Koeffizient $c_t$ zugehörigen Taylorpolynomen $T_{d+t}$ mit geradem t nach unten, d. h. für große Werte von p verlaufen sie gegen minus unendlich. Die Taylorpolynome $T_{d+t}$ mit ungeradem Index t verlaufen für große Werte von p dagegen nach plus unendlich, wie die Abbildung 17 es zeigt. Die exakte Restfehlerwahrscheinlichkeit verläuft immer zwischen zwei benachbarten Taylorpolynomen. Das Taylorpolynom $T_d$ wird gestrichen. In Analogie zu obigem Beispiel verläuft bei der Taylorreihe vom Typ B (Polynom 16Fh, n = 16 und d = 4) die exakte Restfehlerwahrscheinlichkeit immer zwischen zwei benachbarten Taylorpolynomen, wie die Abbildung 18 es zeigt. Das Taylorpolynom $T_d$ wird gestrichen. Diese Beispiele demonstrieren die Gültigkeit des Satzes 9.a (siehe Anhang 14.3). Es ist zu beachten, dass bei der Taylorreihe vom Typ B das Polynom $T_d$ grundsätzlich gestrichen wird.

## 8.2.3    Taylorreihe vom Typ C

Das Polynom 1D7h liefert eine Taylorreihe vom Typ C für n = 18 und d = 2. Aus der Abbildung 19 kann man entnehmen, dass die Koeffizienten $c_6$ und $c_7$ beide positiv sind. Nach Satz 10 wird somit das Taylorpolynom $T_8$ (entspricht dem Koeffizienten $c_6$) verworfen. In der Abbildung 19 ist dieses Taylorpolynom gestrichelt mit gelber Farbe gezeichnet. Die exakte Restfehlerwahrscheinlichkeit verläuft dann stets zwischen zwei benachbarten Taylorpolynomen, wenn man das Taylorpolynom $T_8$ außer Acht lässt. Die Abbildung 19 zeigt, dass alle dem Index t zugehörigen Taylorpolynome mit ungeradem Index bis t = 5 gegen minus unendlich verlaufen. Alle Taylorpolynome mit geradem Index ab t = 8 verlaufen ebenfalls auch gegen minus unendlich. Dagegen verlaufen alle Taylorpolynome mit geradem Index bis t = 4 gegen plus unendlich. Alle Taylorpolynome mit ungeradem Index ab t = 7 verlaufen ebenfalls gegen plus unendlich.

Bei dem Polynom C75h (Golay-Code, Hamming-Distanz d = 2, n = 24) sind die Koeffizienten $c_9$ und $c_{10}$ negativ, somit wird das Taylorpolynom $T_{11}$ gestrichen. Die Abbildung 20 zeigt, dass alle dem Index t zugehörigen Taylorpolynome $T_{d+t}$ bis t = 7, wobei t ungerade ist, gegen minus unendlich verlaufen. Alle Taylorpolynome $T_{d+t}$ ab t = 10, wobei t gerade ist, verlaufen ebenfalls gegen minus unendlich. Dagegen verlaufen alle Taylorpolynome $T_{d+t}$ bis t = 8, wobei t gerade ist, sowie alle Taylorpolynome ab t = 11, wobei t ungerade ist, ebenfalls gegen plus unendlich. Die exakte Restfehlerwahrscheinlichkeit verläuft dann stets zwischen zwei benachbarten Taylorpolynomen.

Bei dem Polynom 1Fh (Hamming-Distanz d = 2, n = 17) sind die Koeffizienten $c_{12}$ und $c_{13}$ positiv. Das Taylorpolynom $T_{14}$ wird gestrichen. Die Abbildung 21 zeigt, dass alle dem Index t zugehörigen Taylorpolynome $T_{d+t}$ bis t = 10 und t gerade gegen plus unendlich verlaufen. Alle Taylorpolynome $T_{d+t}$ bis t = 11 und t ungerade verlaufen gegen minus unendlich. Von den restlichen zwei Taylorpolynomen verläuft das Polynom $T_{d+13}$ gegen plus unendlich und das Polynom $T_{16}$ gegen minus unendlich. Die Restfehlerwahrscheinlichkeit RW verläuft zwischen zwei benachbarten Taylorpolynomen nach Ausschluss des Polynoms $T_{d+12}$.

Bei dem Polynom 153h (Hamming-Distanz d = 3, n = 33) kommen zwei Paare mit den positiven Koeffizienten $c_6$, $c_7$ und $c_{11}$, $c_{12}$ vor. Hier müssen dementsprechend die Taylorpolynome $T_9$ und $T_{14}$, wie es aus der Abbildung 22 ersichtlich wird, gestrichen werden. Die ersten drei Taylorpolynome $T_{d+t}$ mit einem geraden t von 0, 2 und 4 sind größer als die Restfehlerwahrscheinlichkeit RW. Danach macht t einen Sprung und es folgen zwei Taylorpolynome mit einem geraden Index von 10 und 12. Es ist zu beachten, dass dem Index des Taylorpolynoms der Wert d + t zugeordnet wird. Danach macht der Index t wieder einen Sprung und die restlichen Taylorpolynome größer als die RW haben einen ungeraden Index größer oder gleich 15. Die Taylorpolynome, die kleiner als die RW sind, verlaufen ähnlich. Hier gibt es in der Mitte zwei Taylorpolynome mit den ungeraden Indizes von 11 und 13.

Bei dem Polynom 1CFh (Hamming-Distanz d = 3, n = 39) kommen zwei Paare mit den aufeinanderfolgenden Koeffizienten $c_k$ mit dem gleichen Vorzeichen. Die Koeffizienten $c_3$ und $c_4$ sind negativ und die Koeffizienten $c_9$ und $c_{10}$ positiv. Es werden die Taylorpolynome $T_6$ und $T_{12}$ gestrichen, wie es aus der Abbildung 41 zu erkennen ist. Der Verlauf der Taylorpolynome ist sehr ähnlich wie im vorigen Beispiel. Die Taylorpolynome größer als die RW beginnen mit einem ungeraden Index von 3. Es folgt danach zweimal ein Wechsel der Indizes von ungerade auf gerade und dann wieder von gerade auf ungerade. Die Taylorpolynome kleiner als die RW verlaufen ähnlich. Hier gibt es in der Mitte drei Taylorpolynome $T_7$ und $T_9$ und $T_{11}$ mit einem ungeraden Index. Die letzten beiden Beispiele demonstrieren das im Anhang 14.4 beschriebene Verhalten eindrucksvoll.

## 8.3    Spezielle Beispiele

Das Polynom 1D7h liefert eine Taylorreihe vom Typ C für n = 10 und d = 6. Aus der Abbildung 23 kann man entnehmen, dass der Koeffiziente $c_2$ null ist. Formal wird alle Koeffizienten mit einer Wertigkeit von null das gleiche Vorzeichen wie dem nachfolgenden Koeffizienten (hier also $c_3$) zugewiesen. Nach Satz 10 werden somit alle solche Taylorpolynome (hier $T_8$) verworfen. Falls ein Koeffizient $c_t$ gleich null wird, so sind die Taylorpolynome $T_{d+t-1}$ und $T_{d+t}$ identisch und das Taylorpolynom $T_{d+t}$ ist für weitere Betrachtungen irrelevant. Das Einzige was in solchen Fällen beachtet werden sollte ist die Bestimmung von p'. Für p' ergibt sich dann ein Wert von $-c_{t-1}/c_{t+1}$ bezüglich des Taylorpolynoms $T_{d+t+1}$. Dieser Wert soll dann zur exakten Bestimmung von p' gemäß Abschnitt 6.4 genommen werden. Die exakte Restfehlerwahrscheinlichkeit verläuft dann stets zwischen zwei benachbarten Taylorpolynomen.

Die Taylorreihe des Polynoms 16Fh (Hamming-Distanz d = 3, n = 21) ist vom Typ C mit drei aufeinanderfolgenden negativen Koeffizienten $c_1$, $c_2$ und $c_3$, wie es die Abbildung 24 zeigt. Drei Koeffizienten mit dem gleichen Vorzeichen in Folge kommen extrem selten vor. In Anlehnung an Satz 10 gewinnt man in diesem Fall durch das Streichen der zwei Taylorpolynome mit dem niederwertigen Index eine brauchbare Taylorreihe (siehe Anmerkung 9.1). Die Abbildung 24 zeigt, dass die den Koeffizienten $c_1$ und $c_2$ zugehörigen Taylorpolynome $T_4$ und $T_5$, im Bild mit der gestrichelten gelben Linie dargestellt, sich bis zur Mitte des Bildes strecken. Betrachtet man jedoch die Abbildung 25 ohne die Taylorpolynome $T_4$ und $T_5$, so erscheint die Taylorreihe wie eine gewöhnliche Reihe. Die exakte Restfehlerwahrscheinlichkeit RW verläuft zwischen den zwei benachbarten Taylorpolynomen, wenn man die

Taylorpolynomen $T_4$ und $T_5$ außer Acht lässt. Der Wert von p' kann aus dem Schnittpunkt der Taylorpolynome $T_3$ und $T_7$, wie im Anhang 14.2 beschrieben, bestimmt werden. Er beträgt 0,15 auf das Taylorpolynom $T_7$ bezogen.

Beim Polynom Dh (Hamming-Distanz d = 2, n = 15) entsteht eine Taylorreihe vom Typ C mit zwei positiven Koeffizienten $c_2$ und $c_3$, wie es die Abbildung 26 zeigt. Gemäß Satz 10 wird das Taylorpolynom $T_4$, in der Abbildung als gestrichelte gelbe Linie zu sehen, gestrichen. Dieses Beispiel zeigt ein typisches Verhalten der Taylorreihe. Wie bereits erwähnt, verlaufen die Taylorpolynome tendenziell abwechselnd nach minus unendlich bzw. plus unendlich und umhüllen die Funktion f(x), hier die Restfehlerwahrscheinlichkeit RW. Entstehen zwei Koeffizienten mit dem gleichen Vorzeichen hintereinander, so liegt eine Abnormalität vor. Dies verhindert, dass die Taylorpolynome die Restfehlerwahrscheinlichkeit umhüllen können. Ein positiver Koeffizient bewirkt, dass das Taylorpolynom spätestens für große Werte von p (p >> 1) nach plus unendlich verlaufen muss. Verläuft das Taylorpolynom trotz eines positiven Zeichenwechsels nicht nach plus unendlich, wie bei dem betrachteten Beispiel, so wird ein weiterer positiver Koeffizient nachgeschoben. Die beiden Koeffizienten zusammen zwingen den Verlauf des Taylorpolynoms nach plus unendlich. Kommen mehr als zwei Koeffizienten mit gleichen Vorzeichen vor, so umhüllt das letzte Taylorpolynom die RW mit Sicherheit. Durch das Streichen des Polynoms mit dem niederwertigen Index gewinnt man dann eine umhüllende Taylorreihe, wie die Hypothese (5.2.1) es formuliert. Auf jeden Fall darf ein gültiges Taylorpolynom im Intervall $0 \leq p \leq 1$ nach Hypothese (5.2.1) nicht umkehren. Durch das Streichen des Taylorpolynoms wird dafür gesorgt. Tut es dies dennoch, so ist es kein umhüllendes Taylorpolynom mehr und wird bei einfachem Betrachten des Plots sofort auffallen.

Die Abbildung 27 zeigt die Taylorreihe ohne das Taylorpolynom $T_4$. Die Taylorreihe verwandelt sich dann in eine gewöhnliche Taylorreihe und ist gut brauchbar. Die exakte Restfehlerwahrscheinlichkeit RW verläuft zwischen zwei benachbarten Taylorpolynomen und liefert eine gute Approximation der Restfehlerwahrscheinlichkeit. Der Wert von p' beträgt 0,3 bezogen auf das Taylorpolynom $T_5$ und wird aus dem Schnittpunkt der Taylorpolynome $T_2$ und $T_5$ bestimmt. Als Letztes stellt die Abbildung 37 die Restfehlerwahrscheinlichkeit des Polynoms 1FFEDh (Hamming-Distanz d = 6, n = 19), berechnet mit einem Polynom $19^{ten}$ Grades, dar. Die RW zeigt zwei ausgeprägte Maxima bei p = 0,3 und p = 0,78. Die Taylorreihe ist vom Typ C mit zwei positiven Koeffizienten $c_{12}$ und $c_{13}$. Die Taylorpolynome der Reihe sind in der Abbildung 38 abgebildet.

## 8.4    Erweiterte Polynome

Es wurden bisher 13 Taylorreihen von 10 verschiedenen Polynomen intensiv analysiert. Für all diese Beispiele wurde auch das erweiterte Polynom berechnet und es wurden Plots angefertigt. Die erweiterten Polynome $T_{d\_i}$ werden in den Abbildungen mit $T_{d-i}$ bezeichnet und sind somit leicht erkennbar. Den kleinsten Wert von p', der für die sämtlich erweiterten Polynome der Taylorreihe gilt, bekommt man für das kleinste m, siehe 7.2. In den Abbildungen wird auf diesen kleinsten Wert Bezug genommen. Bei der Betrachtung der Bilder von erweiterten Polynomen wird man angenehm überrascht. Die Taylorreihe von Taylorpolynomen kann manchmal sehr chaotische Gestalt annehmen (z. B. das Polynom Dh mit n = 15, Abbildung 26). Die erweiterten Polynome haben dagegen einen sehr regelmäßigen Verlauf. Sie verlaufen abwechselnd nach plus unendlich bzw. nach minus unendlich. Nachfolgend sind in Kürze die wichtigsten Merkmale der erweiterten Polynome zusammengefasst.

1. Wie bereits erwähnt, verlaufen die erweiterten Polynome ganz streng und regelmäßig abwechselnd nach plus unendlich bzw. minus unendlich, je nachdem, ob der Index des Taylorpolynoms, aus dem sie abgeleitet wurden, gerade oder ungerade ist. Aus der Abbildung 24 Dh (Polynom 16fh mit d = 3, n = 21) kann man erkennen, dass die den Koeffizienten c1 bzw. c2 zugehörigen Taylorpolynome T4 bzw. T5 nach unten verlaufen und einen sehr großen Bogen machen, sodass sie erst nach dem Taylorpolynom T12 (entspricht Koeffizient c9) den Anlauf nehmen, in den negativen Bereich zu wechseln. Wie es aus der Abbildung 28 (Polynom 16fh mit d = 3, n = 21) zu ersehen ist, verläuft erwartungsgemäß das erweiterte Polynom c1 nach plus unendlich bzw. c2 nach minus unendlich. Außerdem stellt man fest, dass die erweiterten Polynome regelmäßig im Gleichschritt nach oben bzw. nach unten verlaufen.

2. Wenn ein Koeffizient $c_t$ gleich null wird, so kann das zugehörige Taylorpolynom ignoriert werden. Dies ist dadurch begründet, dass die Taylorpolynome $T_{d+t-1}$ bzw. $T_{d+t}$ identisch sind. Bei dem erweiterten Polynom ist dies nicht der Fall. Dies wird durch das Polynom 1D7h (Hamming-Distanz d = 6, n = 10) belegt, wie Abbildung 29 es zeigt. Hier sind die erweiterten Polynome $T_{d\_3}$ und $T_{d\_4}$ identisch und wird nur das Polynom $T_{d\_3}$ aufgezeichnet, siehe 9.3.

3. Bei Polynomen mit ungeradem Gewicht werden die Koeffizienten $c_k$ ab einem bestimmten k = k' alle gleich und betragen $(-1)^{k'+d} * {}^nC_{k'+d}$ (für Details siehe Anmerkung 9.3). Gemäß der Glg. (5.11) benötigt man dann die Kenntnis der Gewichte der Codewörter $A_i$ bis i = d + k' – 1. Abhängig vom Polynom und der Blocklänge n braucht man dann nur einen geringen Teil der unerkannten i-Bitfehler zu bestimmen (bis i = d + k' – 1), da die $c_{ks}$ ab k = k' alle bekannt sind. Es ist dann sogar möglich, die exakte Restfehlerwahrscheinlichkeit RW mit wenigen Koeffizienten $c_k$ zu bestimmen. Die Abbildung 30 demonstriert dieses Verhalten am Beispiel des Polynoms 1CFh. Hier benötigt man sämtliche Koeffizienten $c_k$ bis k = 23 um eine exakte RW zu bestimmen.

4. Bei Polynomen mit geradem Gewicht müssen leider sämtliche Koeffizienten $c_k$ bekannt sein, um eine exakte Berechnung der RW durchführen zu können. Dies ist am Beispiel des Polynoms 1F7h (Hamming-Distanz d = 4, n = 34) zu sehen (siehe hierzu Abbildung 31). Es ist erstaunlich, dass die erweiterten Polynome trotz einer hohen Blocklänge sehr regelmäßig und im Gleichschritt gegen plus unendlich bzw. minus unendlich verlaufen.

5. Der einzige Nachteil von erweiterten Polynomen besteht darin, dass alle Polynome, die aus den Taylorpolynomen $T_m$ mit relativ kleinem Index m stammen, relativ schnell gegen plus unendlich bzw. minus unendlich verlaufen, und damit überschreiten, bzw. unterschreiten sie den Wert eins bzw. null sehr rasch (für sehr kleine Werte von p), wie fast alle Abbildungen der erweiterten Polynome es belegen. D. h., die benachbarten erweiterten Polynome liegen bei einem festen Wert von p wesentlich stärker auseinander als die Taylorpolynome, besonders bei kleinen Werten von p. Folglich wird die Fehlertoleranz (Unschärfe der RW) der Approximation der RW bei den erweiterten Polynomen bei kleinem m wesentlich größer. Bei großem m nähern sich die erweiterten Polynome den Taylorpolynomen an. Damit sollen die Taylorpolynome bevorzugt Einsatz finden, wenn nur wenige Koeffizienten $c_k$ bekannt sind.

6. Es kommt öfters vor, dass eines von den ersten zwei erweiterten Polynomen sehr schnell zum negativen Bereich mit der RW kleiner als null überwechselt. Besonders ist zu be-

achten, dass das Polynom $T_{d\_0}$ bzw. $T_{d\_1}$ überhaupt nicht gezeichnet wird, da dieses für sehr kleine Werte von p schon in den negativen Bereich überwechselt, wie es die Abbildungen 30 bzw. 32 belegen. Die erweiterten Polynome, die hier erst aus einem positiven Bereich nach minus unendlich verlaufen, beginnen mit dem olynom $T_{d\_2}$ bzw. $T_{d\_3}$. Das erweiterte Polynom $T_{d\_0}$ bzw. $T_{d\_1}$ verläuft relativ bald in den negativen Bereich und ist unbrauchbar.

7.  Der entscheidende Vorteil von erweiterten Polynomen besteht darin, dass sich die Bestimmung des Geltungsbereichs p' exakt mithilfe der Glg. (7.3) durchführen lässt.

Somit resultieren folgende Vorteile bzw. Nachteile bei den erweiterten Polynomen gegenüber den Taylorpolynomen.

Vorteile:

1.  Erweiterte Polynome sind leichter zu analysieren, da die Überprüfung der wechselseitigen Beziehung der Koeffizienten $c_k$ untereinander entfällt. Die Handhabung bei den erweiterten Polynomen ist wesentlich einfacher.
2.  Der größte Vorteil der erweiterten Polynome liegt bei den Generatorpolynomen mit ungeradem Gewicht. Abhängig vom Generatorpolynom und der Blocklänge kann der Approximationsaufwand erheblich minimiert werden. Unter Umständen ist sogar die exakte Bestimmung der Restfehlerwahrscheinlichkeit RW möglich. Die Ungenauigkeit von der RW beschränkt sich dann auf die Rechengenauigkeit der Nachkommastellen des Computers.
3.  Der Nachweiß des Geltungsbereichs p' kann mithilfe einer einfachen Glg. (7.3) erbracht werden.

Nachteile:

1.  Der einzige Nachteil der erweiterten Polynome besteht bei ihrer Anwendung, wenn nur wenige Koeffizienten $c_k$ bekannt sind. In diesem Falle entsteht eine zu hohe Ungenauigkeit und das Ergebnis wird unbrauchbar.

## 8.5      Der Vergleich von Taylorpolynomen mit erweiterten Polynomen

Es wurde für die 5 Polynome 1CFh, 1D7h, 1F7h, 16Fh und Dh die Verläufe der erweiterten Polynome mit den Taylorpolynomen verglichen. Die sehr aufschlussreichen Beispiele sind in den Abbildungen 39 und 40 zu sehen. Es wurden hier jeweils drei Bilder nebeneinander platziert. Im mittleren Bild werden alle Taylorpolynome gestrichen, die nicht mehr gebraucht werden. Das Bild wird auf einmal verständlicher. Das letzte Bild stellt die erweiterten Polynome dar und erlaubt eine einfache Deutung. Nur bei diesen zwei Bildern werden die Taylorpolynome $T_{d+k}$ bzw. erweiterten Polynome $T_{d\_k}$ aus Platzmangel mit ihren Koeffizienten $c_k$ bezeichnet.

# 8.6 Upper- bzw. Lower-Bound der Restfehlerwahrscheinlichkeit

Sowohl Taylorpolynome als auch erweiterte Polynome eignen sich hervorragend zur Betrachtung von Upper- bzw. Lower-Bound der Restfehlerwahrscheinlichkeit RW. Dies wird an einem Beispiel für das Polynom C75h (Hamming-Distanz d = 2, n = 24) demonstriert. Zu diesem Zweck wurden aus den Plot-Files jeweils die Taylorpolynome und die entsprechenden erweiterten Polynome entnommen und in einem neuen Plot-File zusammengefasst. Es wurden insgesamt drei Plots erstellt. Die Abbildung 34 stellt Upper- bzw. Lower-Bound der RW mithilfe der Taylorpolynome bzw. erweiterten Polynome mit einem kleinen Index aus dem vorderen Indexbereich dar. Die Abbildungen 35 und 36 sind mit den Taylorpolynomen bzw. erweiterten Polynomen aus dem mittleren bzw. hinteren Indexbereich zusammengestellt. Bei allen diesen Bildern stellt die rote bzw. die blaue Linie den Upper- bzw. Lower-Bound der RW dar. Wird der Upper- bzw. der Lower-Bound durch die erweiterten Polynome gebildet, so wird er mit einer gestrichelten Linie dargestellt.

Man erkennt aus diesen Bildern, dass die Taylorpolynome bei einem festen p eine engere Fehlertoleranz aufweisen. In der Praxis kann man mit den Taylorpolynomen ein besseres Ergebnis erzielen als mit den erweiterten Polynomen. Dies macht sich bemerkbar bei einer engeren Fehlertoleranz oder bei einem etwas verlängerten Einsatzbereich von p für die Taylorpolynome. Es ist besonders auffällig, dass für den kleinsten Index d die erweiterten Polynome fast unbrauchbar sind. Diese Bilder demonstrieren sehr eindrucksvoll, wie die Restfehlerwahrscheinlichkeit RW auf einen kleinen Bereich eingegrenzt werden kann.

# 9 Allgemeine Anmerkungen

## 9.1 Die Koeffizienten $c_k$ der Polynome vom Typ C

Bei den Polynomen mit ungeradem Gewicht können zwei aufeinanderfolgende Koeffizienten $c_k$ mit dem gleichen Vorzeichen vorkommen. In der Regel kommen solche Paare einzeln vor. Abhängig vom Polynom und der Blocklänge können solche Paare auch mehrfach vorkommen. Es besteht eine Beziehung zwischen der Anzahl solcher Paare und den Größen $n - d$ und $n$ (siehe hierzu Satz 6). Darüber hinaus können theoretisch mehr als zwei Koeffizienten hintereinander mit gleichem Vorzeichen vorkommen (bisher ist nur ein Fall bekannt). Hierfür kann die Regel gemäß Satz 10 erweitert werden. Kommen $l + 1$ ($l \geq 2$) aufeinander folgende Koeffizienten $c_k$ mit dem gleichen Vorzeichen vor, so werden die zugehörigen $l$ Taylorpolynome mit dem niederwertigen Index dieser Polynome gestrichen.

## 9.2 Die Koeffizienten $c_k$

Der Koeffizient $c_k$ wird gelegentlich null. In diesem Fall sind die Polynome $T_{k+d}(x)$ und $T_{k+d-1}(x)$ identisch. Grundsätzlich kann sowohl das Polynom $T_{k+d}(x)$ als auch der Koeffizient $c_k$ gestrichen werden. Die Reihe kann als von Typ A betrachtet werden, wenn $c_k = 0$ zwischen einem positiven und einem negativen Koeffizienten vorkommt. Damit der Satz 6 seine Gültigkeit beibehält, wird $c_k$ das gleiche Vorzeichen wie der Koeffizient $c_{k+1}$ zugewiesen. D. h., die Taylorreihe wird als von Typ C betrachtet und das Taylorpolynom $T_{k+d}(x)$ wird gemäß Satz 10 verworfen.

## 9.3 Die Überlagerung der erweiterten Polynome

Bei Polynomen, die ein ungerades Gewicht haben, werden alle $B_{is}$ ab einem bestimmten $i = i'$ null. Ab $i = i'$ bleibt das erweiterte Polynom $T_{d\,i}$ immer identisch mit der RW. Aus der Glg. (6.29) geht hervor, dass alle Potenzen von $p \geq i'$ dann durch den Ausdruck $(1 - p)^n$ bestimmt werden. Das Glied mit der $i^{ten}$ Potenz von $p$ wird dann gleich $(-1)^i * {}^nC_i * p^i$ (für $i \geq i'$). Die Restfehlerwahrscheinlichkeit wird dann identisch mit der Abschätzung $i^{ter}$ Ordnung der RW gemäß der Glg. (5.8) für $i \geq i'$. Alle erweiterten Polynome werden dann auf das Polynom $T_n$ überlagert und sind identisch mit der Restfehlerwahrscheinlichkeit RW. D. h., es genügt die erweiterten Polynome nur bis $m = i'$ zu betrachten. Alle weiteren erweiterten Polynome sind dann identisch mit der RW. Dies wird deutlich belegt durch die Abbildung 30.

Bei den Polynomen mit geradem Gewicht (teilbar durch $x + 1$) ist dies stets nicht der Fall, da bei diesen Polynomen $B_n$ stets gleich 1 ist. Bei den Polynomen mit geradem Gewicht sind die $B_{is}$ symmetrisch, d. h. $B_i = B_{n-i}$.

## 9.4       Die Polynome

Mit Polynomen werden grundsätzlich die Polynome gemeint, bei denen die Koeffizienten der ersten d Glieder, d. h. bis zum Glied mit der Potenz $x^{d-1}$, gleich null sind. Das erste Glied fängt stets mit $c_0 x^d$ an, d stellt hier die Hamming-Distanz dar, siehe Glg. (5.9) bzw. (5.10).

## 9.5       Ein Anwendungsbeispiel

Die Anwendung des Verfahrens wird an einem Beispiel für das Polynom C75h Golay-Code (siehe Abbildung 20 und Tabelle 23) demonstriert. In der dritten Zeile von unten sind die 23 Koeffizienten $c_k$ für eine Blocklänge von n = 24 mit d = 2 protokolliert. Die Koeffizienten $c_9$ und $c_{10}$ sind beide negativ und fett markiert. In der letzten Zeile steht der Index m des Taylorpolynoms, und die erste Zeile beinhaltet die Koeffizienten $c_k$. Der Index k ist gleich m – d. In der zweiten Zeile von unten wird die Summe der Koeffizienten $c_k$ von k = 0 bis m – d gebildet. Die Reihe ist vom Typ C. Das zum Koeffizienten $c_9$ zugehörige Taylorpolynom $T_{11}(p)$ wird gestrichen, der Index m = 11 ist fett markiert. Bis m = 8 kommt Satz 8.a zur Anwendung und ab m = 10 gilt Satz 9.a gemäß Anhang 14.4. Die Reihe verhält sich jedoch im vorderen Bereich wie eine Taylorreihe vom Typ A, und im hinteren Bereich wie eine Taylorreihe vom Typ B (siehe 14.4). Die Summe der Koeffizienten $c_k$ in der zweiten Zeile von unten bis k = 8 sind dunkelgrau markiert, falls k gerade ist. Die Summe der Koeffizienten $c_k$ in der zweiten Zeile von unten ab k = 10 sind dunkelgrau markiert, falls k ungerade ist.

In der Regel ist eine intensive Analyse, die wie bei diesem Beispiel durchgeführt wurde, nicht unbedingt erforderlich. Es genügt, dass die ersten 10 bis 15 Koeffizienten $c_k$ bekannt sind, um eine vernünftige Aussage der Restfehlerwahrscheinlichkeit RW zu ermitteln. Wenn z. B. für das betrachtete Beispiel die ersten 11 Koeffizienten $c_k$ bekannt sind, so kann die Restfehlerwahrscheinlichkeit RW aus zwei benachbarten Taylorpolynomen abgeschätzt werden. Der höchste Index von $c_k$ beträgt 10. Da das dem Koeffizienten $c_9$ zugehörige Taylorpolynon $T_{11}$ gestrichen wurde, werden die Taylorolynome $T_{12}$ und $T_{10}$ als benachbart betrachtet. Die Restfehlerwahrscheinlichkeit verläuft dann zwischen den benachbarten Polynomen im Intervall I = {p | p $\epsilon$ [0, 1]} gemäß Satz 10 (siehe auch 8.1). Für eine maximale Bitfehlerrate von $p_0$ kann die Restfehlerwahrscheinlichkeit RW dann gemäß der Glg. (7.10) wie folgt bestimmt werden. Die erreichte Fehlertoleranz $\epsilon$ wird dann durch die Glg. (7.12) gegeben.

$$RW = (T_{12}(p_0) + T_{10}(p_0))/2 \pm \epsilon$$
$$\epsilon = |T_{12}(p_0) - T_{10}(p_0)|/2$$

# 10    Vor- und Nachteile des Verfahrens

Die Abschätzung der Restfehlerwahrscheinlichkeit nach der Taylorreihe stellt ein sehr transparentes Verfahren dar. Unter der Voraussetzung, dass die Koeffizienten $c_k$ bekannt sind, ist die Anwendung des Verfahrens sehr einfach und bietet dem Anwender eine große Hilfe bei der Beurteilung der Güte des gewählten Ansatzes. Zur Bestimmung der Koeffizienten $c_k$ bestehen dann zwei Möglichkeiten. Entweder berechnet der Anwender die erforderlichen Koeffizienten selbst mit eigenen Prozeduren, die er nach hier vorgestellten Verfahren selbst anfertigt. Die Erstellung der Prozeduren stellt sicherlich eine Herausforderung dar und ist nicht trivial. Es besteht jedoch die Möglichkeit, die vorhandene Expertise zu Nutzen und diese von Fachleuten zu erwerben. Das vorgestellte Verfahren bietet eine Reihe Vorteile gegenüber den bekannten Verfahren.

## 10.1    Vorteile

1.  Der größte Vorteil des Verfahrens besteht bei der Eingrenzung der Restfehlerwahrscheinlichkeit RW zwischen zwei benachbarten Taylorpolynomen bzw. erweiterten Polynomen. Damit lässt sich der Upper- bzw. Lower-Bound der RW sehr schnell und für das gesamte Intervall $I = \{p \mid p \in [0, p']\}$ bestimmen. Unter Einbeziehung der Hypothese (5.2.1) kann für p' der Wert von 1 angenommen werden.
2.  Theoretisch ist es sogar möglich mit nur zwei bekannten Koeffizienten $c_0$ und $c_1$ eine Abschätzung der Restfehlerwahrscheinlichkeit durchzuführen. Unter Umständen kann die Fehlertoleranz dann sehr groß werden. Mit einem einzigen Koeffizienten $c_0 = a_0$ (Anzahl der unerkannten d-Bitfehler) lässt sich dann mit Ausnahme der Taylorreihe vom Typ B die absolute Obergrenze von der RW bestimmen. In der Regel, abhängig vom gewählten Polynom und die Blocklänge n, erzielt man ein gut brauchbares Ergebnis mit etwa 5 bis 6 Koeffizienten $c_k$.
3.  Bei Polynomen mit ungeradem Gewicht kann das Verfahren mit großem Erfolg angewendet werden, da hier ab einem bestimmten $k = k'$ alle $c_k$ den Wert $(-1)^k * {}^nC_k$ annehmen. Somit lässt sich die Restfehlerwahrscheinlichkeit in diesem Falle mit k' Koeffizienten $c_k$ exakt bestimmen.
4.  Ein weiterer Vorteil besteht darin, dass im Gegensatz zum stochastischen Automaten bei Anwendung der Taylorreihe der ganze Verlauf der Restfehlerwahrscheinlichkeit im gesamten Intervall $I = \{p \mid p \in [0, 1]\}$ sofort zur Verfügung steht.
5.  Das Verfahren ist sehr transparent und bietet eine große Erleichterung bei der Zertifizierung, da die wesentliche Aufgabe auf die Bestimmung der Koeffizienten $c_k$ beschränkt werden kann. Zur Bestimmung von i + 1 Koeffizienten $c_k$ ($c_0$, ..., $c_i$) müssen nur die Anzahl der unerkennbaren m-Bitfehler für m = d bis d + i bekannt sein. Die Anzahl der unerkennbaren m-Bitfehler werden in der Regel durch Simulation ermittelt und durch langwierige Computerläufe bewältigt. Die Simulationsroutinen lassen sich aber relativ

leicht durch einen Vergleich mit den bekannten Ergebnissen, die bei den Zertifizierungsbehörden vorliegen, verifizieren. Es ist auch möglich, die Simulation eines per Zufall gewählten Polynoms durchzuführen und dann mit der Simulationsroutine des Anwenders zu verifizieren.

6. Als letzte ist das Verfahren grundsätzlich anwendbar an jedem beliebigen linearen Code. Somit kann es auch zur Abschätzung der Restfehlerwahrscheinlichkeit von hoch komplexen Systemen, wie verschachtelte Kombinationen von CRC oder Codes mit der gezielten Manipulation (künstlicher Code) eingesetzt werden, solange der endgültige Code linear bleibt.

7. Die erweiterten Polynome sind, wegen ihrer Handhabung, gegenüber den Taylorpolynomen überlegen, wenn $m \geq d + i$ ( $i > 4$) gewählt wird. Der größte Vorteil besteht bei der exakten Bestimmung von p' mit einer einfachen Formel (7.3).

## 10.2     Nachteile

1. Der einzige Nachteil des Verfahrens besteht darin, dass die exakte Bestimmung von p' und damit der Geltungsbereich der Abschätzung bei Betrachtung der Taylorpolynome nicht möglich ist. Für p' lässt sich eine gut brauchbare Abschätzung ableiten, die bei einem Großteil der Fälle, wenn auch unbefriedigend, ein akzeptables Ergebnis liefert. Bei den allen Beispielen, die untersucht wurden, war zu beobachten, dass die Restfehlerwahrscheinlichkeit im gesamten Intervall $I = \{p \mid p \in [0, 1]\}$ stets zwischen benachbarten Polynomen verläuft. Basierend auf empirischen Beobachtungen wurde dann die Hypothese (5.2.1) formuliert. Die Bestimmung von p' kann dann eigentlich entfallen.
   Wenn nicht alle Koeffizienten $c_k$ für die Berechnung der Restfehlerwahrscheinlichkeit herangezogen werden, so wird der tatsächliche Einsatzbereich von $p = [0, p_0]$ durch die Fehlertoleranz eingeschränkt.

2. Die erweiterten Polynome sind bezüglich der Bestimmung von p' den Taylorpolynomen überlegen. Es kommt jedoch nicht selten vor, dass die erweiterten Polynome, die aus einem Taylorpolynom mit einem kleinen Index $m = d$ oder $d + 1$ (entspricht der Koeffizient $c_0$, bzw. $c_1$) abgeleitet wurden, bei relativ kleinem Wert von p im negativen Bereich verlaufen. Sie sind somit nicht mehr brauchbar. Die erweiterten Polynome mit einem kleinen m weisen grundsätzlich eine wesentlich größere Fehlertoleranz auf. Für ein großes m nähern sie sich dann allmählich an die Taylorpolynome an.

# 11    Zusammenfassung

Ziel der vorliegenden Arbeit ist es, ein effizientes Verfahren für die Approximation der Restfehlerwahrscheinlichkeit RW zu gewinnen. Die Restfehlerwahrscheinlichkeit RW wird durch die Glg. (5.2) bestimmt und stellt ein Polynom $n^{ten}$ Grades dar. Das erste Glied fängt grundsätzlich mit der $d^{ten}$ Potenz von p an, und das Polynom beinhaltet insgesamt $n - d + 1$ Glieder. Das Polynom wird durch die Glg. (5.9) bzw. (5.10) dargestellt. Die Polynom-Darstellung der Restfehlerwahrscheinlichkeit bietet eine ideale Voraussetzung für eine Approximation durch die Taylorreihe um die Stelle null, gemäß der Glg. (5.4). Die Taylorreihe der Restfehlerwahrscheinlichkeit wird in drei Typen, Typ A, B und C unterteilt. Das Taylorpolynom $m^{ten}$ Grades wird durch die Partialsummen der Glieder der Taylorreihe bis zur $m^{ten}$ Potenz von p gebildet, und dient als Approximation $(m - d)^{ter}$ Ordnung der Restfehlerwahrscheinlichkeit gemäß der Glg. (5.5). Die Taylorreihe wird auch als Folge von Taylorpolynomen (siehe 5.1.6) betrachtet, die die Restfehlerwahrscheinlichkeit umhüllen. Für eine uneingeschränkt alternierende Taylorreihe gilt $c_{i-1} * c_i < 0$. Ist die Taylorreihe uneingeschränkt alternierend vom Typ A (dies entspricht mehr als 80% der Polynome), so verlaufen alle Taylorpolynom $T_m(p)$ $m^{ten}$ Grades, $m = d + 2i$, $i = 0, 1, \ldots$ mit $m \leq n$, oberhalb der Restfehlerwahrscheinlichkeit RW und alle Taylorpolynom $T_m(p)$ $m^{ten}$ Grades, $m = d + 2i + 1$, $i = 0, 1,$ $\ldots$ mit $m \leq n$, unterhalb der Restfehlerwahrscheinlichkeit RW in einem Intervall I = {p | p $\epsilon$ [0, p']}. Bei der Taylorreihe vom Typ B bzw. C kommen gelegentlich zwei aufeinanderfolgende Koeffizienten $c_t$ und $c_{t+1}$ mit gleichem Vorzeichen vor, und verhindern, dass die benachbarten Taylorreihen die Restfehlerwahrscheinlichkeit RW umhüllen. Die Taylorreihe vom Typ B bzw. C umhüllt die RW, wenn das dem kleineren Index t der Koeffizienten $c_t$ und $c_{t+1}$ zugehörigen Taylorpolynom $T_{t+d}(p)$ aus der Folge von Taylorpolynomen gemäß Satz 10 gestrichen wird. Die exakte Bestimmung von p', ins besondere bei großem k, ist bei dieser Betrachtung leider praktisch nicht mehr durchführbar, da hierfür die Kenntnis sämtlicher Koeffizienten $c_k$ erforderlich ist. Für die Praxis kann zur Orientierung p' = $-c_1/c_2$ als Schätzwert angenommen werden (siehe 8.1). Empirische Beobachtungen haben bei einer großen Anzahl der Beispiele ausnahmslos bestätigt, dass die Restfehlerwahrscheinlichkeit bei einer umhüllenden Folge von Taylorpolynomen, nach Streichung des Taylorpolynoms mit dem niederwertigen Index gemäß Satz 10, stets zwischen zwei benachbarten Taylorpolynomen im Intervall I = {p | p $\epsilon$ [0, 1]} verläuft. Dieser Sachverhalt lässt sich schwer nachweisen und wird daher als Hypothese (5.2.1) postuliert. Unter Einbeziehung der Hypothese kann dann die Restfehlerwahrscheinlichkeit RW mit Taylorpolynomen abgeschätzt werden.

$$RW(p) = \sum_{i=d}^{n} A_i \cdot p^i \cdot (1-p)^{n-i} \tag{5.2}$$

$$RW(p) = \sum_{k=0}^{n-d} c_k \cdot p^{k+d} \quad \text{mit } c_0 \text{ und} \tag{5.9}$$

$$RW(p) = \sum_{i=d}^{n} c_{i-d} \cdot p^i \quad c_{n-d} \neq 0 \tag{5.10}$$

$$f(x) = \sum_{v=0}^{\infty} \frac{f^v(0)}{v!} \cdot x^v \tag{5.4}$$

$$f_m(x) = T_m(x) = \sum_{v=0}^{m} \frac{f^v(0)}{v!} \cdot x^v \tag{5.5}$$

Aus einem Taylorpolynom $T_m(p)$ lässt sich ein erweitertes Polynom $T_{d\_i}(p)$ $n^{ten}$ Grades gemäß der Glg. (5.8) bestimmen. Das erweiterte Polynom $T_{d\_i}(p)$ stellt eine Abschätzung $i^{ter}$ Ordnung der Restfehlerwahrscheinlichkeit RW im Intervall I = {p | p ∈ [0, p']} dar, wobei i = m – d ist. Die erweiterten Polynome umhüllen die Restfehlerwahrscheinlichkeit in ähnlicher Weise wie die Taylorpolynome. Die Restfehlerwahrscheinlichkeit RW bleibt stets größer gleich oder kleiner gleich der Abschätzung $i^{ter}$ Ordnung (Polynom $T_{d\_i}$ $n^{ten}$ Grades) im Intervall I = {p | p ∈ [0, p']}, abhängig davon ob m gerade bzw. ungerade Werte annimmt. Das erweiterte Polynom $T_{d\,i}$ stellt ein Upper- bzw. Lower-Bound der Restfehlerwahrscheinlichkeit RW gemäß der Glg. (7.2) bzw. (7.1) dar. Bei dieser Darstellung ergibt sich für p' ein Wert von $0{,}5 * {}^nC_{m+1}/{}^nC_{m+2} = 0{,}5 * (m+2)/(n-m-1)$, siehe Glg. (7.3). Für großes m nimmt p' erfreulicherweise dann einen Wert von größer als eins an. Die erweiterten Polynome sind demnach überlegener als die Taylorpolynome. Der Geltungsbereich p' kann beim Einsatz von erweiterten Polynomen problemlos bestimmt werden. Sie umhüllen die Restfehlerwahrscheinlichkeit ohne Annahme einer Hypothese wie im Abschnitt 5.2.1 beschrieben.

$$T_{d\_i} = T_m - \sum_{t=m+1}^{n} (-1)^t \cdot \binom{n}{t} \cdot p^t \qquad (5.8) \qquad \text{Abschätzung der RW} \\ i^{ter} \text{ Ordnung}$$

$T_m$ ist ein Taylorpolynom $m^{ten}$ Grades mit $i+1$ Glieder und $i = m - d$

$$T_m = \sum_{k=0}^{m-d=i} c_k \cdot p^{k+d} \qquad \begin{array}{l} \text{m kann die Werte von d bis n annehmen} \\ \text{i kann die Werte von 0 bis n - d annehmen} \end{array}$$

$$RW \geq T_{d_i} = T_m - \sum_{t=m+1}^{n} (-1)^t \cdot \binom{n}{t} \cdot p^t \qquad (7.1) \qquad \begin{array}{l} \text{für } m = \text{ungerade} \\ \text{Lower-Bound} \end{array}$$

$$RW \leq T_{d_i} = T_m - \sum_{t=m+1}^{n} (-1)^t \cdot \binom{n}{t} \cdot p^t \qquad (7.2) \qquad \begin{array}{l} \text{für } m = \text{gerade} \\ \text{Upper-Bound} \end{array}$$

Die Glg. (7.1) und (7.2) sind gültig in einem Intervall $I = \{p \mid p \in [0, p']\}$

$$p' = 0{,}5 * \frac{\binom{n}{m+1}}{\binom{n}{m+2}} = 0{,}5 \cdot (m+2)/(n-m-1) \qquad (7.3)$$

Der Einsatz von Taylorpolynomen bietet eine engere Toleranz der Restfehlerwahrscheinlich-keit, besonders wenn die Anzahl der verwendeten Koeffizienten $c_k$ klein gehalten wird. Zum Schluss werden die Vor- und Nachteile des Verfahrens erörtert und die Taylorpolynome mit den erweiterten Polynomen verglichen. Der größte Vorteil von dem hier vorgestellten Ver-fahren liegt darin, dass bei Kenntnis der Anzahl der unerkannten m-Bitfehler von m = d bis d + i sich die Restfehlerwahrscheinlichkeit RW mit Angabe der Fehlertoleranz bestimmen lässt, siehe Abschnitt (7.3). Der kleinste Wert von i beträgt dabei null und i + 1 stellt die Anzahl der verwendeten Koeffizienten $c_k$ dar. Die gängige Praxis von der Vernachlässigung der Glieder mit m-Bitfehlern ist, bei der Bestimmung der Restfehlerwahrscheinlichkeit für großes m, mit der Begründung, dass der Restbetrag vernachlässigbar klein sei, sehr unbefrie-digend und zweifelhaft. Eine Approximation der Restfehlerwahrscheinlichkeit mit der Tay-lorreihe beseitigt diese unbefriedigende Situation. Ein weiterer Vorteil besteht darin, dass das Verfahren für hoch komplexe Systeme, die z. B. mit verschachtelten Codes operieren, auch eingesetzt werden kann, solange der Code linear bleibt. Das Verfahren ist sehr transparent und bietet eine große Erleichterung bei der Zertifizierung, da die wesentliche Aufgabe auf die Bestimmung der Koeffizienten $c_k$ beschränkt werden kann. Die Koeffizienten $c_k$ lassen sich durch eine langwierige Computersimulation exakt bestimmen.

# 12    Literatur

1)   Quart. J. Bd. 47, S312 , GA Scott und G. N. Watson (in Russisch!)
2)   Aufgaben und Lehrsätze aus der Analysis I, Polya und Szegö (Seite 26)
3)   Vorlesungen über Differential- und Integralrechnung Band I, Ostrowski
4)   Analysis I, Forster
5)   Error Controll Coding, Lin und Costello
6)   Codierung zur Fehlererkennung und Fehlerkorrektur, Peter Sweeney
7)   http://de.wikipedia.org/wiki/Shannon-Hartley-Gesetz
8)   CRC-Test einmal ganz anders betrachtet, K. Merchant, Elektronik 23/2003
9)   Bestimmung der Güte von CRC-Polynomen für die eingebettete sichere Kommunikation, Tina Mattes, Dissertationsschrift Technische Universität München
10)  Informations- und Kodierungstheorie, Klimant, Piotraschke, Schönfeld, Teubner
11)  Taschenbuch mathematischer Formeln und moderner Verfahren, Stöcker, Verlag Harri Deutsch
12)  Ein BCH-Code zum Anfassen, K. Merchant, Elektronik 21/2007
13)  Exakte Bestimmung der Restfehlerwahrscheinlichkeit, K. Merchant, Elektronik 18/2004, Seite 20
14)  Berechnung von Gewichtsverteilung von CRC-Codes, Martina Barten, Diplomarbeit 1996, Institut für Geometrie Technische Universität Carolo Wilhelmina zu Braunschweig
15)  Optimum Cyclic Redundancy-Check Codes with 16-Bit Redundancy, Castagnoli, Ganz and Graber, IEEE Transactions on Communications Vol. 38 No. 1 January 1990
16)  Sichere Bussysteme für die Automation, Dietmar Reinert und Michael Schaefer(Hrsg.), Hüthig Verlag
17)  Industrielle Kommunikationsnetze – Profile – Teil 3: Funktionale sichere Übertragung bei Feldbussen – Allgemeine Regeln und Profilfestlegungen, DIN EN 61784-3:2010, Beuth Verlag
18)  Prüfbare und korrigierbare Codes, W. W. Petrson, R. Oldenbourg Verlag 1967
19)  http://www.mathworks.de/
20)  Analytisches Verfahren zur schnellen Approximation, K. Merchant, Elektronik 04/2007, Seite 30
21)  Untersuchungen zur effizienten Bestimmung der Güte von Polynomen für CRC-Codes, Tina Mattes, Diplomarbeit 2004, Universität Trier
22)  Charakterisierung der Bitfehler, K. Merchant, Elektronik 24/2005, Seite 38
23)  Schiller, F. and T. Mattes (2005). An efficient method to evaluate CRC polynomials for safety-critical industrial communication. In: 11th Int. Symposium on System-Modelling-Control, SMC 2005, pp. 269-274. Zakopane, Poland.
24)  http://www.elektroniknet.de/, Stichwort „BCH-Code"

# 13 Abbildungsverzeichnis

# 14    Anhang

## 14.1    Bestimmung der Koeffizienten $c_k$ einer Taylorreihe der RW(p)

Zur Bestimmung der Koeffizienten $c_k$ einer Taylorreihe der Restfehlerwahrscheinlichkeit RW werden die Bernsteinpolynome als Hilfsmittel eingesetzt. Die Bernsteinpolynome $B_{i,n}$ bilden eine Basis des linearen Raums der Polynome vom Grad $\leq n$. Sie sind linear unabhängig und damit lässt sich jede beliebige stetige Funktion im Intervall [0, 1] durch eine Linearkombination von Bernsteinpolynomen abbilden, falls n groß genug gewählt wird [11]. Es gibt n + 1 linear unabhängige Bernsteinpolynome, die durch die Glg. (14.1) dargestellt werden.

$$B_{i,n}(p) \;=\; \binom{n}{i} \cdot p^i \cdot (1-p)^{n-i} \tag{14.1}$$

Die $n+1$ Bernsteinpolynome sind : $0 \leq i \leq n$

$$B_{i,n}(p) \;=\; \sum_{k=0}^{n} (-1)^{k-i} \cdot \binom{n}{i} \cdot \binom{n-i}{k-i} \cdot p^k \tag{14.2}$$

$$B_{i,n}(p) \;=\; \sum_{k=0}^{n} b_{i,k} \cdot p^k \tag{14.3}$$

$$\text{mit} \quad b_{i,k} \;=\; (-1)^{k-i} \cdot \binom{n}{i} \cdot \binom{n-i}{k-i} \tag{14.4}$$

$$\binom{n}{i} \;=\; 0 \quad \text{für} \quad i < 0 \quad \text{und} \quad i > n$$

Die Anwendung des binomischen Satzes auf das Glied $(1-p)^{(n-i)}$ in der Glg. (14.1) ergibt ein Polynom $(n-i)^{ten}$ Grades und führt schließlich zur Glg. (14.2) bis (14.4). Die Restfehlerwahrscheinlichkeit RW kann als eine Linearkombination von Bernsteinpolynomen $B_{i,n}$ gebildet werden und lässt sich somit letztendlich mit einer Linearkombination von Bernsteinpolynomen $B_{i,n}$ $n^{ten}$ Grades gemäß der Glg. (14.5) darstellen. Die Koeffizienten $\alpha_i$ der Linearkombination von Bernsteinpolynomen stellen hier die anteilige Häufigkeit von i-Bitfehler gemäß der Glg. (14.7) dar, da die Gesamtheit von i-Bitfehler $^nC_i$ beträgt.

$$RW = \sum_{i=0}^{n} \alpha_i \cdot B_{i,n}(p) = \sum_{k=0}^{n} c_k \cdot p^k \tag{14.5}$$

$$RW = \sum_{i=0}^{n} \alpha_i \cdot \sum_{k=0}^{n} b_{i,k} \cdot p^k = \sum_{k=0}^{n} c_k \cdot p^k$$

$$RW = \sum_{i=0}^{n} \sum_{k=0}^{n} \alpha_i \cdot b_{i,k} \cdot p^k = \sum_{k=0}^{n} c_k \cdot p^k \tag{14.6}$$

$$\text{mit} \quad \alpha_i = \frac{A_i}{\binom{n}{i}} = \text{Anteilige Häufigkeit von i - Bitfehler} \tag{14.7}$$

$A_i$ = Anzahl der unerkannten i - Bitfehler = Häufigkeit der CW mit Gewicht i

Durch das Vertauschen der Reihenfolge der Summenbildung in der Glg. (14.6) und anschließendem Vergleich der Koeffizienten gewinnt man schließlich die Koeffizienten $c_k$ gemäß der Glg. (14.9), (14.11) bzw. (14.12). Die Glg. (14.11) bzw. (14.12) sind identisch mit der Glg. (5.11) bzw. (5.12).

$$RW = \sum_{i=0}^{n} \sum_{k=0}^{n} \alpha_i \cdot b_{i,k} \cdot p^k = \sum_{k=0}^{n} c_k \cdot p^k$$

$$RW = \sum_{k=0}^{n} \sum_{i=0}^{n} \alpha_i \cdot b_{i,k} \cdot p^k = \sum_{k=0}^{n} c_k \cdot p^k \tag{14.8}$$

$$c_k = \sum_{i=0}^{n} \alpha_i \cdot b_{i,k} \tag{14.9}$$

$$b_{i,k} = (-1)^{k-i} \cdot \binom{n}{i} \cdot \binom{n-i}{k-i} \tag{14.10}$$

$$c_l = (-1)^l \cdot \binom{n-d}{l} \cdot A_d + (-1)^{l+1} \cdot \binom{n-(d+1)}{l-1} \cdot A_{d+1} + (-1)^{l+2} \cdot \binom{n-(d+2)}{l-2} \cdot A_{d+2} \tag{14.11}$$

$$+ \dots + (-1)^{l+(l-1)} \cdot \binom{n-(d+(l-1))}{l-(l-1)=1} \cdot A_{d+l-1} + (-1)^{l+1} \cdot \binom{n-(d+l)}{l-l=0} \cdot A_{d+l}$$

$$c_l = \sum_{i=0}^{l} (-1)^{l+i} \cdot \binom{n-(d+i)}{l-i} \cdot A_{d+i} \tag{14.12}$$

Nachfolgend werden die ersten 6 Koeffizienten $c_0$ bis $c_5$ zusammengestellt, da sie häufiger gebraucht werden.

$$c_0 = \binom{n-d}{0} \cdot A_d$$

$$c_1 = -1 \cdot \binom{n-d}{1} \cdot A_d + \binom{n-(d+1)}{0} \cdot A_{d+1}$$

$$c_2 = \binom{n-d}{2} \cdot A_d + -1 \cdot \binom{n-(d+1)}{1} \cdot A_{d+1} + \binom{n-(d+2)}{0} \cdot A_{d+2}$$

$$c_3 = -1 \cdot \binom{n-d}{3} \cdot A_d + \binom{n-(d+1)}{2} \cdot A_{d+1} + -1 \cdot \binom{n-(d+2)}{1} \cdot A_{d+2} + \binom{n-(d+3)}{0} \cdot A_{d+3}$$

$$c_4 = \binom{n-d}{4} \cdot A_d + -1 \cdot \binom{n-(d+1)}{3} \cdot A_{d+1} + \binom{n-(d+2)}{2} \cdot A_{d+2} + -1 \cdot \binom{n-(d+3)}{1} \cdot A_{d+3} + \binom{n-(d+4)}{0} \cdot A_{d+4}$$

$$c_5 = -1 \cdot \binom{n-d}{5} \cdot A_d + \binom{n-(d+1)}{4} \cdot A_{d+1} + -1 \cdot \binom{n-(d+2)}{3} \cdot A_{d+2}$$

$$+ \binom{n-(d+3)}{2} \cdot A_{d+3} + -1 \cdot \binom{n-(d+4)}{1} \cdot A_{d+4} + \binom{n-(d+5)}{0} \cdot A_{d+5}$$

## 14.2 Der Nachweis der umhüllenden Taylorreihe für $c_t * c_{t+1} > 0$

Kommen in einer Taylorreihe der Restfehlerwahrscheinlichkeit RW zwei aufeinanderfolgenden Koeffizienten $c_t$ und $c_{t+1}$ mit gleichen Vorzeichen, so gilt für diese Koeffizienten $c_t * c_{t+1} > 0$. Die zugehörigen Taylorpolynome werden mit $T_{t+d}(x)$ und $T_{t+d+1}(x)$ bezeichnet. Das Taylorpolynom mit dem kleineren Index dieser beiden Polynome (hier z. B. $T_{t+d}(x)$) wird einfach übersprungen. D. h., auf das Polynom $T_{t+d-1}(x)$ folgt das Polynom $T_{t+d+1}(x)$. Die Taylorpolynome $T_{t+d-1}(x)$ und $T_{t+d+1}(x)$ werden als benachbarte Polynome betrachtet. Durch das Streichen des Polynoms $T_{t+d}(x)$ wird die Neuberechnung des Intervalls $I = \{x \mid x \in [0, x']\}$ für die Gültigkeit der Glg. (6.21) bis (6.24) erforderlich. Zur Bestimmung des Intervalls werden die fünf Polynome von $T_{t+d-2}(x)$ bis $T_{t+d+2}(x)$ herangezogen.

$$T_{t+d-2}(x) \quad T_{t+d-1}(x) \quad \mathbf{T_{t+d}(x)} \quad T_{t+d+1}(x) \quad T_{t+d+2}(x)$$

Es werden zunächst die Differenzen $T_{t+d+1}(x) - T_{t+d-2}(x)$ und $T_{t+d+1}(x) - T_{t+d-1}(x)$ gebildet und durch die Glg. (14.13) und (14.14) dargestellt.

$$T_{t+d+1}(x) - T_{t+d-2}(x) = x^{t-d-1} (c_{t-1} + c_t x + c_{t+1} x^2) \qquad (14.13)$$

$$T_{t+d+1}(x) - T_{t+d-1}(x) = x^{t-d} (c_t + c_{t+1} x) \qquad (14.14)$$

Die quadratische Gleichung auf der rechten Seite der Glg. (14.13) hat zwei reelle Wurzeln, da $c_{t-1}$ und $c_{t+1}$ die gegensätzlichen Vorzeichen haben. Sie werden durch die Glg. (14.15) bestimmt. Der zweite Term von $x_{1,2}$ ist dem Betrag nach größer als der erste Term, da $c_t$ und $c_{t+1}$ beide positiv bzw. negativ sind. Somit ist $x_1 > 0$ und $x_2 < 0$. Der Ausdruck $c_{t-1} + c_t x + c_{t+1} x^2$ stellt eine Parabel mit einem Maximum bzw. einem Minimum im Punkt $x = -c_t/2c_{t+1}$ dar. Dieser Punkt stellt zugleich den Scheitel der Parabel dar, da in diesem Punkt die erste

Ableitung der Parabel gleich null ist. Der Scheitelpunkt liegt für die betrachtete Gleichung im negativen Bereich, da $c_t$ und $c_{t+1}$ beide das gleiche Vorzeichen haben. Sind $c_t$ und $c_{t+1}$ beide negativ, so liegt ein Maximum vor und $c_{t-1} + c_t x + c_{t+1} x^2 \geq 0$ im gesamten Intervall $[x_2, x_1]$. Damit gewinnt man die Ungleichung (6.22). Es sei an dieser Stelle angemerkt, dass zur Bestimmung des Verlaufs von quadratischer Gleichung im Intervall $I = [x_2, x_1]$ genügt die Kenntnis des Vorzeichens von $c_{t-1}$. Diese Gleichung ist im gesamten Intervall entweder $\geq 0$ oder $\leq 0$ und damit ist der Wert der Gleichung im Intervall $I \geq 0$ bzw. $\leq 0$, wenn $c_{t-1} > 0$ bzw. $c_{t-1} < 0$.

Sind $c_t$ und $c_{t+1}$ beide positiv, so liegt ein Minimum vor und $c_{t-1} + c_t x + c_{t+1} x^2 \leq 0$ im gesamten Intervall $[x_2, x_1]$. Dies führt zu Glg. (6.24). Das Polynom $T_{t+d+1}(x)$ verläuft somit zwischen den Polynomen $T_{t+d-2}(x)$ und $T_{t+d-1}(x)$ im Intervall $I = \{x \mid x \in [0, x'], x' = x_1\}$. Die Gleichungen (14.16) bzw. (14.17) bestimmen die Nullstellen der quadratischen Gleichung $x_1$ bzw. $x_2$.

Mit ähnlicher Argumentation lassen sich aus den Differenzen $T_{t+d+2}(x) - T_{t+d-1}(x)$ und $T_{t+d+2}(x) - T_{t+d+1}(x)$ die Glg. (6.21) bzw. (6.23) ableiten. Das Polynom $T_{t+d+2}(x)$ verläuft dann zwischen den Polynomen $T_{t+d-1}(x)$ und $T_{t+d+1}(x)$ im Intervall $I = \{x \mid x \in [0, x'], x' = x_2\}$. Zur Bestimmung von $x'$ muss in diesem Fall die quadratische Glg. $c_t + c_{t+1} x + c_{t+2} x^2$ gelöst werden.

$$x_{1,2} = \frac{-c_t}{2 \cdot c_{t+1}} \pm \frac{c_t}{2 \cdot c_{t+1}} \cdot \left( \sqrt{1 - \frac{4 \cdot c_{t-1} \cdot c_{t+1}}{c_t^2}} \right) \tag{14.15}$$

$$x_1 = \frac{-c_t}{2 \cdot c_{t+1}} + \frac{c_t}{2 \cdot c_{t+1}} \cdot \left( \sqrt{1 - \frac{4 \cdot c_{t-1} \cdot c_{t+1}}{c_t^2}} \right) \tag{14.16}$$

$$x_2 = \frac{-c_t}{2 \cdot c_{t+1}} - \frac{c_t}{2 \cdot c_{t+1}} \cdot \left( \sqrt{1 - \frac{4 \cdot c_{t-1} \cdot c_{t+1}}{c_t^2}} \right) \tag{14.17}$$

Falls das Taylorpolynom $T_{d+t}(x)$ gestrichen wird, so stellt die positive Wurzel der quadratischen Gleichung (die rechte Seite der Glg. (14.13)) nichts anderes als den Schnittpunkt der Taylorpolynome $T_{d+t+1}(x)$ und $T_{d+t-2}(x)$ dar. Dieser Schnittpunkt stellt den Wert von $x'$ bezüglich des Polynoms $T_{d+t+1}(x)$ dar. Diese analytische Möglichkeit der Bestimmung von $x'$ aus dem Schnittpunkt erspart die Lösung der quadratischen Gleichung. Die Vorgehensweise ist sinnvoll für ein kleines $t$. Grundsätzlich kann auch für ein großes $t$ der Wert von $x'$ aus dem Schnittpunkt bestimmt werden, jedoch empfiehlt es sich wie unten angedeutet, darauf zu verzichten. Es wird stattdessen die pragmatische Vorgehensweise, wie im Abschnitt 7.3 beschrieben, empfohlen. Man kann aus einer Vorgabe der maximalen Bitfehlerrate $p_0$ die Fehlertoleranz der Restfehlerwahrscheinlichkeit RW bestimmen und gegebenenfalls noch weitere Koeffizienten $c_k$ zur Bestimmung der Restfehlerwahrscheinlichkeit heranziehen.

Zur Gewinnung der Gleichungen (6.25) bis (6.28) genügt jeweils die Kenntnis von $c_{t-1}$ für die vorliegende Konstellation der Koeffizienten $c_{n-d}$ bzw. $c_{t-1}$. Diese führen dann zu umhüllende Taylorreihen (6.25) bis (6.28). Kommen in einer Taylorreihe der Restfehlerwahrscheinlichkeit die aufeinanderfolgenden Koeffizienten $c_t$ und $c_{t+1}$ mit gleichen Vorzeichen l-mal vor, so muss die Taylorreihe l-mal angepasst werden. Je nach Konstellation der Koeffizienten entstehen dann genau $2^{l+1}$ umhüllende Taylorreihen. Der Aufwand steigt beträchtlich an. Es geht hier nur, um zu zeigen, dass die umhüllende Taylorreihe für eine beliebige Anzahl der aufeinanderfolgenden Koeffizienten $c_t$ und $c_{t+1}$ mit gleichen Vorzeichen entstehen kann und auch analysiert werden kann. Erfreulicherweise wurden mehr als zwei aufeinanderfolgenden Koeffizienten $c_t$ und $c_{t+1}$ mit gleichen Vorzeichen bei einer Taylorreihe der Restfehlerwahrscheinlichkeit bisher nicht beobachtet.

Zum Schluss noch ein Paar Worte zum Geltungsbereich x' einer Taylorreihe der Restfehlerwahrscheinlichkeit RW. Rein rechnerisch wird x', wie im Abschnitt 6.4 beschrieben, bestimmt werden. Es lohnt sich nicht diesen Aufwand zu betreiben, denn der so gewonnene Wert von x' kann sich als unbrauchbar erweisen. Nach der Hypothese (5.2.1) umhüllt die Taylorreihe die Restfehlerwahrscheinlichkeit im Intervall [0, 1]. Es wird daher eine pragmatischere Vorgehensweise empfohlen. Man bildet die Differenz der Taylorpolynome mit der größten verfügbaren Indizes an der Stelle $p = p_0$, die maximal zulässige Bitfehlerrate. Die maximale Ungenauigkeit der Restfehlerwahrscheinlichkeit beträgt dann nach (7.12) die halbe Differenz der benachbarten Taylorpolynome. Erfüllt die ermittelte Ungenauigkeit der Restfehlerwahrscheinlichkeit die gestellte Anforderung nicht, so müssen entweder die Tylorpolynomen mit höheren Indizes einbezogen werden oder die maximale zulässige Bitfehlerrate p0 gesenkt werden.

## 14.3    Erweiterung des Satzes 9

Aus der Glg. (6.15) bzw. (6.16) kann in Anlehnung an die Sätze Satz 8.a und Satz 8.b die folgenden zwei Sätze Satz 9.a und Satz 9. b abgeleitet werden. Durch Berücksichtigung der Hypothese (5.2.1) erweitert sich das Intervall I auf I = {x | x $\in$ [0, 1]}. Es wird noch betont, dass das Polynom $T_d(x)$ bei dieser Betrachtung keine Berücksichtigung findet, da es aus didaktischen Gründen aus der Taylorreihe ausgeschlossen wurde (siehe 6.3).

Satz 9.a Bei einer alternierenden Reihe vom Typ B mit einem geraden d sind alle Taylorpolynome mit einem ungeraden Index größer als die Restfehlerwahrscheinlichkeit RW und alle Taylorpolynome mit einem geraden Index kleiner als die RW im Intervall I = {x | x $\in$ [0, 1]}.

Satz 9.b Bei einer alternierenden Reihe vom Typ B mit einem ungeraden d sind alle Taylorpolynome mit einem geraden Index größer als die Restfehlerwahrscheinlichkeit RW und alle Taylorpolynome mit einem ungeraden Index kleiner als die RW im Intervall I = {x | x $\in$ [0, 1]}.

Die Sätze Satz 8.a und Satz 8.b so wie sie ursprünglich formuliert wurden gelten im Intervall I = {x | x $\in$ [0, x'], x' = min ($-c_{m-d-1}/c_{m-d}$), m = d + 2 bis n}. Durch nachträgliche Anwendung der Hypothese (5.2.1) gelten sie im Intervall I = {x | x $\in$ [0, 1]}.

## 14.4       Erweiterung des Satzes 10

Die Beziehung der Taylorpolynome untereinander für die alternierende Reihe vom Typ C verhält sich für den vorderen Teil der Reihe anders als für den hinteren Teil der Reihe. Bei der alternierenden Reihe vom Typ C haben zwei Koeffizienten $c_t$ und $c_{t+1}$ das gleiche Vorzeichen. Das Taylorpolynom $T_{t+d}(x)$ wird gestrichen. Ein typisches Merkmal der Taylorreihe vom Typ C besteht darin, dass hier nicht alle Taylorpolynome mit einem geraden bzw. ungeraden Index stets größer oder kleiner als $f(x)$ bzw. die RW bleiben, wie bei den Reihen vom Typ A bzw. vom Typ B. Bei der Reihe vom Typ C findet ein Wechsel beim Index der Taylorpolynome ab $m = t + d + 1$ vom geraden auf ungeraden oder umgekehrt statt. Der Grund dafür ist der Wegfall des Polynoms $T_{t+d}(x)$. Gilt für den vorderen Teil der Reihe mit den Koeffizienten $c_0$ bis $c_{t-1}$ der Satz 8.a bzw. Satz 8.b, so gelten für den hinteren Teil der Reihe mit den Koeffizienten $c_{t+d+1}$ bis $c_{n-d}$ der Satz 9.a bzw. Satz 9.b.

Damit kann der Satz 10 erweitert werden und führt zu den Sätzen 10.a bzw. 10.b. Es wird angenommen, dass höchstens ein Paar zwei aufeinanderfolgende Koeffizienten $c_k$ mit dem gleichen Vorzeichen vorkommen. Die Taylorreihe von $f(x)$ bzw. die RW mit den Koeffizienten $c_k$ ($k = 0, 1, ..., n-d$) beinhaltet zwei Koeffizienten $c_t$ und $c_{t+1}$, für die $c_t * c_{t+1} > 0$ gilt. Man kann diese Taylorreihe in zwei Folgen von Taylorpolynomen aufteilen. Der vordere Teil der Taylorreihe beinhaltet die Taylorpolynome $T_d(x)$ bis $T_{t+d-1}(x)$ mit den Koeffizienten $c_k$ ($k = 0, 1, ..., t-1$) und der hintere Teil der Taylorreihe beinhaltet die Taylorpolynome $T_{t+d+1}(x)$ bis $T_n(x)$ mit den Koeffizienten $c_k$ ($k = t+1, t+2, ..., n-d$). Das Taylorpolynom $T_{t+d}(x)$ findet keine Berücksichtigung.

Satz 10.a Wenn bei einer alternierenden Reihe vom Typ C für den vorderen Teil der Reihe der Satz 8.a gilt, so gilt der Satz 9.a für den hinteren Teil der Reihe.

Satz 10.b Wenn bei einer alternierenden Reihe vom Typ C für den vorderen Teil der Reihe der Satz 8.b gilt, so gilt der Satz 9.b für den hinteren Teil der Reihe.

# 15 Tabellen

Tabelle 20    Analyse von Polynom 1Fh (Blatt 1)

Untersuchtes Polynom = 1Fh

Es werden 13 Informationsbits bearbeitet.

Die maximale Anzahl der Bitfehler $d_{HD}$, die über die HD (bei k = 1) untersucht werden, beträgt 16.

Zeit zur Berechnung eines Informationsbits = 0 Sek.

Die Hamming-Distanz beträgt 5 für n = 5.

Die Hamming-Distanz von 2 wurde erreicht bei n = 6.

Bitfehlerhäufigkeitsverteilung $A_i$ bis 21-Bitfehler berechnet.

| k | $A_2$ | $A_3$ | $A_4$ | $A_5$ | $A_6$ | $A_7$ | $A_8$ | $A_9$ | $A_{10}$ | $A_{11}$ | $A_{12}$ | $A_{13}$ | $A_{14}$ | $A_{15}$ | $A_{16}$ | $A_{17}$ | $A_{18}$ | $A_{19}$ | $A_{20}$ | $A_{21}$ |
|---|---|---|---|---|---|---|---|---|---|---|---|---|---|---|---|---|---|---|---|---|
| 1 | 0 | 0 | 0 | 1 | 0 | 0 | 0 | 0 | 0 | 0 | 0 | 0 | 0 | 0 | 0 | 0 | 0 | 0 | 0 | 0 |
| 2 | 1 | 0 | 0 | 2 | 0 | 0 | 0 | 0 | 0 | 0 | 0 | 0 | 0 | 0 | 0 | 0 | 0 |  |  |  |
| 3 | 2 | 0 | 1 | 4 | 0 | 0 | 0 | 0 | 0 | 0 | 0 | 0 | 0 | 0 | 0 | 0 | 0 |  |  |  |
| 4 | 3 | 0 | 3 | 8 | 1 | 0 | 0 | 0 | 0 | 0 | 0 | 0 | 0 | 0 | 0 | 0 | 0 |  |  |  |
| 5 | 4 | 0 | 6 | 16 | 4 | 0 | 1 | 0 | 0 | 0 | 0 | 0 | 0 | 0 | 0 | 0 | 0 |  |  |  |
| 6 | 5 | 0 | 10 | 32 | 10 | 10 | 5 | 0 | 1 | 0 | 0 | 0 | 0 | 0 | 0 | 0 | 0 |  |  |  |
| 7 | 7 | 0 | 18 | 48 | 22 | 16 | 13 | 0 | 3 | 0 | 0 | 0 | 0 | 0 | 0 | 0 | 0 |  |  |  |
| 8 | 9 | 0 | 30 | 72 | 46 | 48 | 33 | 8 | 9 | 0 | 0 | 0 | 0 | 0 | 0 | 0 | 0 |  |  |  |
| 9 | 11 | 0 | 46 | 108 | 90 | 108 | 81 | 36 | 27 | 4 | 0 | 0 | 0 | 0 | 0 | 0 | 0 |  |  |  |
| 10 | 13 | 0 | 66 | 162 | 162 | 216 | 189 | 108 | 81 | 24 | 0 | 2 | 0 | 0 | 0 | 0 | 0 |  |  |  |
| 11 | 15 | 0 | 90 | 243 | 270 | 405 | 405 | 270 | 243 | 90 | 0 | 15 | 0 | 1 | 0 | 1 | 0 |  |  |  |
| 12 | 18 | 0 | 127 | 324 | 444 | 756 | 783 | 648 | 594 | 264 | 81 | 52 | 15 | 4 | 0 | 0 | 0 |  |  |  |
| 13 | 21 | 0 | 173 | 432 | 705 | 1296 | 1459 | 1440 | 1359 | 736 | 351 | 176 | 27 | 16 | 0 | 0 | 0 |  |  |  |

Analyse von Polynom = 1Fh    Gewicht = 5    Polynomgrad = 4

Tabelle 21        Analyse von Polynom 1Fh (Blatt 2)

Wenn n – d, n = gerade gerade bzw. ungerade ungerade wird, ist die Anzahl der aufeinanderfolgenden Koeffizienten Paare $c_k$ $c_{k+1}$ mit gleichem Vorzeichen ungerade (Satz 6)

| n – d – n | HD | c(0) | c(1) | c(2) | c(3) | c(4) | c(5) | c(6) | c(7) | c(8) | c(9) | c(10) | c(11) | c(12) | c(13) | c(14) | c(15) | c(16) | Summe ck |
|---|---|---|---|---|---|---|---|---|---|---|---|---|---|---|---|---|---|---|---|
| 0 – 5 | 5 | 1 | 0 | 0 | 0 | 0 | 0 | 0 | 0 | 0 | 0 | 0 | 0 | 0 | 0 | 0 | 0 | 0 | 1 |
| 4 – 6 | 2 | 1 | -4 | 6 | -2 | -1 | 0 | 0 | 0 | 0 | 0 | 0 | 0 | 0 | 0 | 0 | 0 | 0 | 0 |
| 5 – 7 | 2 | 2 | -10 | 21 | -19 | 5 | 1 | 0 | 0 | 0 | 0 | 0 | 0 | 0 | 0 | 0 | 0 | 0 | 0 |
| 6 – 8 | 2 | 3 | -18 | 48 | -64 | 40 | -8 | -1 | 0 | 0 | 0 | 0 | 0 | 0 | 0 | 0 | 0 | 0 | 0 |
| 7 – 9 | 2 | 4 | -28 | 90 | -154 | 140 | -60 | 7 | 1 | 0 | 0 | 0 | 0 | 0 | 0 | 0 | 0 | 0 | 1 |
| 8 – 10 | 2 | 5 | -40 | 150 | -308 | 350 | -200 | 35 | 10 | -1 | 0 | 0 | 0 | 0 | 0 | 0 | 0 | 0 | 0 |
| 9 – 11 | 2 | 7 | -63 | 270 | -666 | 994 | -886 | 427 | -73 | -11 | 1 | 0 | 0 | 0 | 0 | 0 | 0 | 0 | 0 |
| 10 – 12 | 2 | 9 | -90 | 435 | -1248 | 2272 | -2664 | 1953 | -804 | 126 | 12 | -1 | 0 | 0 | 0 | 0 | 0 | 0 | 0 |
| 11 – 13 | 2 | 11 | -121 | 651 | -2121 | 4512 | -6444 | 6153 | -3765 | 1314 | -178 | -13 | 1 | 0 | 0 | 0 | 0 | 0 | 0 |
| 12 – 14 | 2 | 13 | -156 | 924 | -3358 | 8109 | -13464 | 15477 | -12078 | 6039 | -1684 | 165 | 14 | -1 | 0 | 0 | 0 | 0 | 0 |
| 13 – 15 | 2 | 15 | -195 | 1260 | -5037 | 13515 | -25245 | 33165 | -30195 | 18117 | -6315 | 825 | 105 | -15 | 1 | 0 | 0 | 0 | 1 |
| 14 – 16 | 2 | 18 | -252 | 1765 | -7752 | 23280 | -49840 | 77418 | -87120 | 69432 | -37104 | 11748 | -1488 | -120 | 16 | -1 | 0 | 0 | 0 |
| 15 – 17 | 2 | 21 | -315 | 2378 | -11372 | 37680 | -90488 | 161034 | -213642 | 209352 | -147368 | 70356 | -20148 | 2392 | 136 | -17 | 1 | 0 | 0 |

Tabelle 22        Analysedaten von Polynom C75h (Golay-Code, Blatt 1)

Untersuchtes Polynom = C75

Es werden 13 Informationsbits bearbeitet.

Die maximale Anzahl der Bitfehler dHD, die über die HD (bei k = 1) untersucht werden, beträgt 22.

Zeit zur Berechnung eines Informationsbits = 0 Sek.

Die Hamming-Distanz beträgt 7 für n = 12.

Die Hamming-Distanz von 2 wurde für n = 24 erreicht.

Bitfehlerhäufigkeitsverteilung $A_i$ bis 24-Bitfehler berechnet.

| k | $A_2$ | $A_3$ | $A_4$ | $A_5$ | $A_6$ | $A_7$ | $A_8$ | $A_9$ | $A_{10}$ | $A_{11}$ | $A_{12}$ | $A_{13}$ | $A_{14}$ | $A_{15}$ | $A_{16}$ | $A_{17}$ | $A_{18}$ | $A_{19}$ | $A_{20}$ | $A_{21}$ | $A_{22}$ | $A_{23}$ | $A_{24}$ |
|---|---|---|---|---|---|---|---|---|---|---|---|---|---|---|---|---|---|---|---|---|---|---|---|
| 1 | 0 | 0 | 0 | 0 | 0 | 1 | 0 | 0 | 0 | 0 | 0 | 0 | 0 | 0 | 0 | 0 | 0 | 0 | 0 | 0 | 0 | 0 | 0 |
| 2 | 0 | 0 | 0 | 0 | 0 | 2 | 1 | 0 | 0 | 0 | 0 | 0 | 0 | 0 | 0 | 0 | 0 | 0 | 0 | 0 | 0 | 0 | 0 |
| 3 | 0 | 0 | 0 | 0 | 0 | 4 | 3 | 0 | 0 | 0 | 0 | 0 | 0 | 0 | 0 | 0 | 0 | 0 | 0 | 0 | 0 | 0 | 0 |
| 4 | 0 | 0 | 0 | 0 | 0 | 7 | 6 | 0 | 0 | 1 | 1 | 0 | 0 | 0 | 0 | 0 | 0 | 0 | 0 | 0 | 0 | 0 | 0 |
| 5 | 0 | 0 | 0 | 0 | 0 | 12 | 13 | 0 | 0 | 4 | 2 | 0 | 0 | 0 | 0 | 0 | 0 | 0 | 0 | 0 | 0 | 0 | 0 |
| 6 | 0 | 0 | 0 | 0 | 0 | 20 | 25 | 0 | 0 | 12 | 6 | 0 | 0 | 0 | 0 | 0 | 0 | 0 | 0 | 0 | 0 | 0 | 0 |
| 7 | 0 | 0 | 0 | 0 | 0 | 33 | 45 | 0 | 0 | 30 | 18 | 0 | 0 | 1 | 0 | 0 | 0 | 0 | 0 | 0 | 0 | 0 | 0 |
| 8 | 0 | 0 | 0 | 0 | 0 | 52 | 78 | 0 | 0 | 72 | 48 | 0 | 0 | 4 | 1 | 0 | 0 | 0 | 0 | 0 | 0 | 0 | 0 |
| 9 | 0 | 0 | 0 | 0 | 0 | 80 | 130 | 0 | 0 | 160 | 120 | 0 | 0 | 16 | 5 | 0 | 0 | 0 | 0 | 0 | 0 | 0 | 0 |
| 10 | 0 | 0 | 0 | 0 | 0 | 120 | 210 | 0 | 0 | 336 | 280 | 0 | 0 | 56 | 21 | 0 | 0 | 0 | 0 | 0 | 0 | 0 | 0 |
| 11 | 0 | 0 | 0 | 0 | 0 | 176 | 330 | 0 | 0 | 672 | 616 | 0 | 0 | 176 | 77 | 0 | 0 | 0 | 0 | 0 | 0 | 0 | 0 |
| 12 | 0 | 0 | 0 | 0 | 0 | 253 | 506 | 0 | 0 | 1288 | 1288 | 0 | 0 | 506 | 253 | 0 | 0 | 0 | 0 | 0 | 0 | 1 | 0 |
| 13 | 1 | 0 | 0 | 0 | 0 | 330 | 682 | 176 | 330 | 1904 | 1960 | 672 | 616 | 836 | 429 | 176 | 77 | 0 | 0 | 0 | 0 | 2 | 0 |

Analyse von Polynom = C75        Gewicht = 7        Polynomgrad = 11

Tabelle 23        Analysedaten von Polynom C75h (Golay-Code, Blatt 2)

| | 1 | 2 | 3 | 4 | 5 | 6 | 7 | 8 | 9 | 10 | 11 | 12 | 13 | Σ ck | E |
|---|---|---|---|---|---|---|---|---|---|---|---|---|---|---|---|
| Σ ck | 0 | 0 | 0 | 0 | 0 | 0 | 0 | 0 | 0 | 0 | 0 | 1 | 0 | | |
| $C_{22}$ | 0 | 0 | 0 | 0 | 0 | 0 | 0 | 0 | 0 | 0 | 0 | 0 | −1 | 0 | 24 |
| $C_{21}$ | 0 | 0 | 0 | 0 | 0 | 0 | 0 | 0 | 0 | 0 | 0 | 0 | 24 | 1 | 23 |
| $C_{20}$ | 0 | 0 | 0 | 0 | 0 | 0 | 0 | 0 | 0 | 0 | 0 | 0 | −276 | −23 | 22 |
| $C_{19}$ | 0 | 0 | 0 | 0 | 0 | 0 | 0 | 0 | 0 | 0 | 0 | 0 | 2024 | 253 | 21 |
| $C_{18}$ | 0 | 0 | 0 | 0 | 0 | 0 | 0 | 0 | 0 | 0 | 0 | 0 | −10626 | −1771 | 20 |
| $C_{17}$ | 0 | 0 | 0 | 0 | 0 | 0 | 0 | 0 | 0 | 0 | 0 | 0 | 42504 | 8855 | 19 |
| $C_{16}$ | 0 | 0 | 0 | 0 | 0 | 0 | 0 | 0 | 0 | 0 | 0 | 1 | −134596 | −33649 | 18 |
| $C_{15}$ | 0 | 0 | 0 | 0 | 0 | 0 | 0 | 0 | 0 | 0 | −1 | −23 | 334840 | 100947 | 17 |
| $C_{14}$ | 0 | 0 | 0 | 0 | 0 | 0 | 0 | 0 | 0 | 1 | 22 | 253 | −637263 | −233893 | 16 |
| $C_{13}$ | 0 | 0 | 0 | 0 | 0 | 0 | 0 | 0 | −1 | −21 | −231 | −1771 | 904816 | 403370 | 15 |
| $C_{12}$ | 0 | 0 | 0 | 0 | 0 | 0 | 0 | 1 | 20 | 210 | 1540 | 8855 | −929896 | −501446 | 14 |
| $C_{11}$ | 0 | 0 | 0 | 0 | 0 | 0 | −1 | −19 | −190 | −1330 | −7315 | −33649 | 645456 | 428450 | 13 |
| $C_{10}$ | 0 | 0 | 0 | 0 | 0 | 1 | 18 | 171 | 1140 | 5985 | 26334 | 100947 | −226996 | −217006 | 12 |
| $C_{9}$ | 0 | 0 | 0 | 0 | −1 | −17 | −153 | −937 | −4685 | −19677 | −72149 | −237061 | −78176 | | 11 |
| $C_{8}$ | 0 | 0 | 0 | 1 | 16 | 120 | 736 | 3364 | 13456 | 47096 | 148016 | 425546 | 174900 | 88166 | 10 |
| $C_{7}$ | 0 | 0 | −1 | −15 | −96 | −480 | −2220 | −8172 | −27240 | −81720 | −224730 | −574310 | −136400 | −86734 | 9 |
| $C_{6}$ | 0 | 1 | 10 | 73 | 312 | 1200 | 4428 | 13692 | 39120 | 102690 | 251020 | 577346 | 69685 | 49666 | 8 |
| $C_{5}$ | −1 | −7 | −39 | −185 | −620 | −1956 | −5988 | −15972 | −39930 | −93170 | −204974 | −428582 | −26004 | −20019 | 7 |
| $C_{4}$ | 5 | 20 | 80 | 281 | 788 | 2112 | 5520 | 12942 | 28760 | 60396 | 120792 | 231518 | 7315 | 5985 | 6 |
| $C_{3}$ | −10 | −30 | −95 | −266 | −644 | −1500 | −3420 | −7150 | −14300 | −27300 | −50050 | −88550 | −1540 | −1330 | 5 |
| $C_{2}$ | 10 | 25 | 66 | 154 | 328 | 675 | 1365 | 2574 | 4680 | 8190 | 13860 | 22770 | 231 | 210 | 4 |
| $C_{1}$ | −5 | −11 | −25 | −50 | −95 | −175 | −318 | −546 | −910 | −1470 | −2310 | −3542 | −22 | −21 | 3 |
| $C_{0}$ | 1 | 2 | 4 | 7 | 12 | 20 | 33 | 52 | 80 | 120 | 176 | 253 | 1 | 1 | 2 |
| HD | 7 | 7 | 7 | 7 | 7 | 7 | 7 | 7 | 7 | 7 | 7 | 7 | 2 | Σ ck | E |

Tabelle 24    Auszug der Analysedaten für das Polynom 13Fh

| Anzahl der Informationsbits k | Gewichtsverteilung $A_i$, i = 2 bis 72 | Hamming-Distanz d | Die Koeffizienten $c_k$, k = 0 bis 69 | Summe $c_k$ |
|---|---|---|---|---|
| 1 | i verläuft von 2 bis 9 | 7 | k verläuft von 0 bis 2 | 0 |
| 2 bis 19 | i verläuft von 2 bis 27 | 4 | k verläuft von 0 bis 23 | 0 |
| 20 bis 35 | i verläuft von 2 bis 43 | 3 | k verläuft von 0 bis 40 | 0 |
| 36 | i verläuft von 2 bis 44 | 3 | k verläuft von 0 bis 41 | 6 |
| 37 | | 3 | | 74 |
| 38 | | 3 | | 45 |
| 39 | | 3 | | -1099 |
| 40 | | 3 | | -129 |
| 41 | | 3 | | 344 |
| 42 | | 3 | | -2390 |
| 43 | | 3 | | 27490 |
| 44 | | 3 | | -11491 |
| 45 | | 3 | | 81145 |
| 46 | | 3 | | -623955 |
| 47 | | 3 | | 2381442 |
| 48 | | 3 | | -3010535 |
| 49 | | 3 | | -17182425 |
| 50 | i verläuft von 2 bis 58 | 3 | k verläuft von 0 bis 55 | -104945604 |
| 51 | | 3 | | 147369803 |
| 52 | | 3 | | -196857381 |
| 53 | | 3 | | 3689087386 |
| 54 | | 3 | | 4175354704 |
| 55 | | 3 | | -4773678888 |
| 56 | | 3 | | 1,1432E+10 |
| 57 | | 3 | | 1,0536E+11 |
| 58 | | 3 | | -4,3446E+11 |
| 59 | | 3 | | 3,9061E+11 |
| 60 | | 3 | | 4,5907E+12 |
| 61 | | 3 | | -9,4418E+12 |
| 62 | | 3 | | 5,752E+12 |
| 63 | | 3 | | 5,8329E+13 |
| 64 | i verläuft von 2 bis 72 | 3 | k verläuft von 0 bis 69 | -7,6954E+13 |

Das Polynom 8$^{ten}$ Grad wurde bis n = k + r = 72 analysiert. $A_i$ und $c_k$ wird nicht protokolliert. Interessant ist der Verlauf der Summe von $c_k$.

# 16    Abbildungen

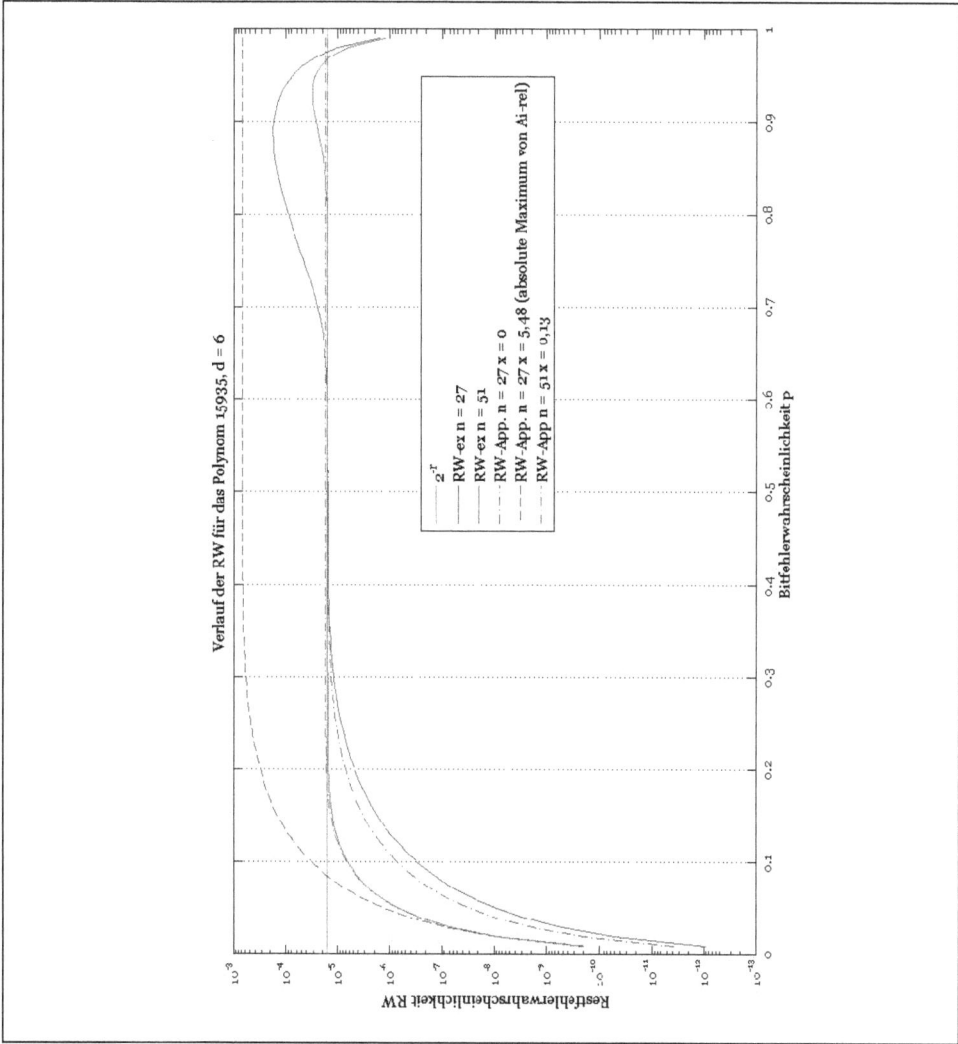

Abbildung 10    Vergleich der exakten RW mit der Approximation für das Polynom 19535h im Bereich von d = 6 bei n = 27 und n = 51

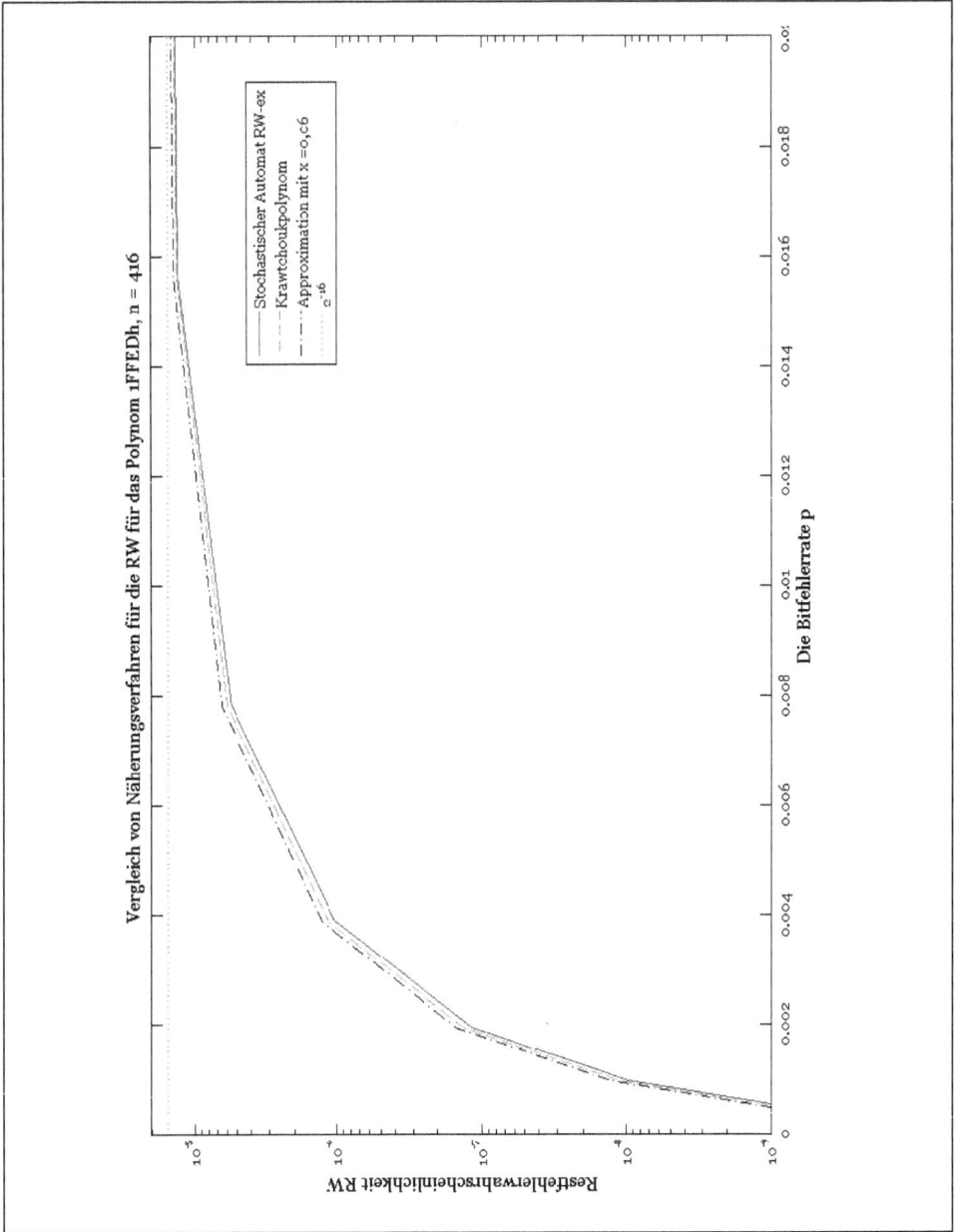

Abbildung 11      Vergleich von Näherungsverfahren mit der exakten RW für das Polynom 1FFEDh für eine Blocklänge von n = 416

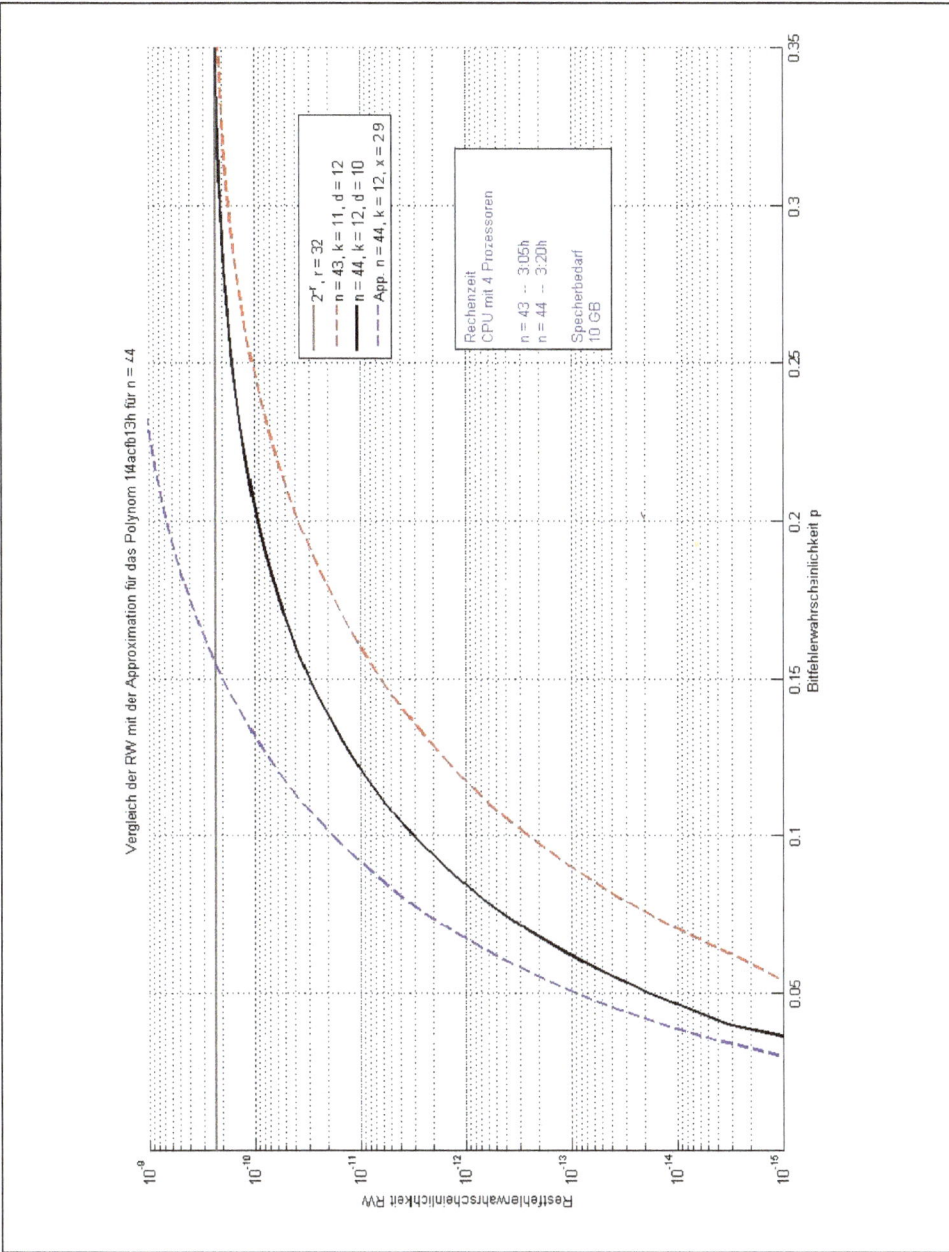

Abbildung 12  Vergleich der RW mit der Approximation für das 32-Bit Polynom 1F4ACFB13h bei einer Block-länge von n = 44 (k = 12)

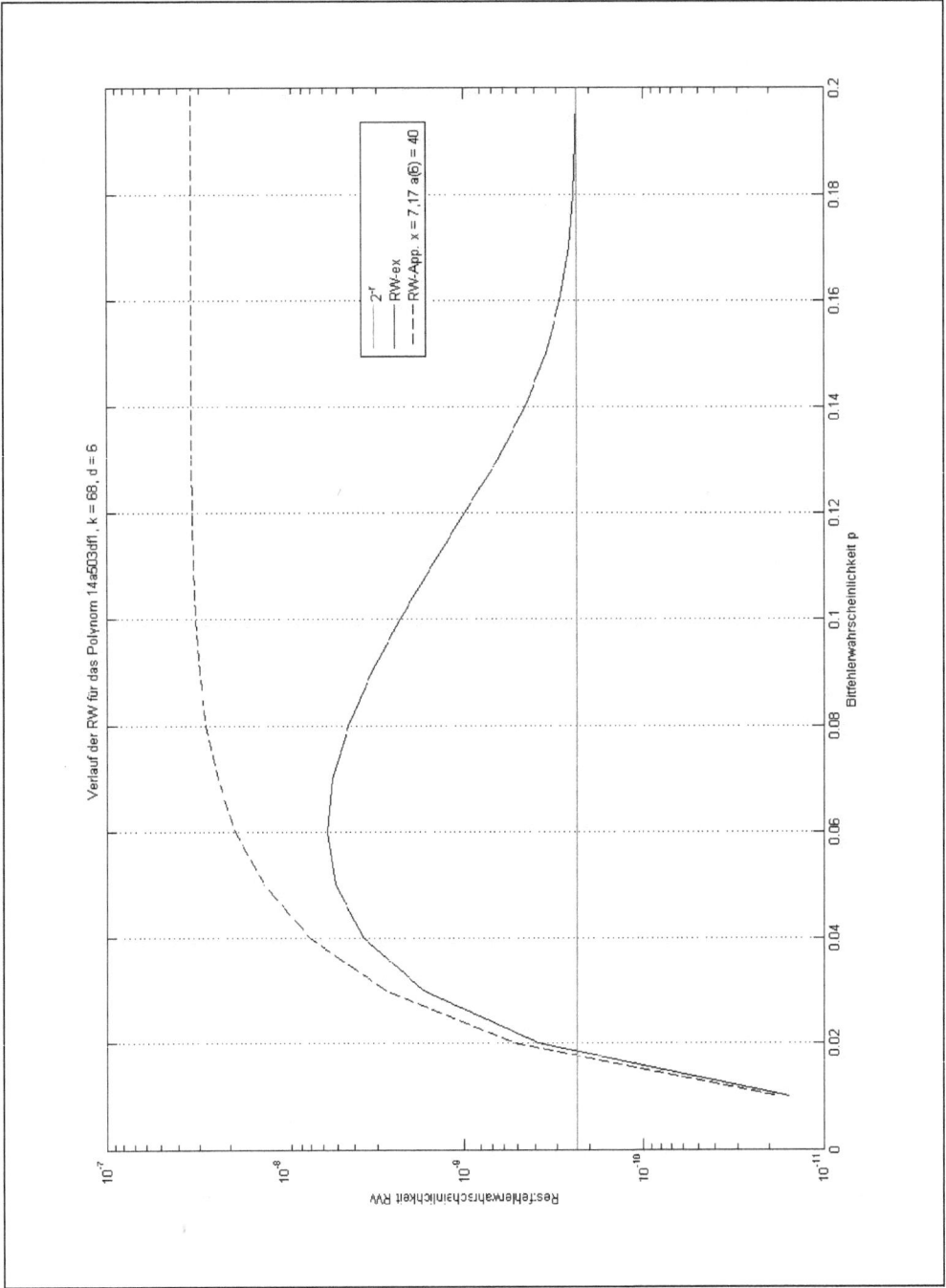

Abbildung 13    Vergleich der Restfehlerwahrscheinlichkeit RW_ex mit der Approximation RW_App für das
                Polynom 14A503DF1h

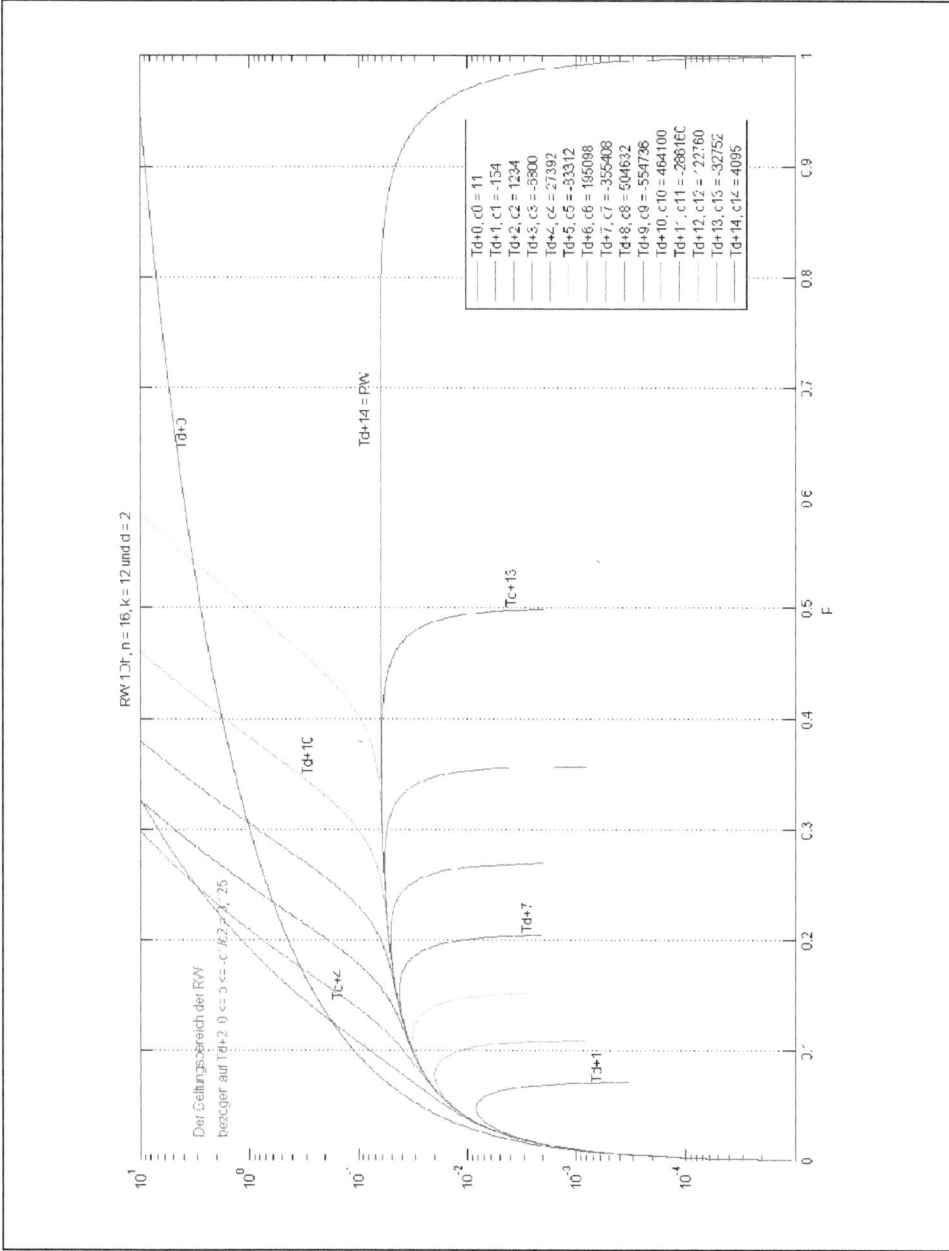

Abbildung 14    Die Approximation der Restfehlerwahrscheinlichkeit RW für das Polynom 1Dh (n =16) mit Taylorpolynomen

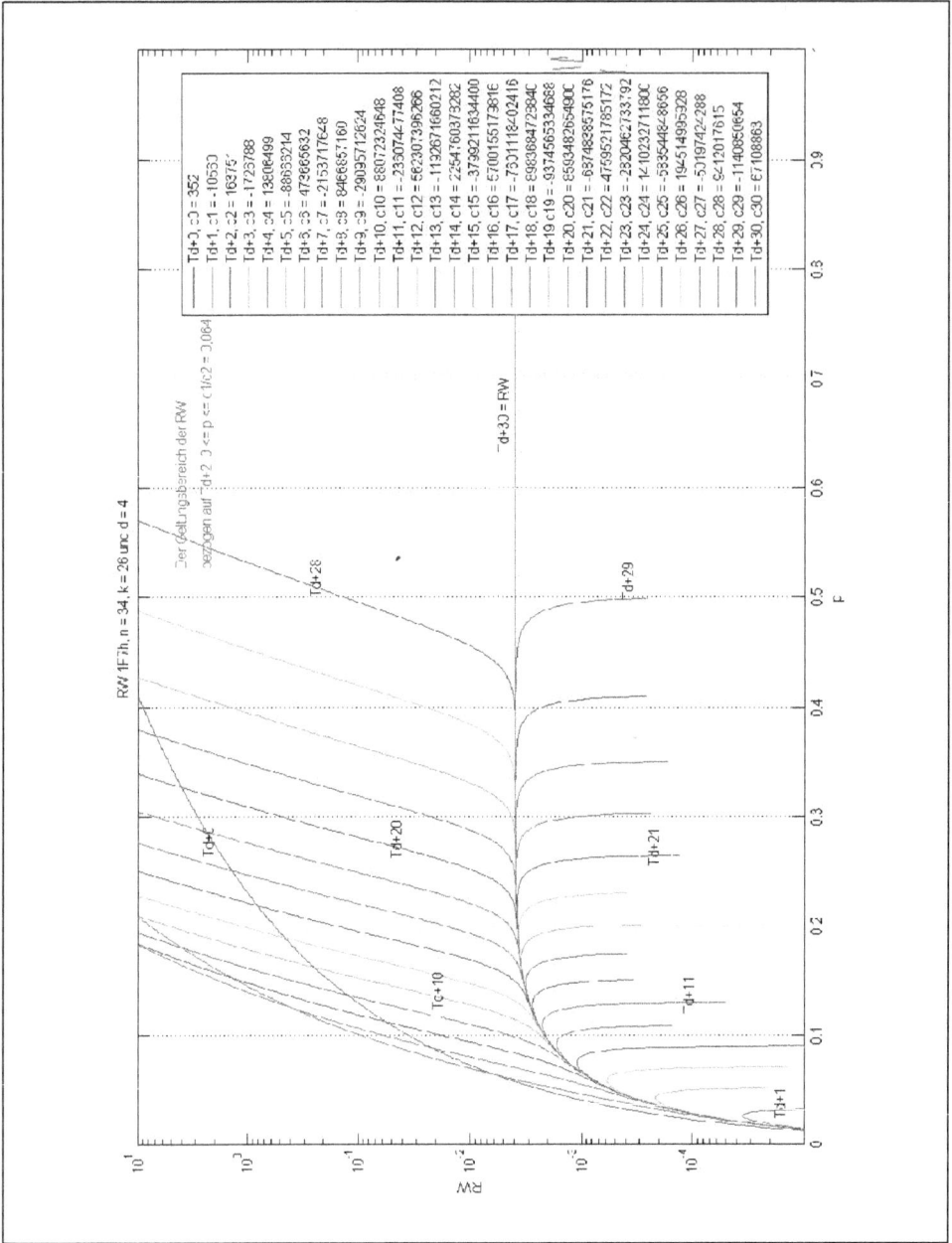

Abbildung 15    Die Approximation der Restfehlerwahrscheinlichkeit RW für das Polynom 1F7h (n =34) mit Taylorpolynomen

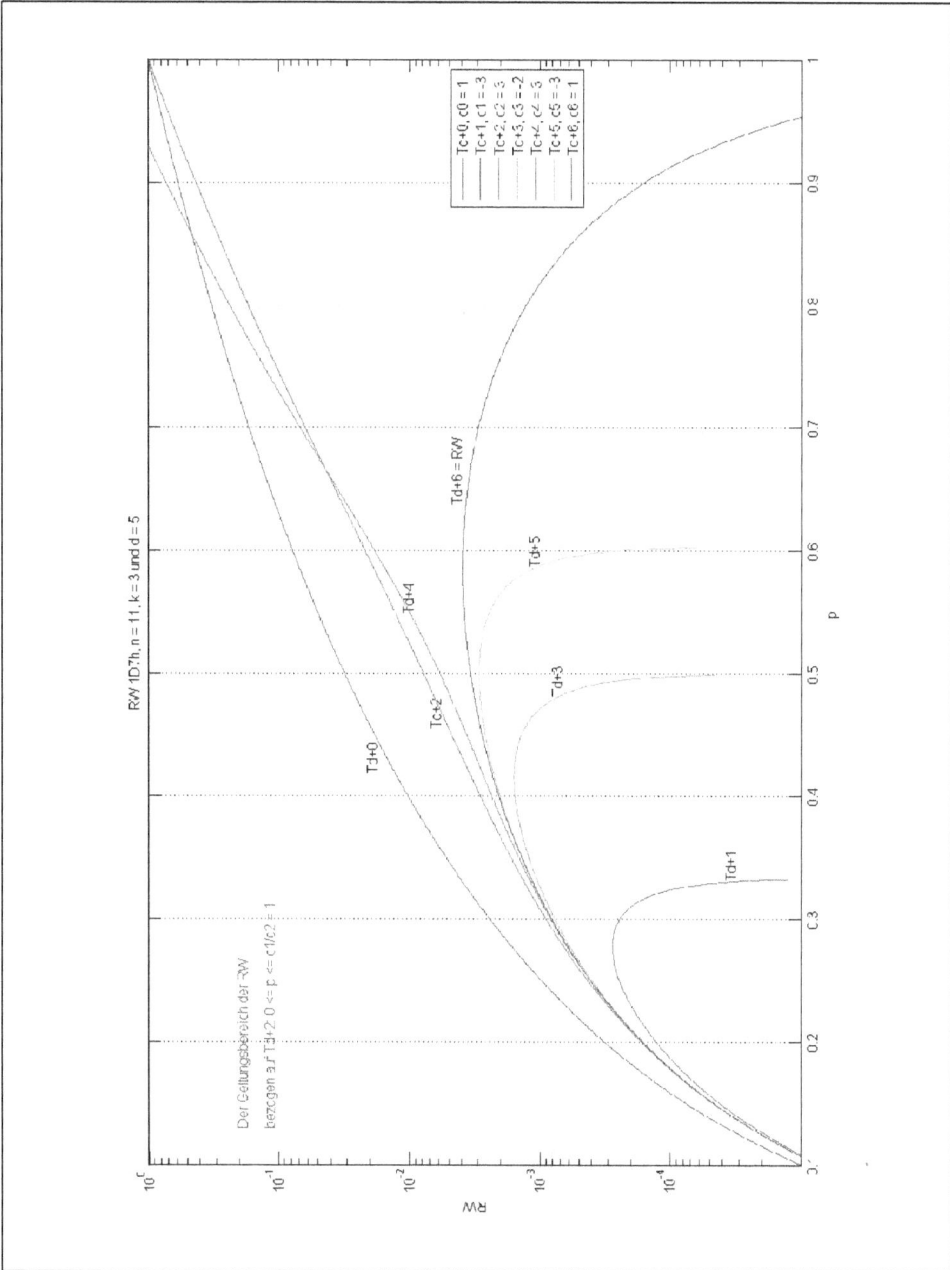

Abbildung 16    Die Approximation der Restfehlerwahrscheinlichkeit RW für das Polynom 1D7h (n =11) mit
                Taylorpolynomen

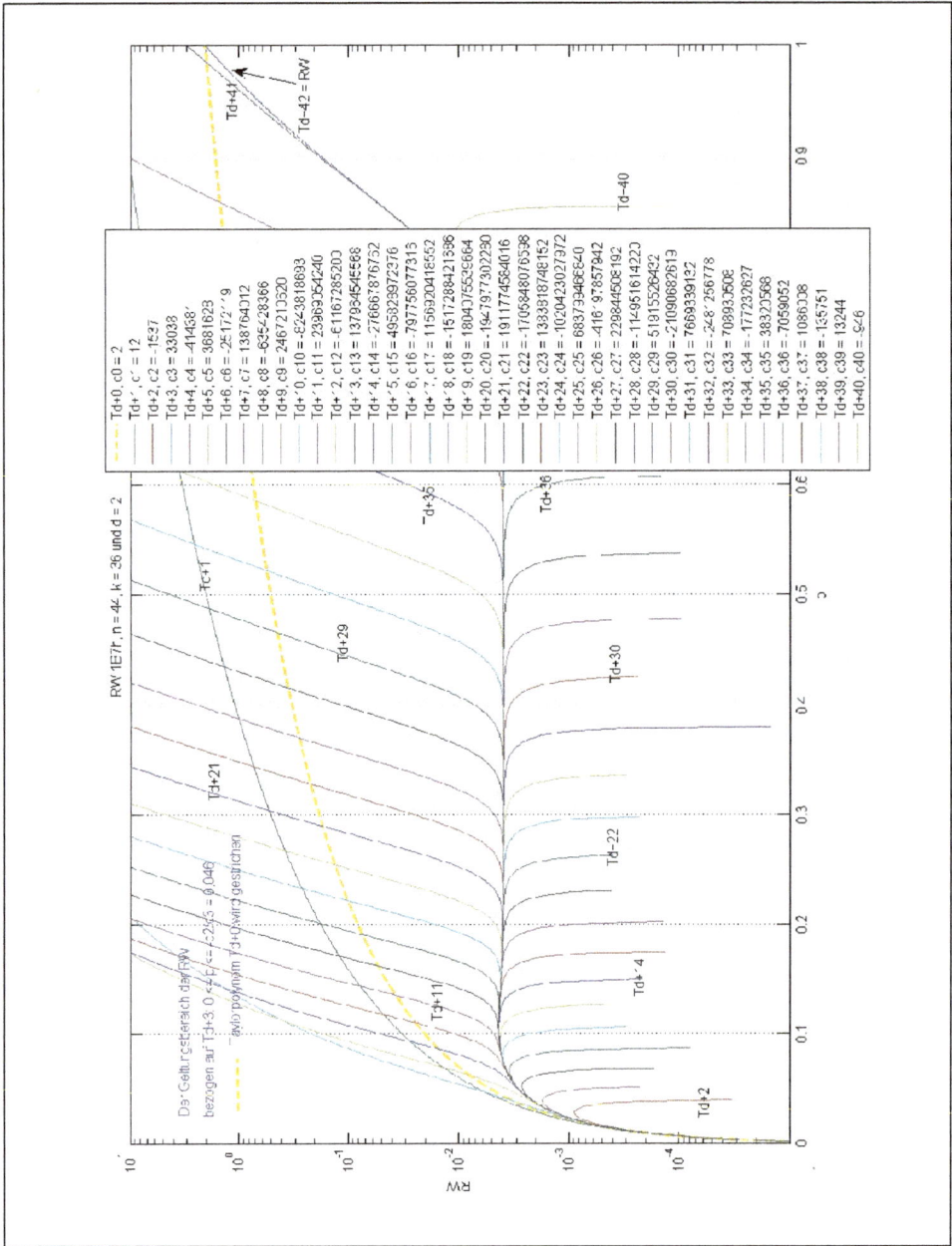

Abbildung 17    Die Approximation der Restfehlerwahrscheinlichkeit RW für das Polynom 1B7h (n =44) mit Taylorpolynomen

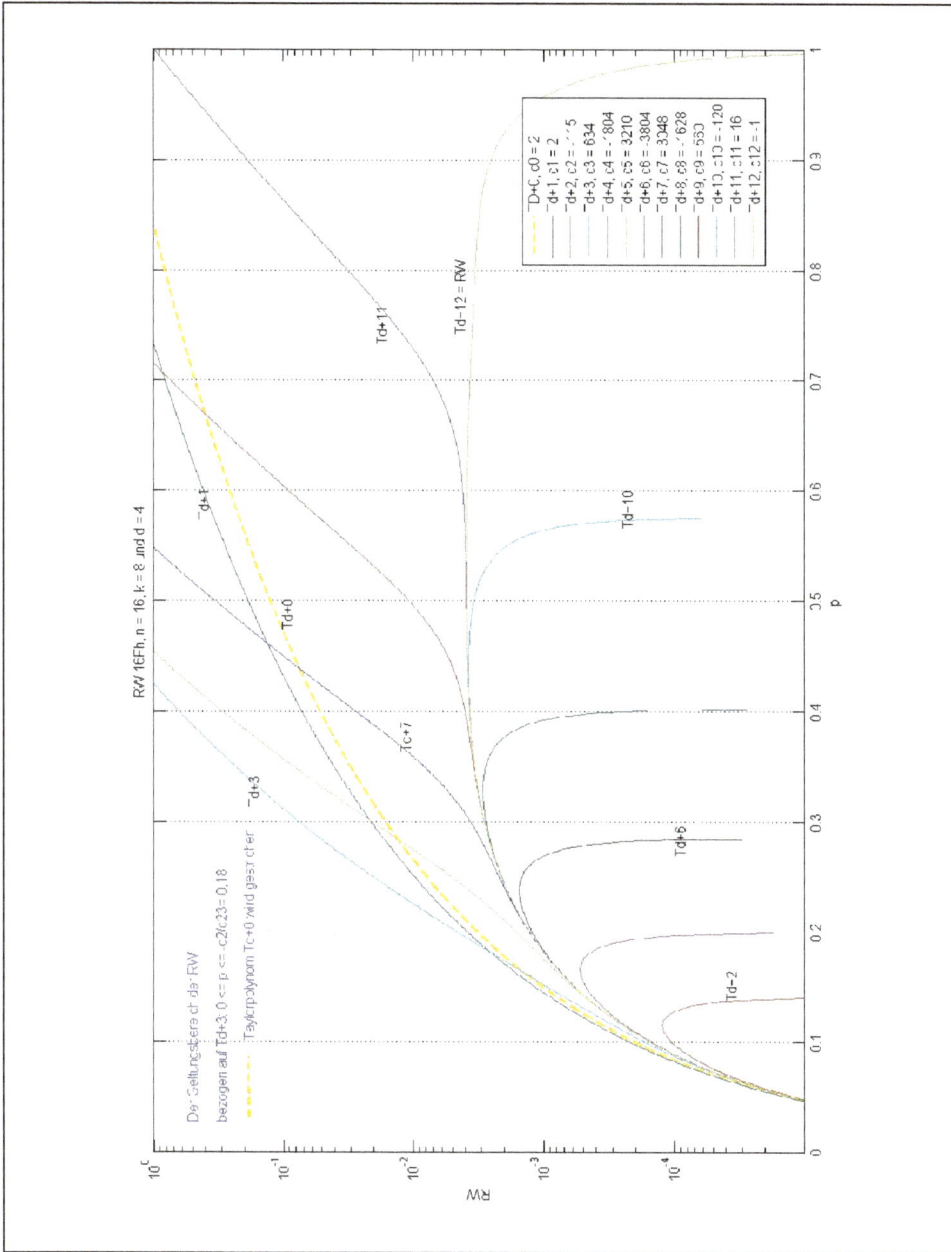

Abbildung 18    Die Approximation der Restfehlerwahrscheinlichkeit RW für das Polynom 16Fh (n =16) mit
Taylorpolynomen

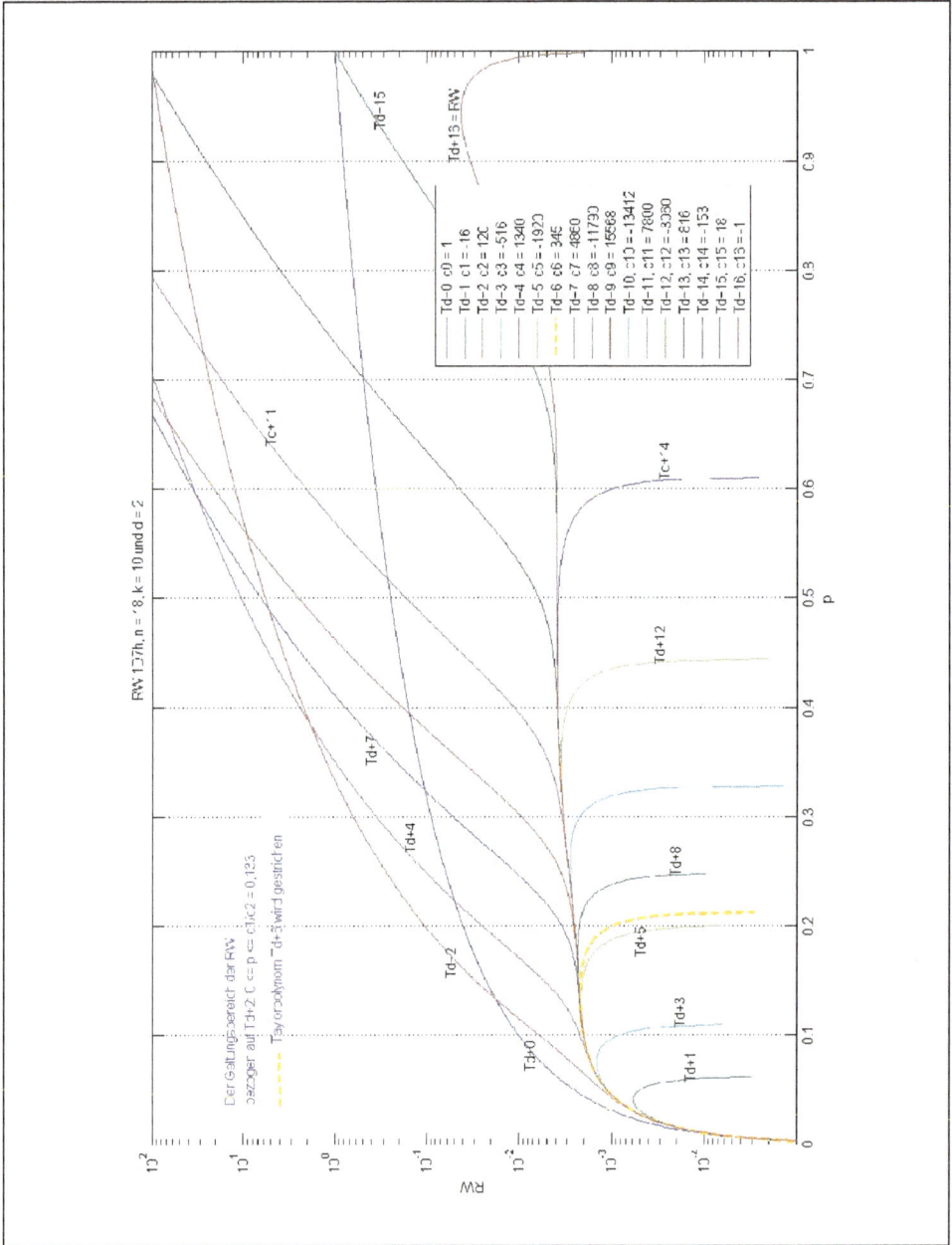

Abbildung 19    Die Approximation der Restfehlerwahrscheinlichkeit RW für das Polynom 1D7h (n =18) mit Taylorpolynomen

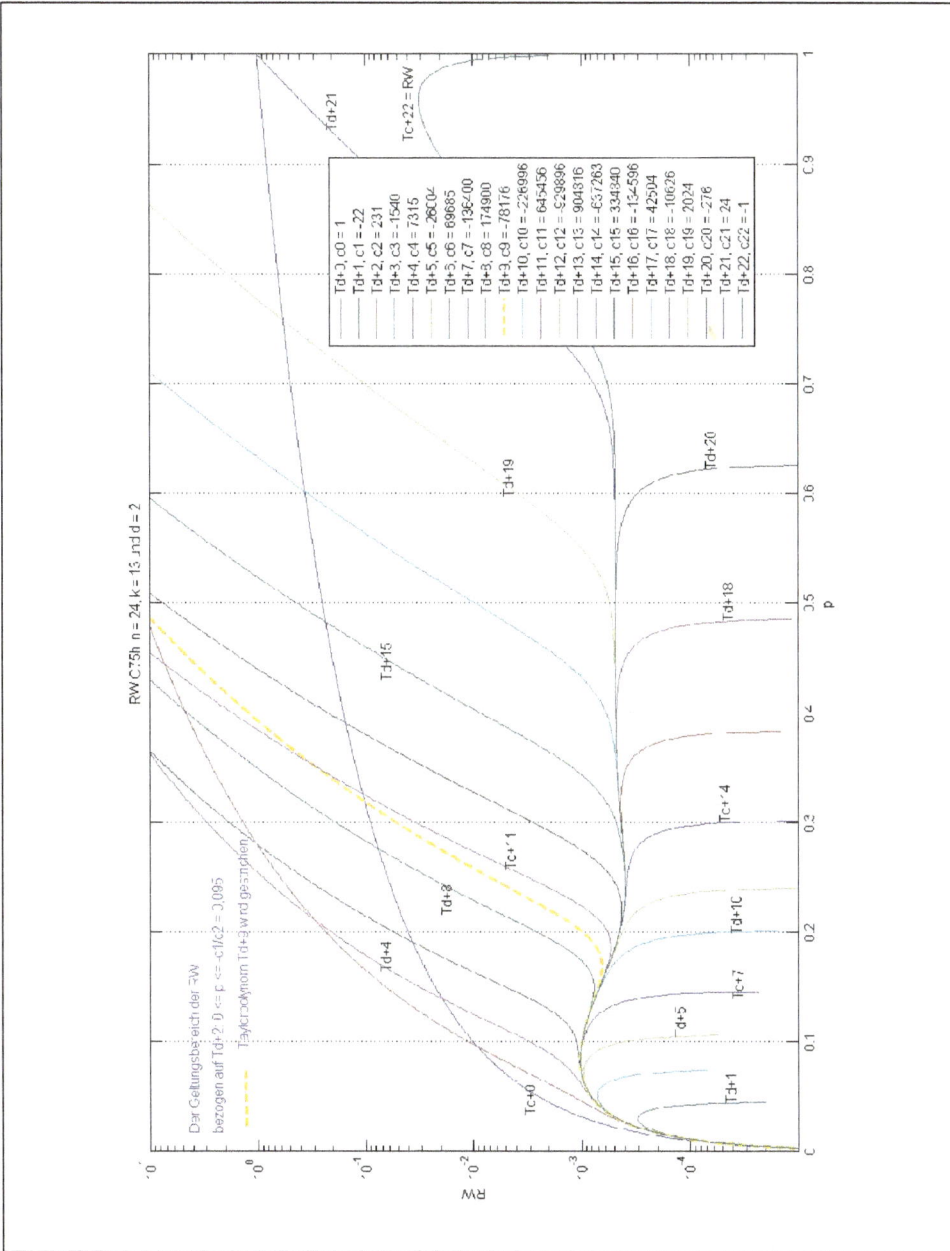

Abbildung 20    Die Approximation der Restfehlerwahrscheinlichkeit RW für das Polynom C75h (n =24) mit
                Taylorpolynomen

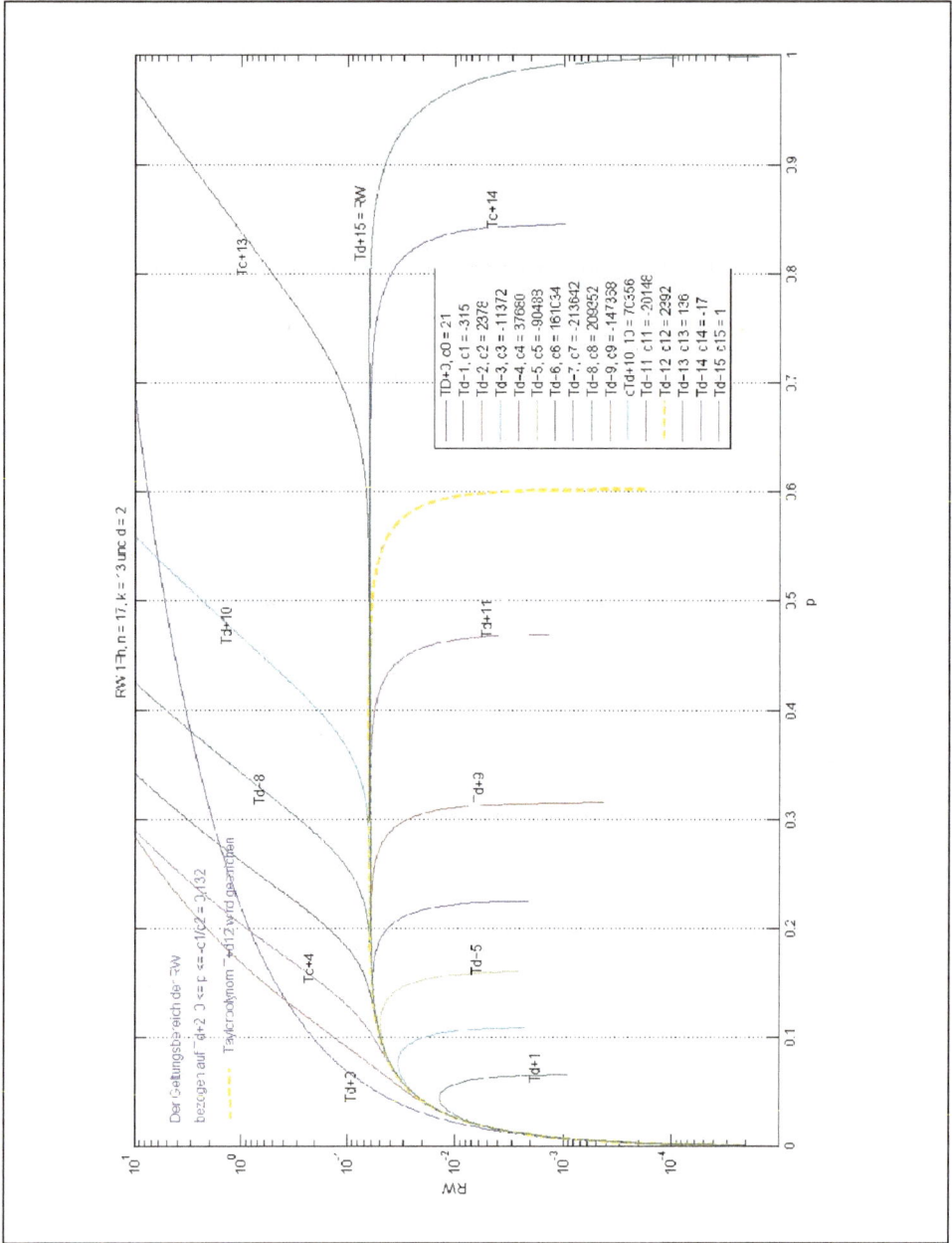

Abbildung 21    Die Approximation der Restfehlerwahrscheinlichkeit RW für das Polynom 1Fh (n =17) mit Taylorpolynomen

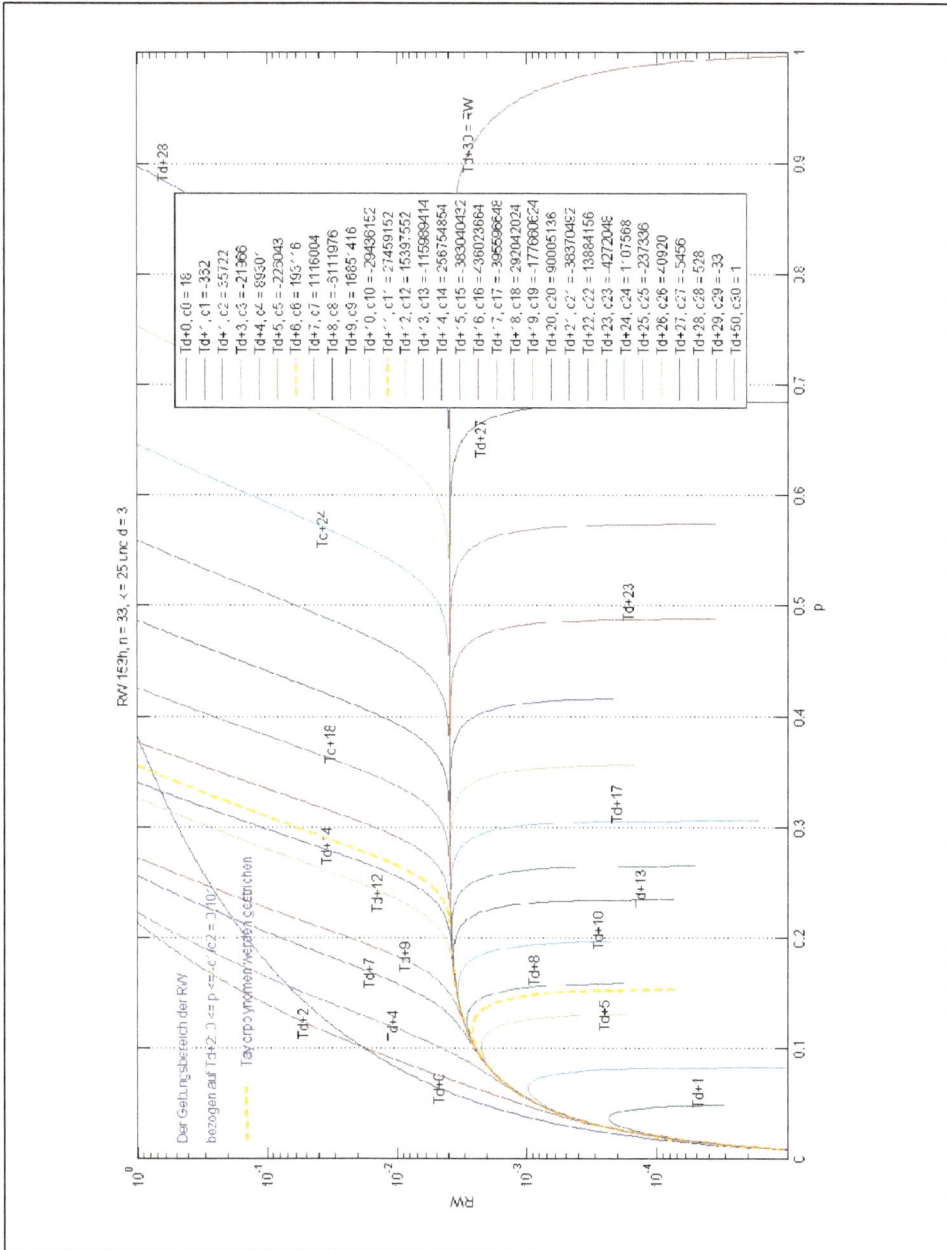

Abbildung 22    Die Approximation der Restfehlerwahrscheinlichkeit RW für das Polynom 153h (n =33) mit Taylorpolynomen

RW 1D7h, n = 10, k = 2 und d = 6

Der Gültigsbereich der RW
bezogen auf d+3. 0 <= p <= c1/c3 = 1
c2 = c, Taylorpolynome Td+1 und Td-2 sind identisch

d+3

Td+4 = RW

Td+1

T3+0

$p$

RW

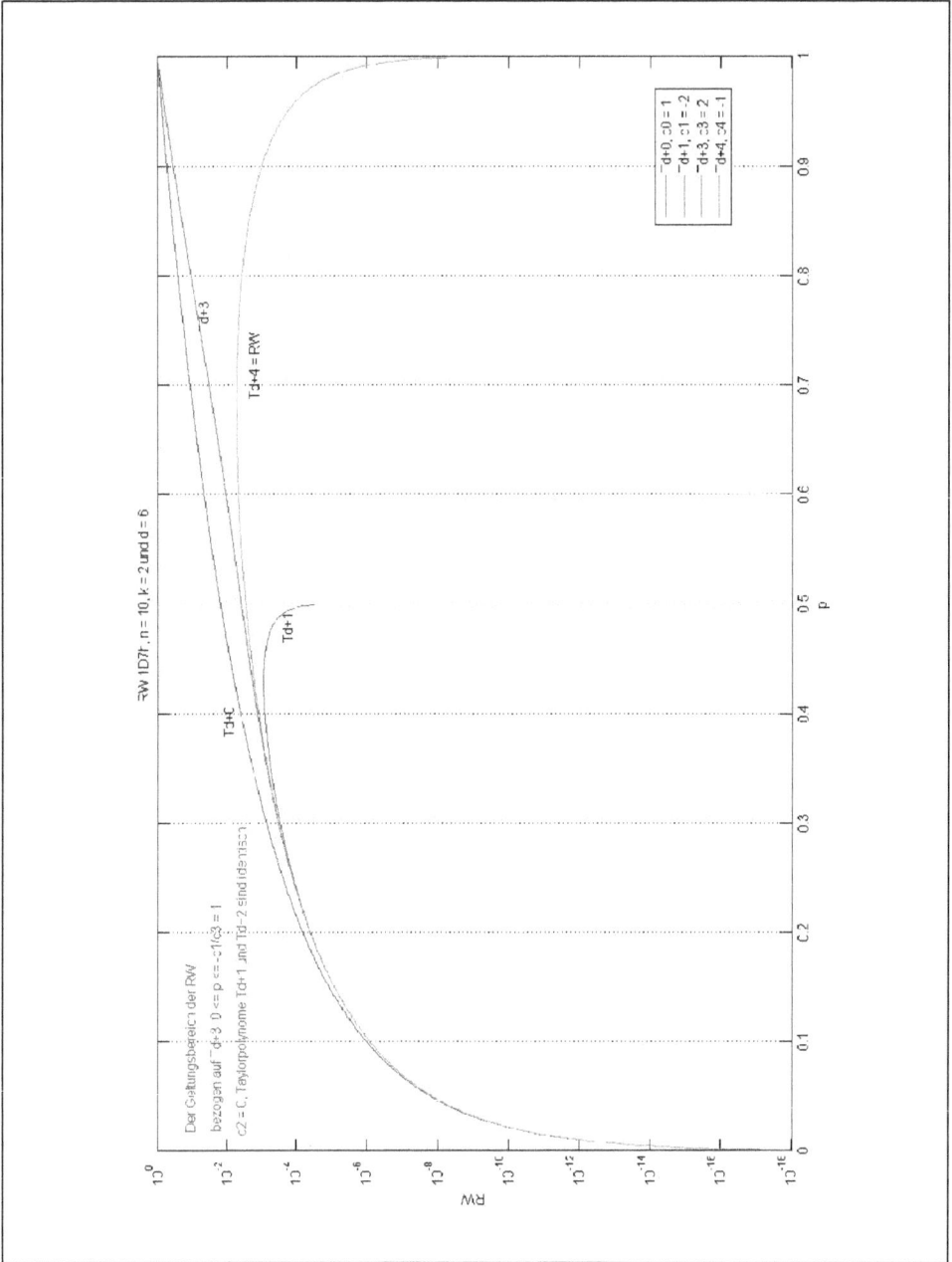

Abbildung 23    Die Approximation der Restfehlerwahrscheinlichkeit RW für das Polynom 1D7h (n =10) mit
Taylorpolynomen

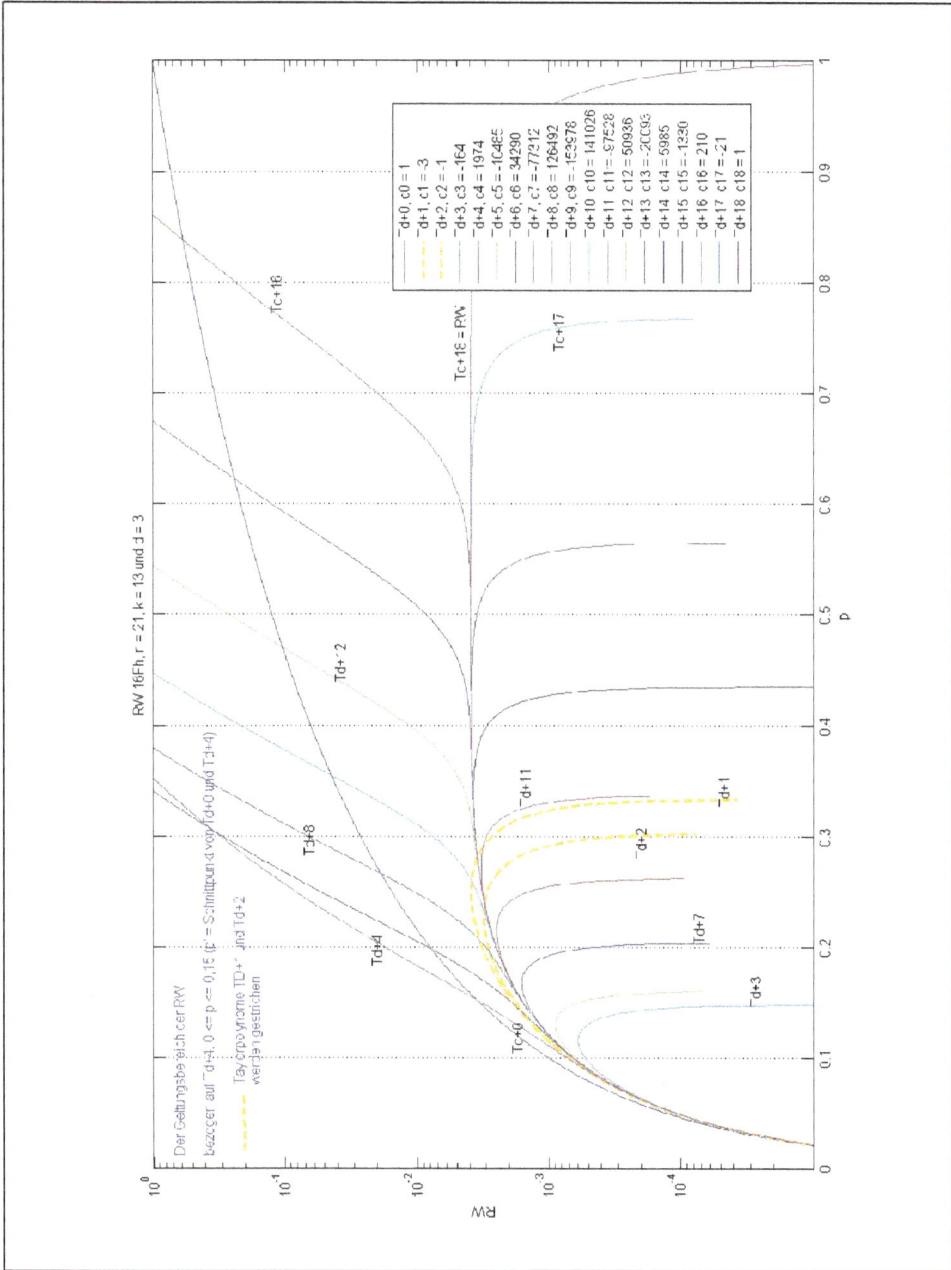

Abbildung 24    Die Approximation der Restfehlerwahrscheinlichkeit RW für das Polynom 16Fh (n =21) mit
Taylorpolynomen

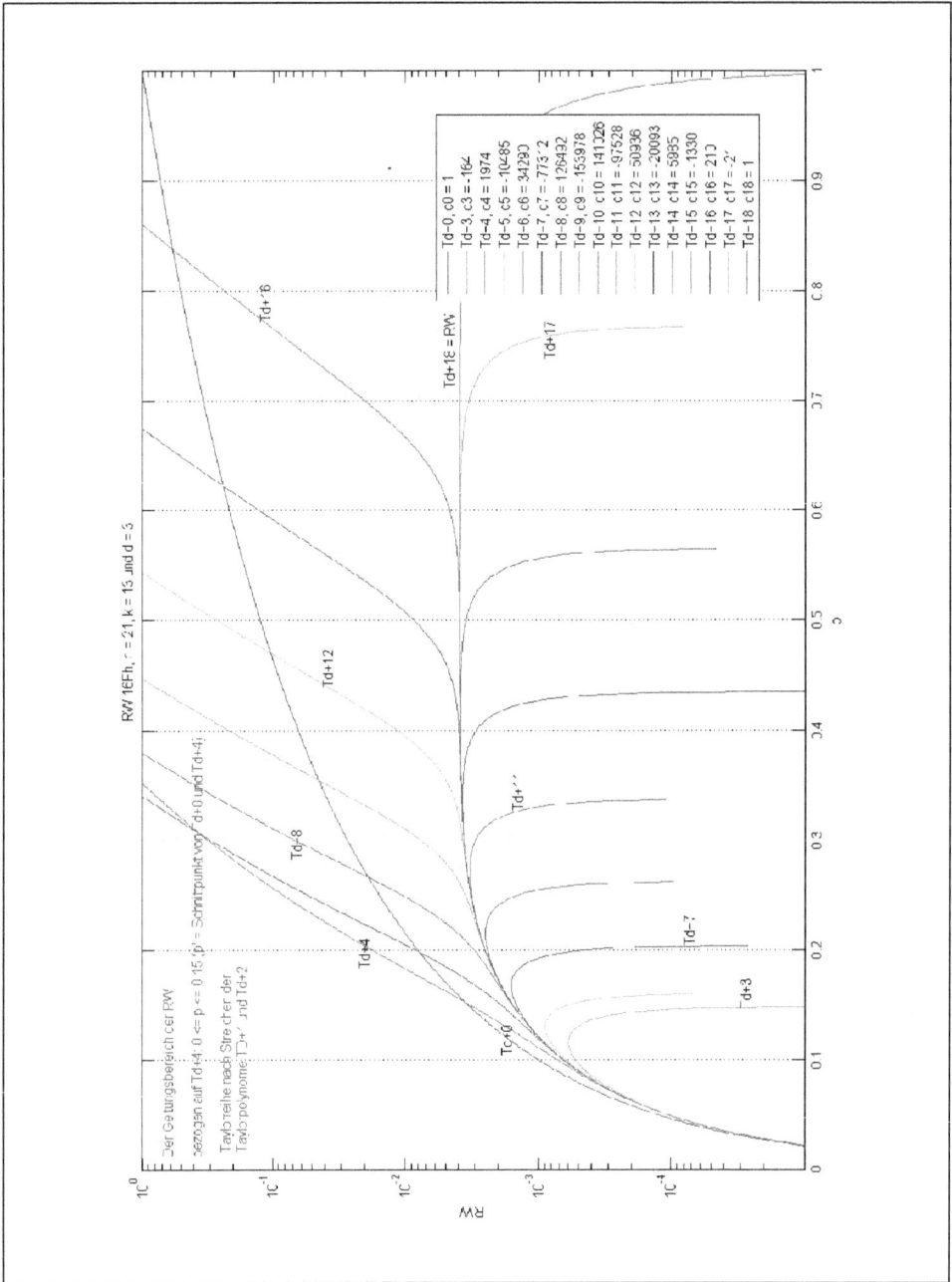

Abbildung 25    Die umhüllende Taylorreihe für das Polynom 16Fh (n = 21)

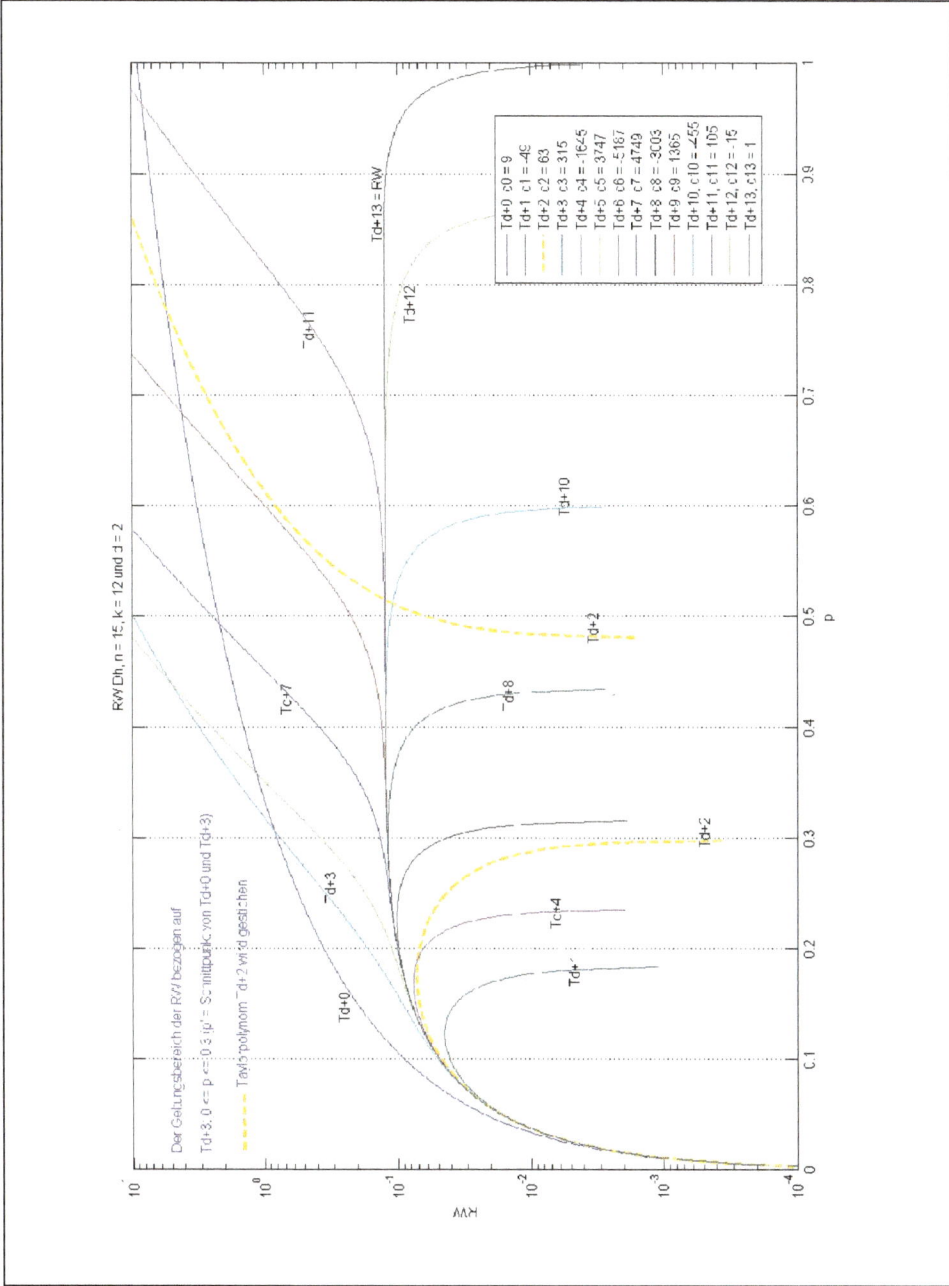

Abbildung 26    Die Approximation der Restfehlerwahrscheinlichkeit RW für das Polynom Dh (n =15) mit Taylor-polynomen

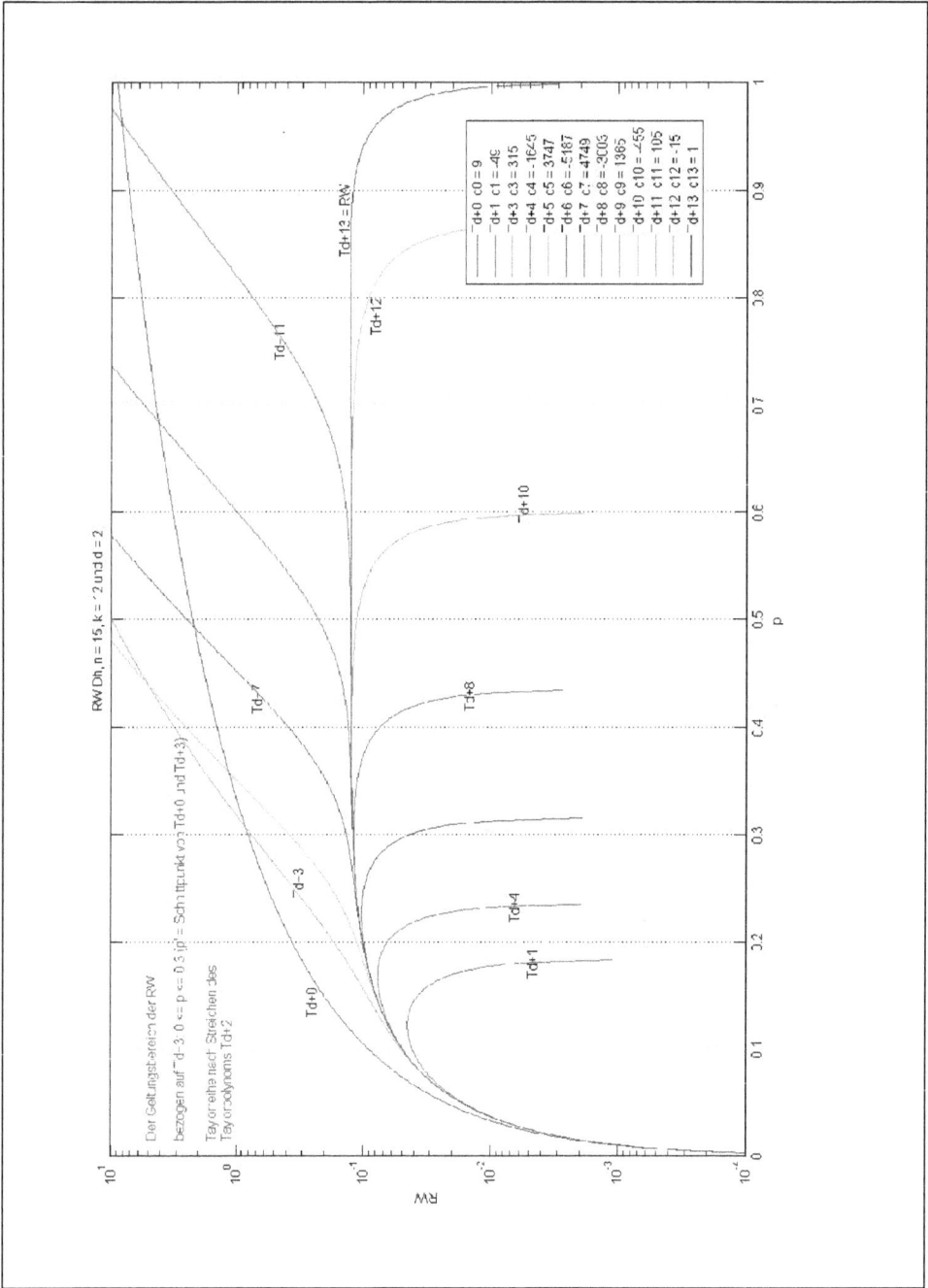

Abbildung 27     Die umhüllende Taylorreihe für das Polynom Dh (n = 15)

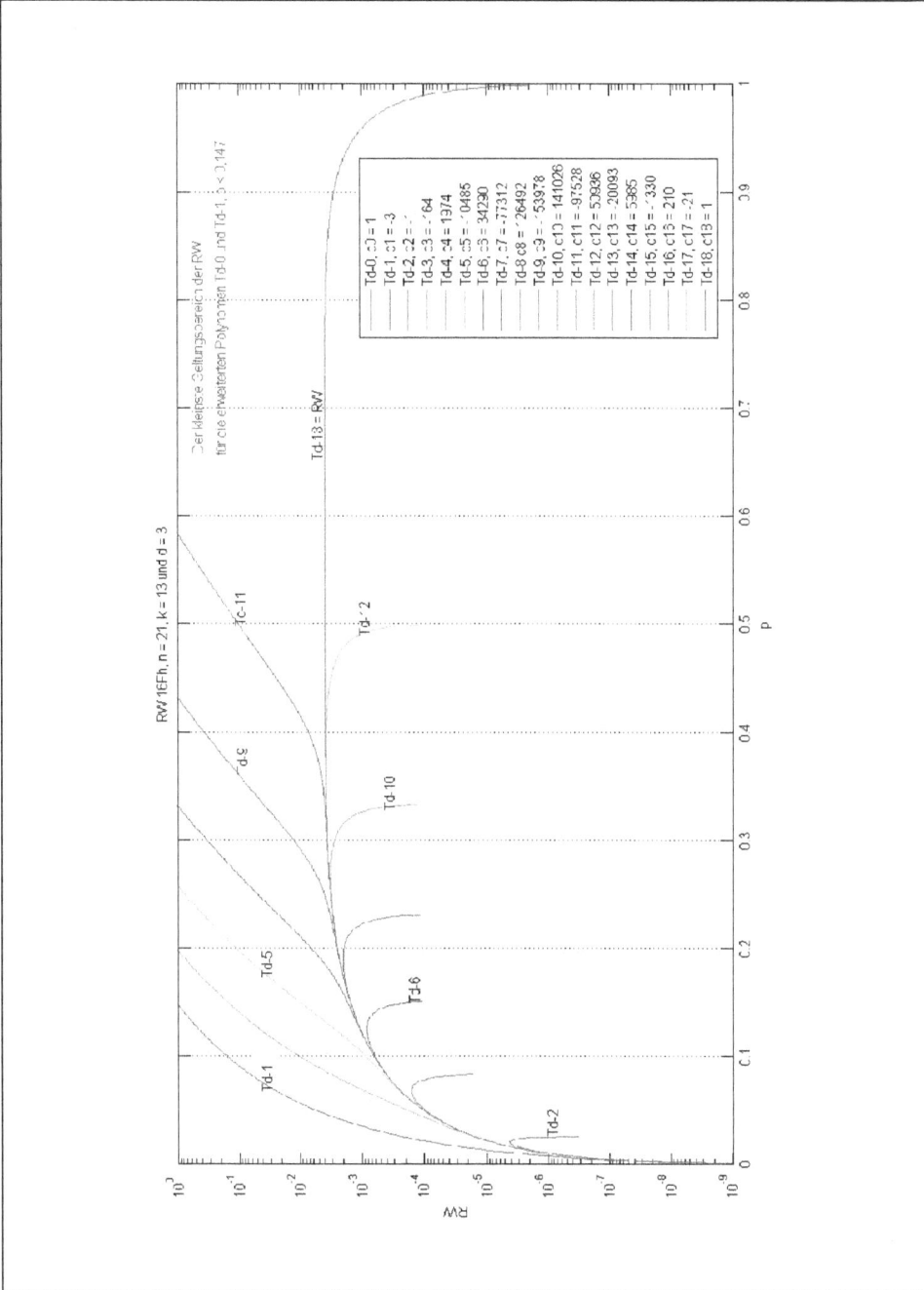

Abbildung 28     Die Approximation der Restfehlerwahrscheinlichkeit RW für das Polynom 16Fh (n =21) mit erweiterten Polynomen

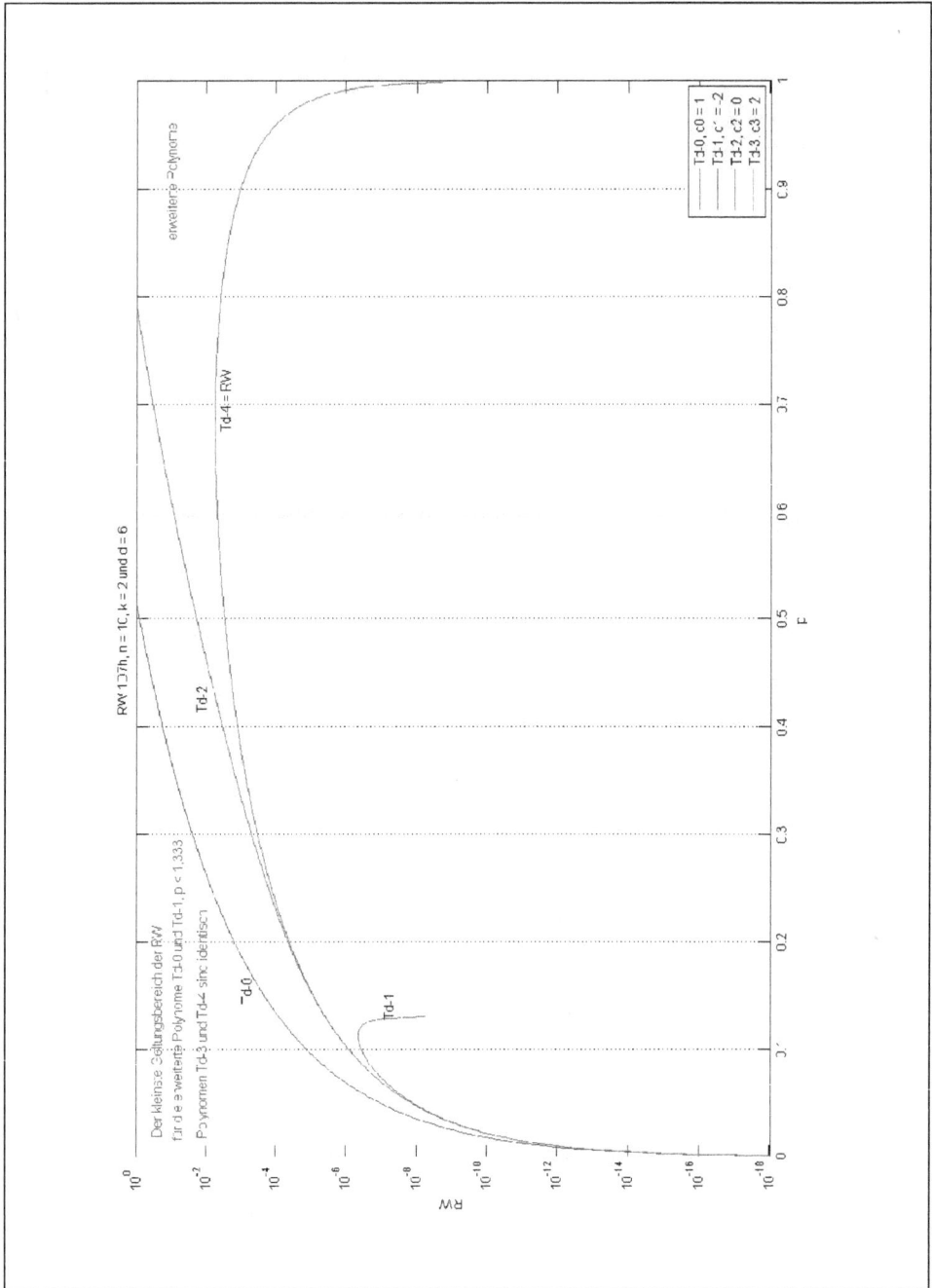

Abbildung 29    Die Approximation der Restfehlerwahrscheinlichkeit RW für das Polynom 1D7h (n =10) mit
                erweiterten Polynomen

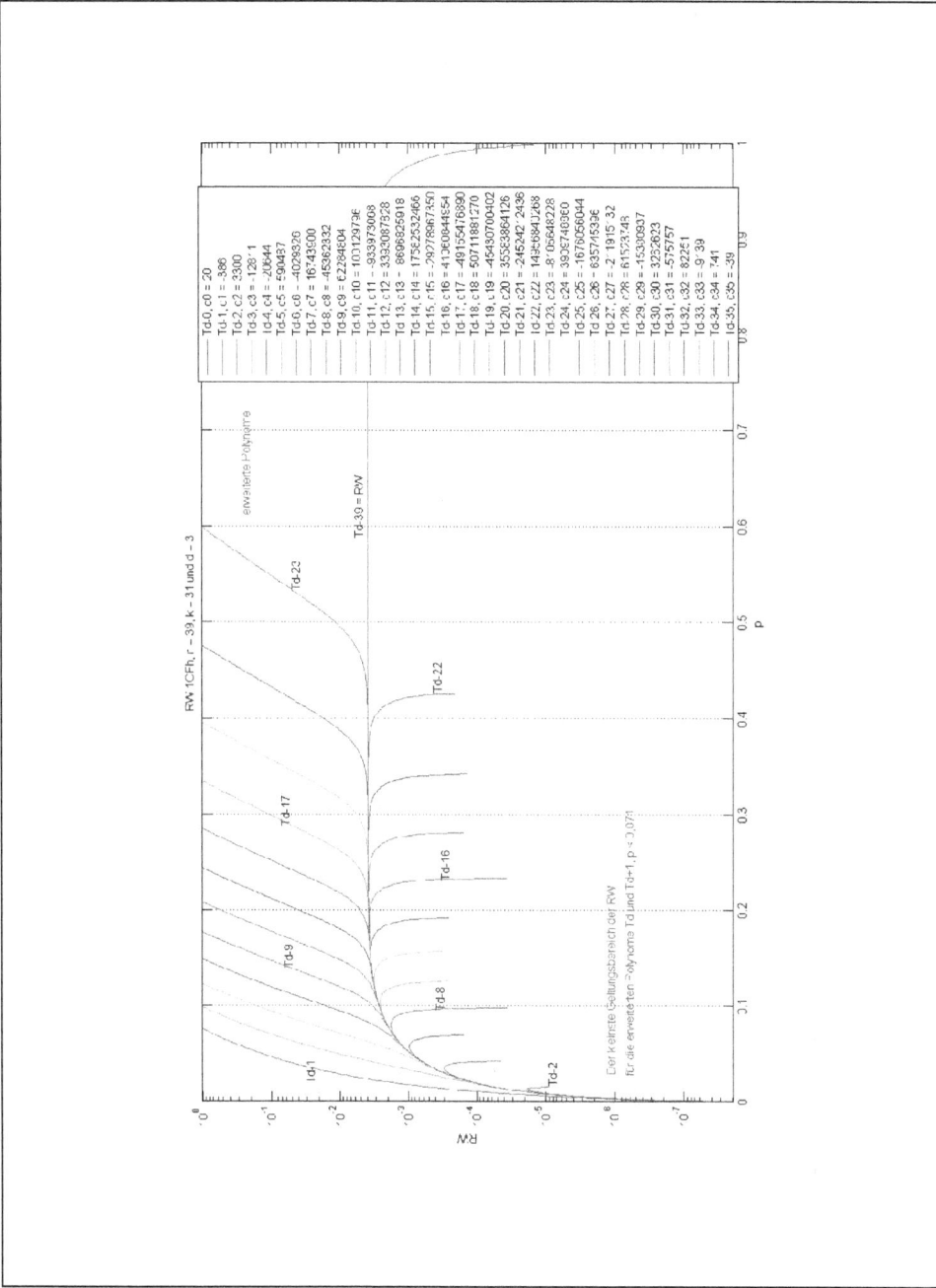

Abbildung 30    Die Approximation der Restfehlerwahrscheinlichkeit RW für das Polynom 1CF7h (n =39) mit erweiterten Polynomen

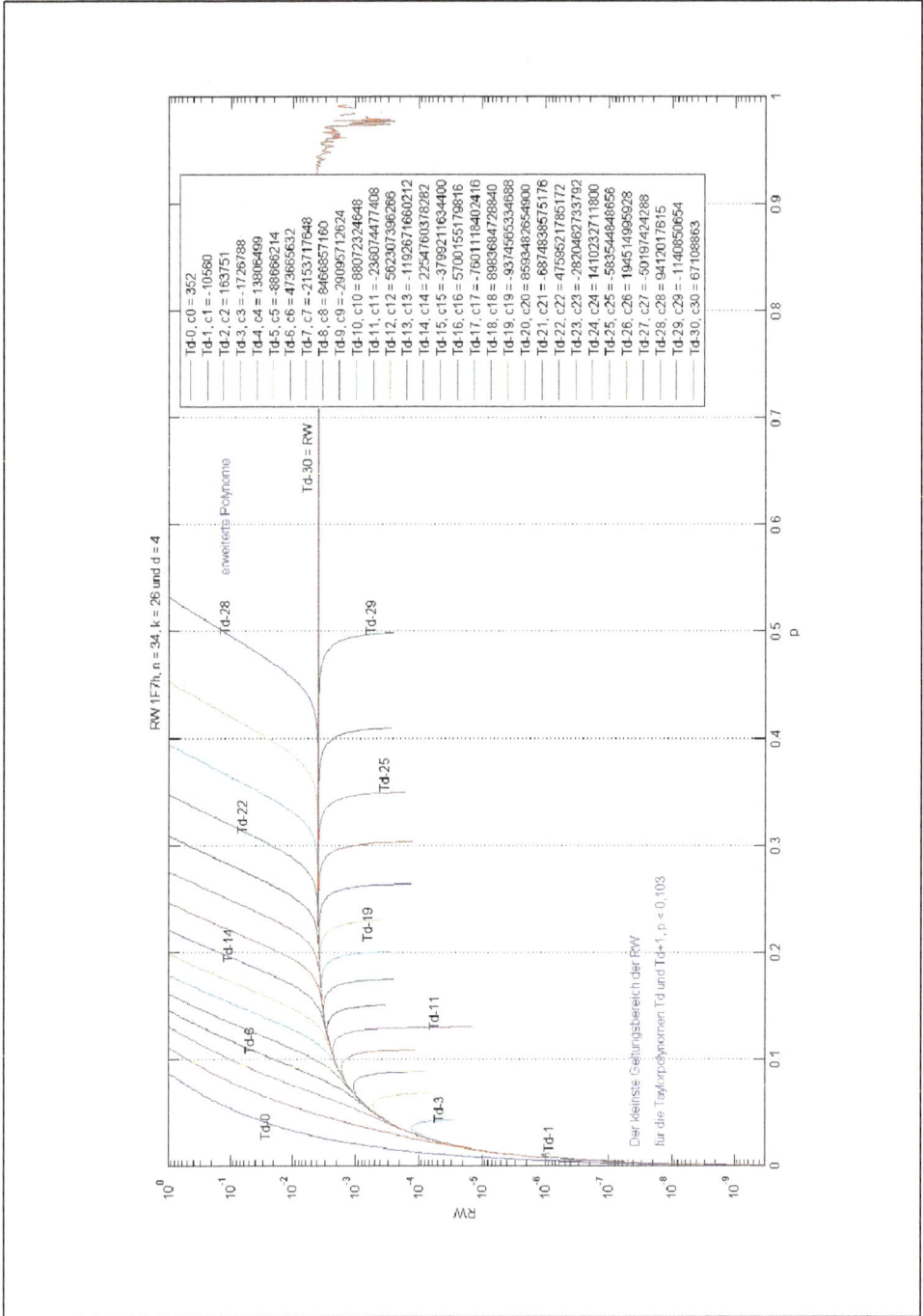

Abbildung 31    Die Approximation der Restfehlerwahrscheinlichkeit RW für das Polynom 1F7h (n =34) mit
                erweiterten Polynomen

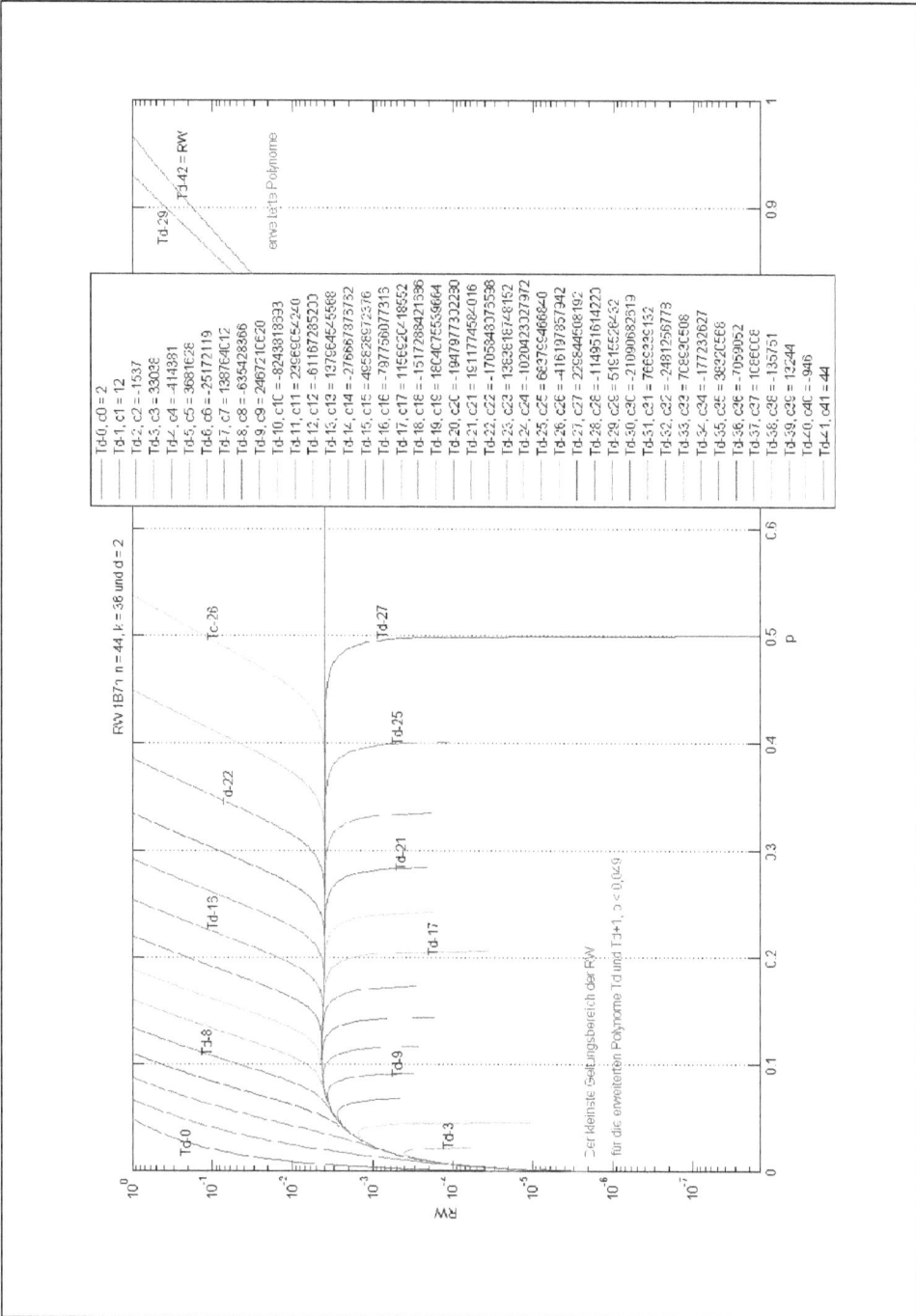

Abbildung 32 Die Approximation der Restfehlerwahrscheinlichkeit RW für das Polynom 1B7h (n =44) mit erweiterten Polynomen

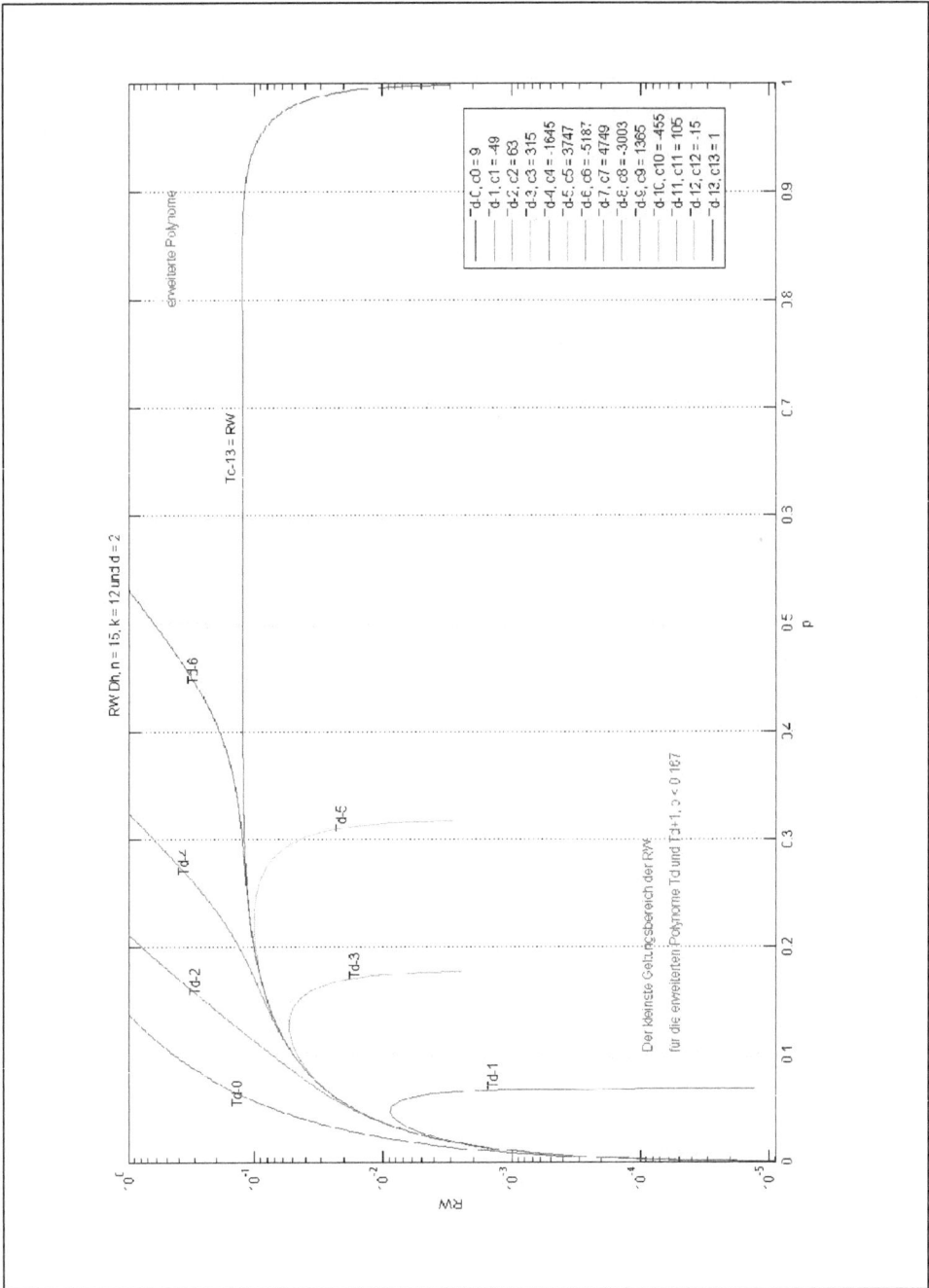

Abbildung 33    Die Approximation der Restfehlerwahrscheinlichkeit RW für das Polynom Dh (n =15) mit erwei-
                terten Polynomen

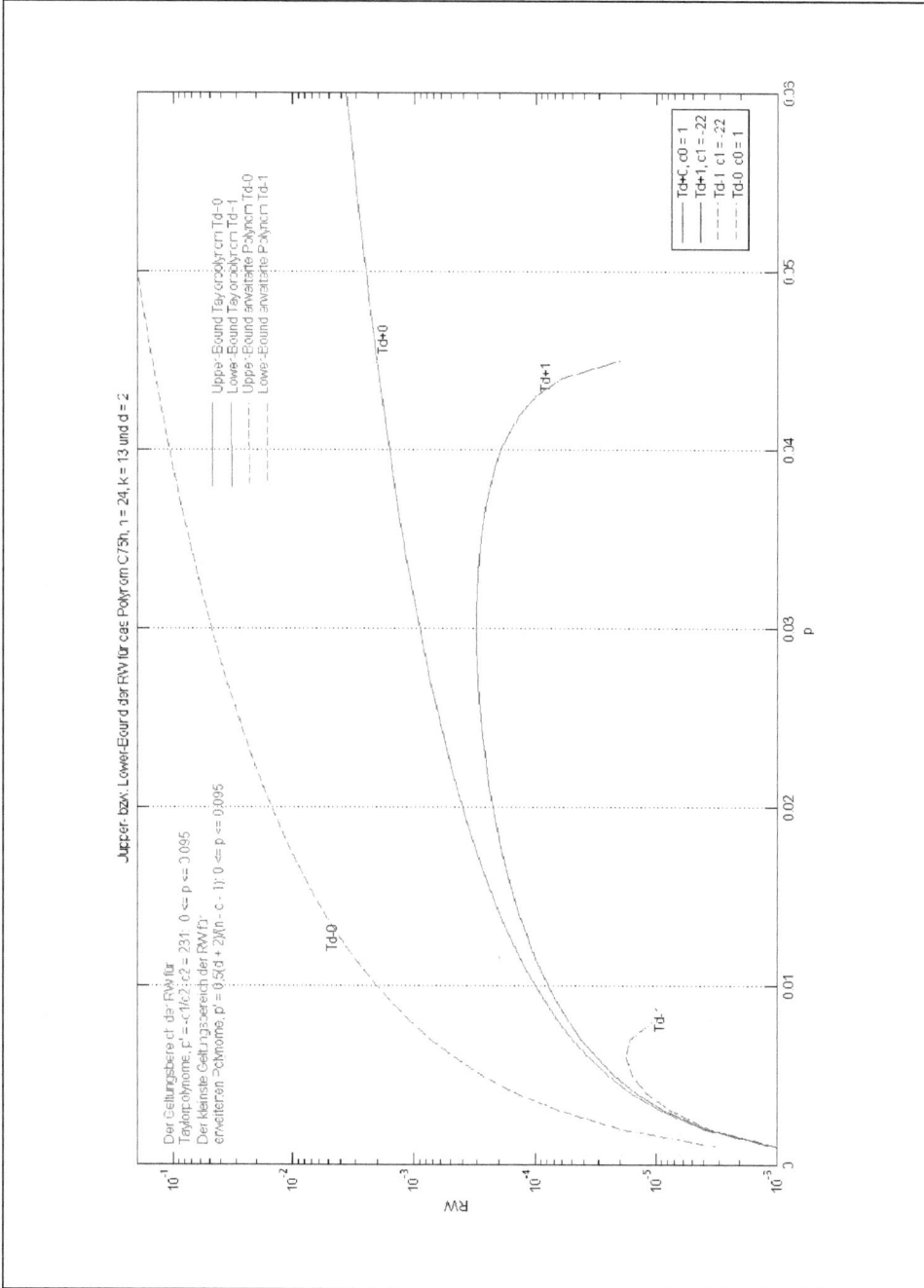

Abbildung 34    Der Upper- bzw. Lower-Bound für das Polynom C75h (n = 24) mit 2 Koeffizienten $c_k$

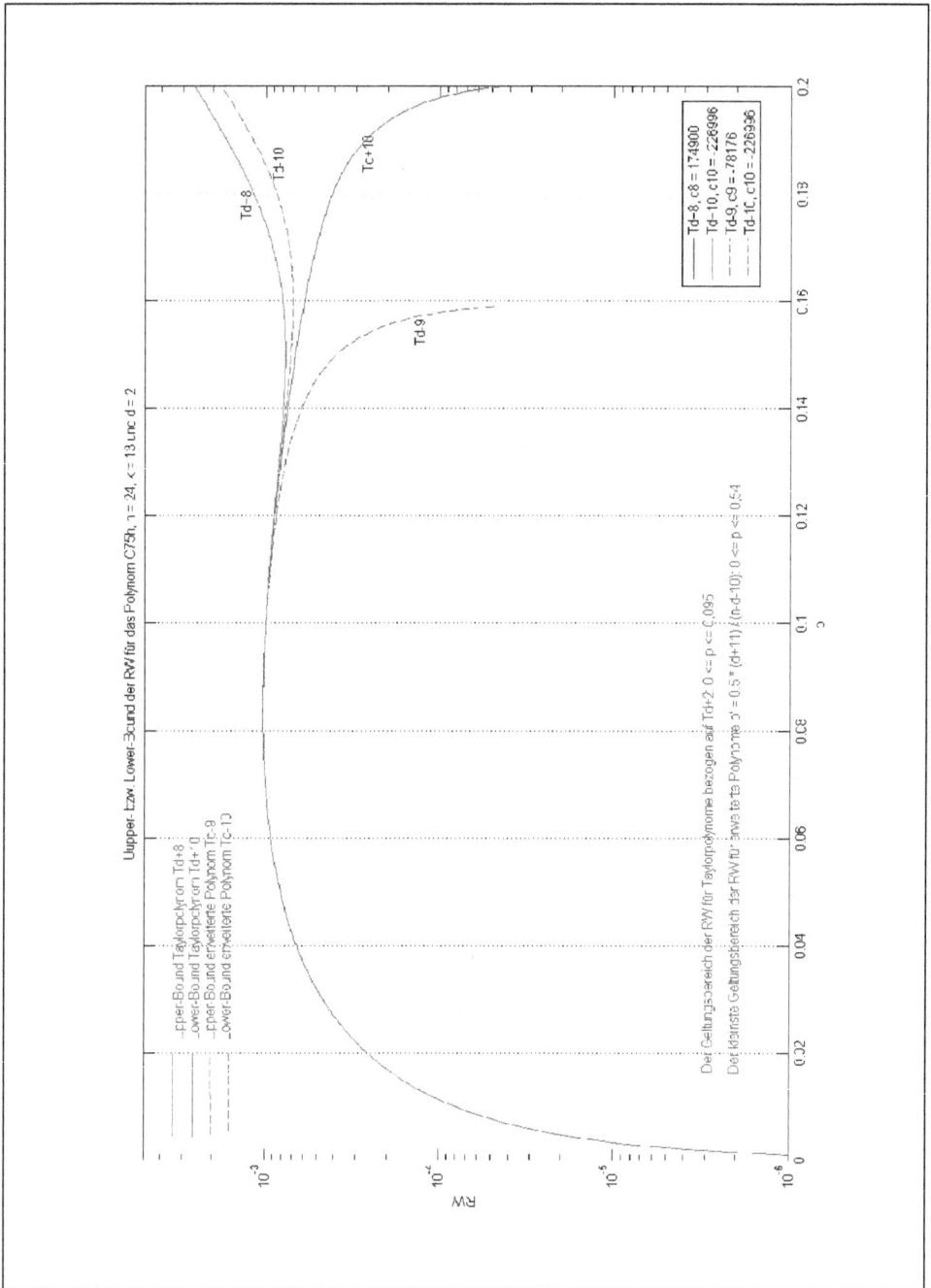

Abbildung 35    Der Upper- bzw. Lower-Bound für das Polynom C75h (n = 24) mit 11 Koeffizienten $c_k$

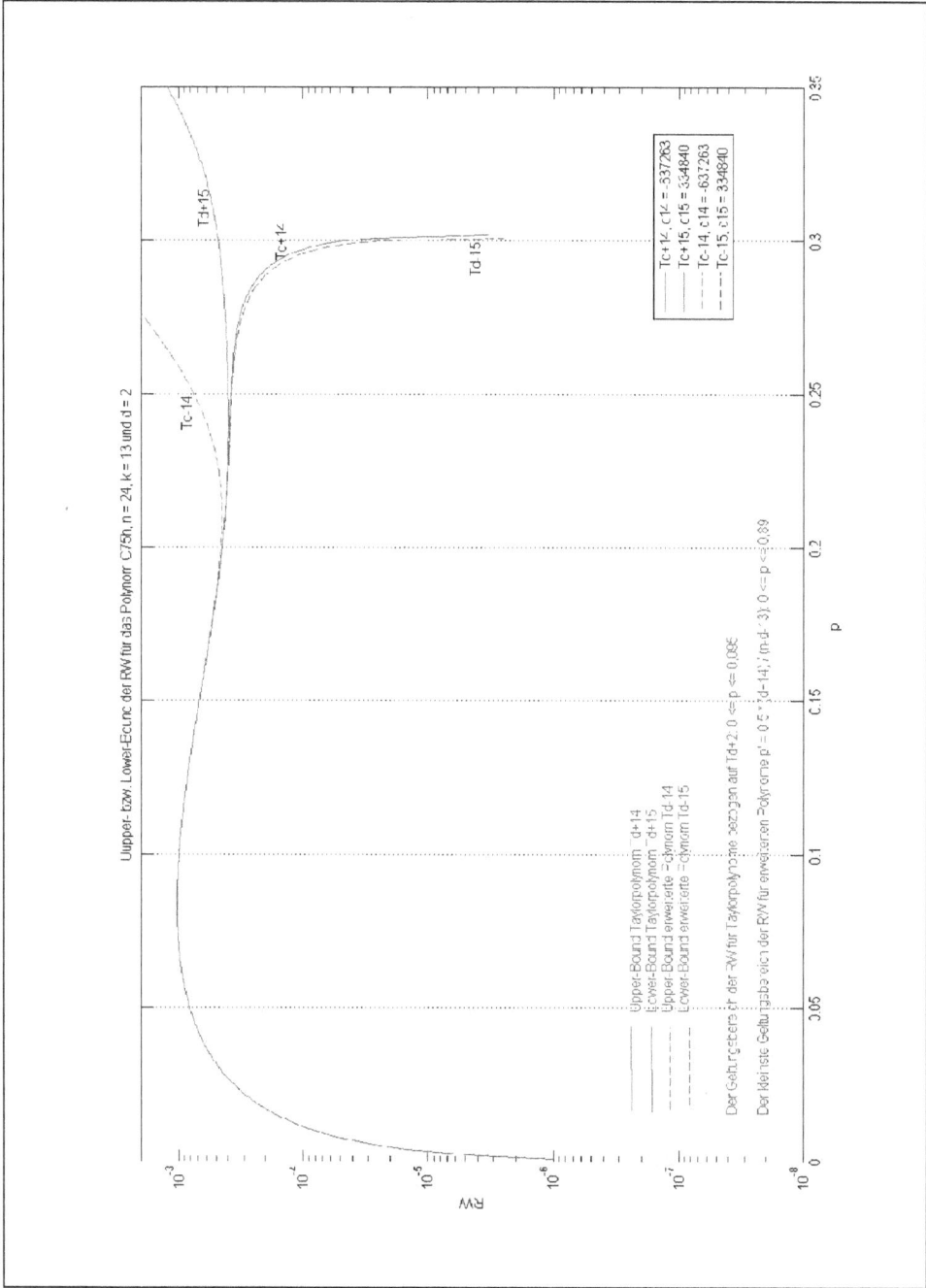

Abbildung 36    Der Upper- bzw. Lower-Bound für das Polynom C75h (n = 24) mit 16 Koeffizienten $c_k$

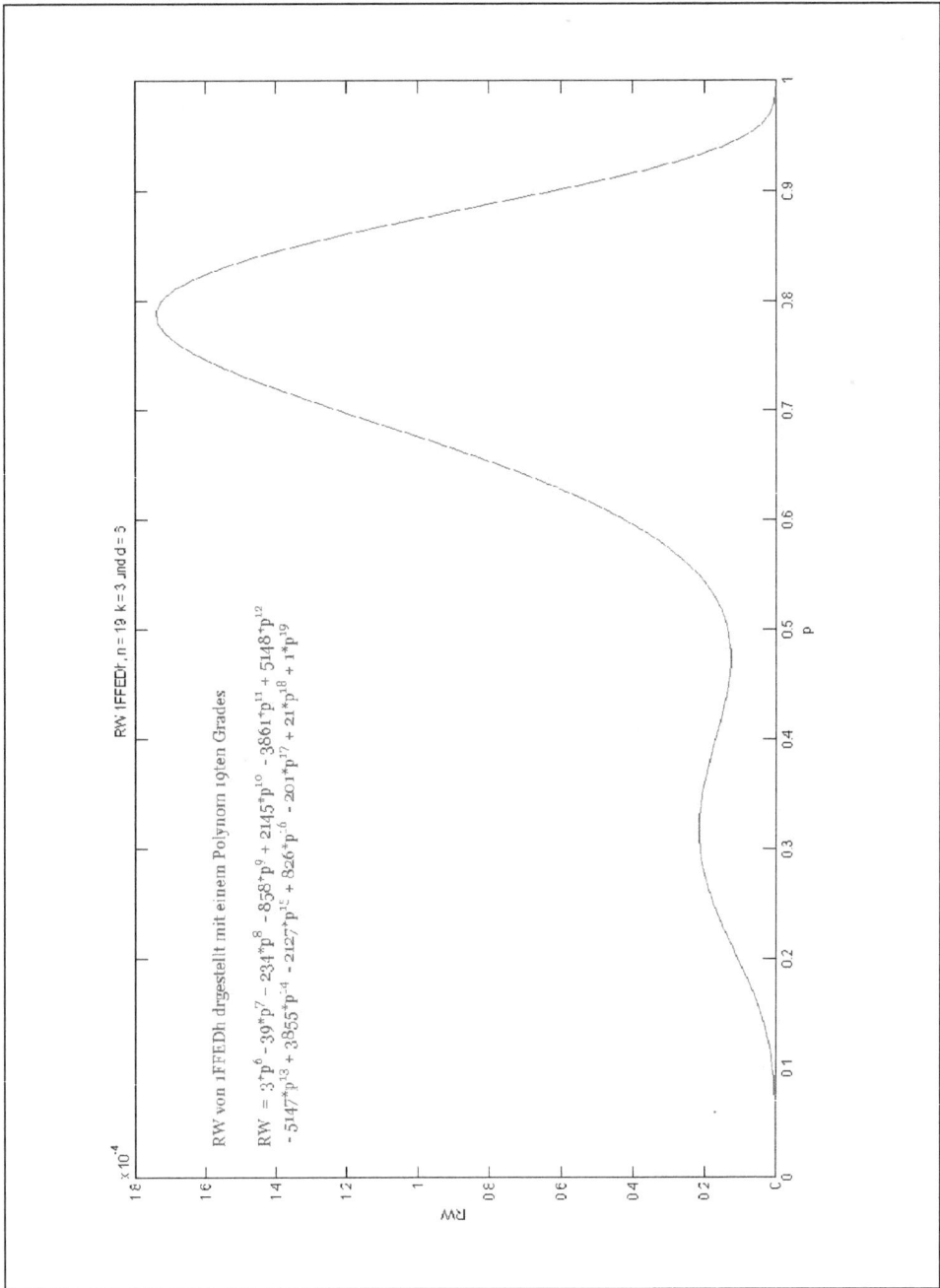

RW 1FFEDh, n = 19, k = 3 und d = 5

RW von 1FFEDh dargestellt mit einem Polynom 19ten Grades

$RW = 3*p^6 - 39*p^7 - 234*p^8 - 858*p^9 + 2145*p^{10} - 3861*p^{11} + 5148*p^{12} - 5147*p^{13} + 3855*p^{14} - 2127*p^{15} + 826*p^{16} - 201*p^{17} + 21*p^{18} + 1*p^{19}$

Abbildung 37    Der exakte Verlauf der Restfehlerwahrscheinlichkeit RW für das Polynom 1FFEDh (n = 19) berechnet mit der Taylorreihe

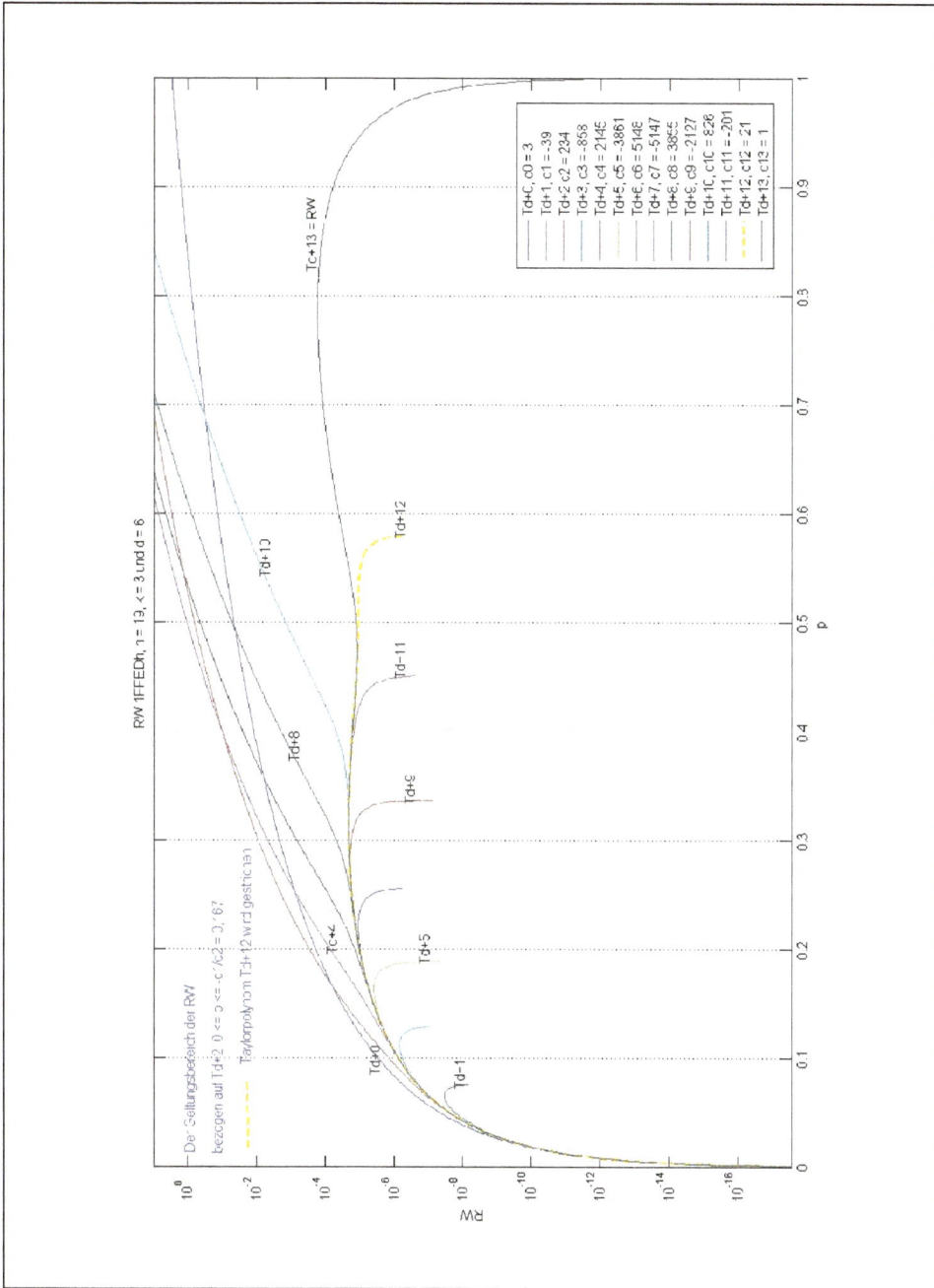

Abbildung 38    Die Approximation der Restfehlerwahrscheinlichkeit RW für das Polynom 1FFEDh (n =19) mit Taylorpolynomen

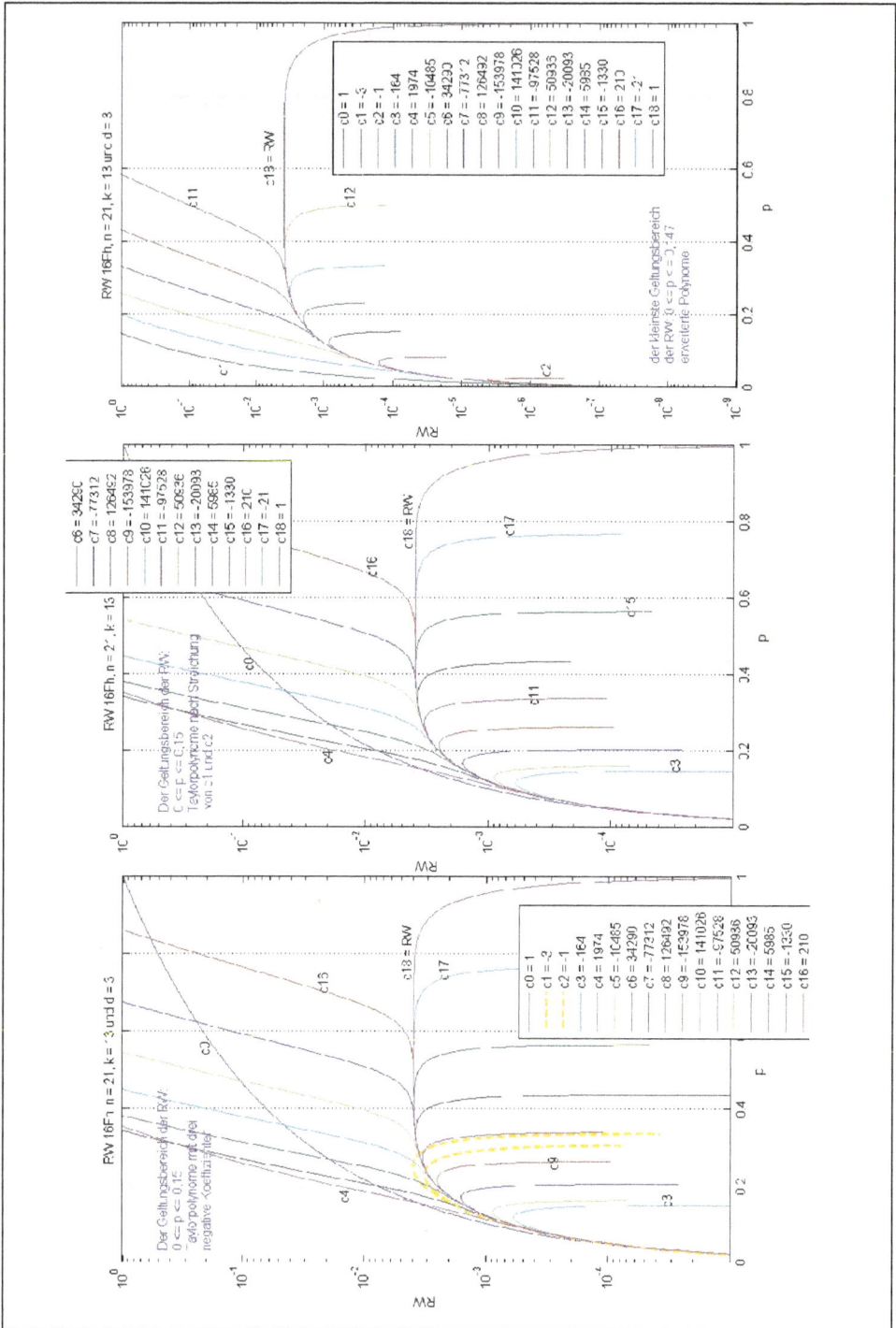

Abbildung 39    Der Vergleich der Verläufe von Taylorpolynomen mit den erweiterten Polynomen für das Polynom 16Fh (n = 21)

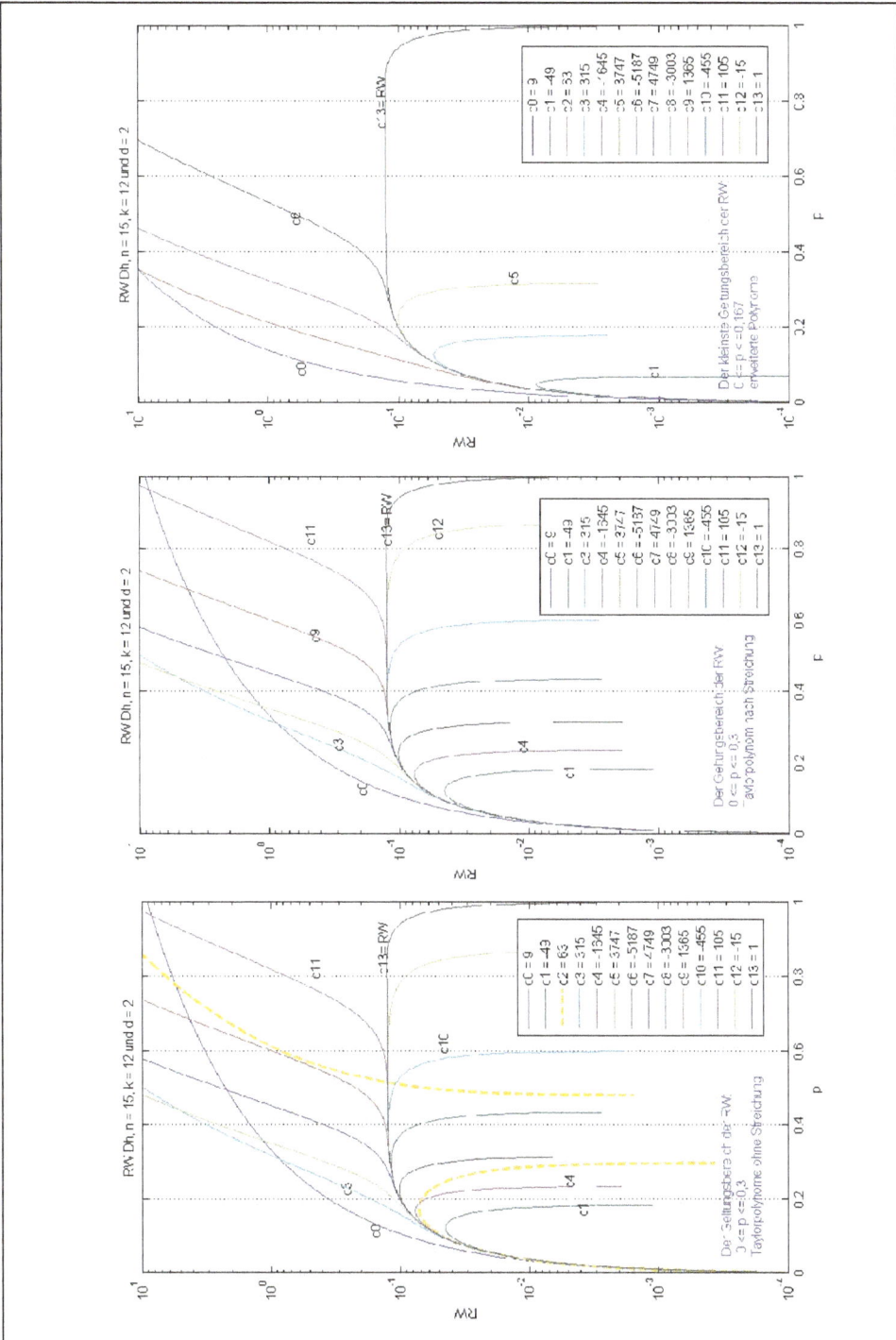

Abbildung 40    Der Vergleich der Verläufe von Taylorpolynomen mit den erweiterten Polynomen für das Polynom Dh (n = 15)

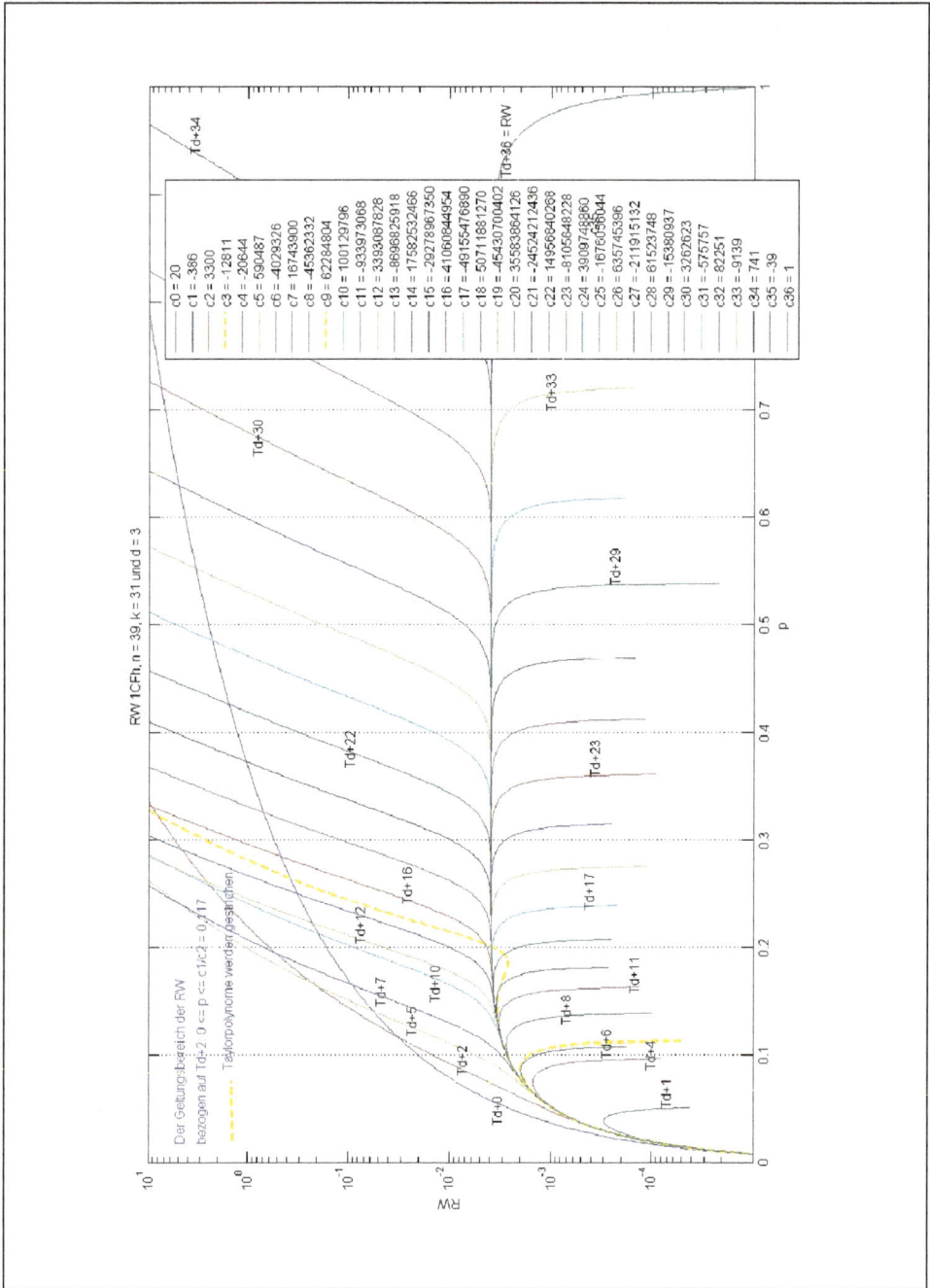

| | |
|---|---|
| c0 = 20 | |
| c1 = -386 | |
| c2 = 3300 | |
| c3 = -12811 | |
| c4 = -20644 | |
| c5 = 590487 | |
| c6 = -4029326 | |
| c7 = 16743900 | |
| c8 = -45362332 | |
| c9 = 62284804 | |
| c10 = -1001290796 | |
| c11 = -933973068 | |
| c12 = 3393067828 | |
| c13 = -8698825918 | |
| c14 = 17582532466 | |
| c15 = -29278967350 | |
| c16 = 41060844954 | |
| c17 = -49155476890 | |
| c18 = 50711881270 | |
| c19 = -45430700402 | |
| c20 = 35583864126 | |
| c21 = -24524212436 | |
| c22 = 14966640268 | |
| c23 = -8105648228 | |
| c24 = 3909748860 | |
| c25 = -1676056044 | |
| c26 = 635745396 | |
| c27 = -211915132 | |
| c28 = 61523748 | |
| c29 = -15380937 | |
| c30 = 3262623 | |
| c31 = -575757 | |
| c32 = 82251 | |
| c33 = -9139 | |
| c34 = 741 | |
| c35 = -39 | |
| c36 = 1 | |

Abbildung 41     Die Approximation der Restfehlerwahrscheinlichkeit RW für das Polynom 1CFh (n =39) mit Taylorpolynomen

# 17　Sachwortverzeichnis

Oldenbourg
Verlag

Ein Wissenschaftsverlag der
Oldenbourg Gruppe

Reiner Kriesten

# Embedded Programming
## Basiswissen und Anwendungsbeispiele der Infineon XC800-Familie

2012
XV, 371 Seiten
broschiert
ISBN 978-3-486-71284-1
€ 34,80

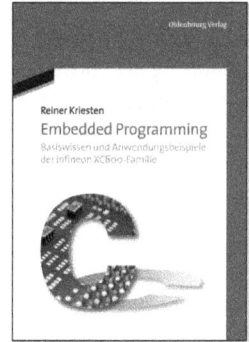

In diesem Buch wird die eingebettete Programmierung der Mikrocomputer anhand von konkreten Beispielen der XC800-Familie von Infineon vorgestellt.

Der Schwerpunkt liegt auf Programmierbeispielen in der Sprache C, die die Lösung konkreter Aufgaben für den Leser leicht nachvollziehbar machen. Assemblerprogramme und weitere Grundlagen sind insoweit Gegenstand des Buches, wie es für das Verständnis notwendig ist. Musterlösungen und die verwendeten Beispielprogramme stehen zum Download zur Verfügung. Die Ausführung der Programme kann sowohl auf realer Hardware als auch im Simulatorbetrieb der kostenlosen Entwicklungsumgebung erfolgen.

Aus dem Inhalt:

- Rechnerarchitekturen
- Inbetriebnahme der Hardware und SW
- Hintergründe und Beispiele in C
- Assembler, Speichersegmente und Prozessorarchitekturen
- Mapping und Paging der SFR
- Digitale Eingabe- und Ausgabeports
- Grundlagen der Interruptverwendung
- Die Capture/Compare Unit CCU6
- Die serielle Schnittstelle
- Der Analog-Digital-Wandler
- Kommunikation mit dem CAN-Bus

**Für Studierende im Bereich der Elektrotechnik und Technischen Informatik, insbesondere der Mikrocomputertechnik, sowie Ingenieure in der Industrie.**

Bestellen Sie in Ihrer Fachbuchhandlung
oder direkt bei uns: Tel: +49 89/45051-248
Fax: +49 89/45051-333 | verkauf@oldenbourg.de          **www.oldenbourg-verlag.de**

www.ingramcontent.com/pod-product-compliance
Lightning Source LLC
Chambersburg PA
CBHW081106220326
41598CB00038B/7253